国际制造业先进技术译丛

提高橡胶胶料性能
实用方案 1800 例

〔美〕 约翰·S. 迪克（John S. Dick） 编著

史新妍 译

机械工业出版社

本书是美国著名橡胶专家约翰·S.迪克先生在阅读大量参考文献并咨询相关领域经验丰富的技术专家的基础上编写而成的。本书系统地介绍了能够提高橡胶胶料具体性能的1800多个实验方案和想法，全书包括概述、硫化胶料物理性能的改善、提高硫化胶料的抗降解性、改善加工性能、减少不利加工因素和轮胎性能共6章，以及附录硫化体系。为方便读者深入阅读，本书还提供了每一个方案的详细参考来源。

目前随着我国汽车工业的迅猛发展，各种各样的大中小型橡胶厂遍布全国各地，这些工厂中的技术人员水平参差不齐，很多技术人员无暇进行各种橡胶知识的系统学习，如果有本书这样的指导性书籍，就可以帮助他们较快地解决橡胶配合生产中的实际问题。本书也可供橡胶研发人员参考，还可供高等院校相关专业的师生使用。

译丛序言

一、制造技术长盛永恒

先进制造技术是 20 世纪 80 年代提出的，它由机械制造技术发展而来，通常可以认为它是将机械、电子、信息、材料、能源和管理等方面的技术，进行交叉、融合和集成，综合应用于产品全生命周期的制造全过程，包括市场需求、产品设计、工艺设计、加工装配、检测、销售、使用、维修、报废处理、回收利用等，以实现优质、敏捷、高效、低耗、清洁生产，快速响应市场的需求。因此，当前的先进制造技术是以产品为中心，以光机电一体化的机械制造技术为主体，以广义制造为手段，具有先进性和时代感。

制造技术是一个永恒的主题，与社会发展密切相关，是设想、概念、科学技术物化的基础和手段，是所有工业的支柱，是国家经济与国防实力的体现，是国家工业化的关键。现代制造技术是当前世界各国研究和发展的主题，特别是在市场经济高度发展的今天，它更占有十分重要的地位。

信息技术的发展并引入到制造技术，使制造技术产生了革命性的变化，出现了制造系统和制造科学。制造系统由物质流、能量流和信息流组成。物质流是本质，能量流是动力，信息流是控制。制造技术与系统论、方法论、信息论、控制论和协同论相结合就形成了新的制造学科。

制造技术的覆盖面极广，涉及机械、电子、计算机、冶金、建筑、水利、电子、运载、农业，以及化学、物理学、材料学、管理科学等领域。各个行业都需要制造业的支持，制造技术既有普遍性、基础性的一面，又有特殊性、专业性的一面，制造技术既有共性，又有个性。

我国的制造业涉及以下三方面的领域：

● 机械、电子制造业，包括机床、专用设备、交通运输工具、机械设备、电子通信设备、仪器等。

● 资源加工工业，包括石油化工、化学纤维、橡胶、塑料等。

● 轻纺工业，包括服装、纺织、皮革、印刷等。

目前世界先进制造技术沿着全球化、绿色化、高技术化、信息化、个性化和服务化、集群化六个方向发展。在加工技术上，主要有超精密加工技术、纳米加工技术、数控加工技术、极限加工技术、绿色加工技术等；在制造模式上，主要有自动化、集成化、柔性化、敏捷化、虚拟化、网络化、智能化、协作化和绿色化等。

二、图书交流源远流长

近年来，国际间的交流与合作对制造业领域的发展、技术进步及重大关键技术的突破起到了积极的促进作用，制造业科技人员需要及时了解国外相关技术领域的最新发展状况、成果取得情况及先进技术应用情况等。

必须看到，我国制造业与工业发达国家相比，仍存在较大差距。因此必须加强原始创新，在实践中继承和创新，学习国外的先进制造技术和经验，引进、消化、吸收、创新，提高自主创新能力，形成自己的创新体系。

国家、地区间的学术、技术交流已有很长的历史，可以追溯到唐朝甚至更远一些。唐玄奘去印度取经，可以说是一次典型的图书交流佳话。图书资料是一种传统、永恒、有效的学术、技术交流方式。早在20世纪初期，我国清代学者严复就翻译了英国学者赫胥黎所著的《天演论》，其后学者周建人翻译了英国学者达尔文所著的《进化论（物种起源)》，对我国自然科学的发展起到了很大的推动作用。

图书是一种信息载体，图书是一个海洋。虽然现在已有网络、光盘、计算机等信息传输和储存手段，但图书更具有广泛性、适应性、系统性、持久性和经济性。看书总比在计算机上看资料要方便习惯，不同层次的要求可以参考不同层次的图书，不同职业的人员可以参考不同类型的技术图书，同时它具有比较长期的参考价值和收藏价值。当然，技术图书的交流具有时间上的滞后性，不够及时，翻译的质量也是个关键问题，需要及时、快速、高质量的出版工作支持。

机械工业出版社希望能够在先进制造技术的引进、消化、吸收、创新方面为广大读者做出贡献，为我国的制造业科技人员引进、纳新国外先进制造技术的出版资源，翻译出版国际上优秀的制造业先进技术著作，从而能够提升我国制造业的自主创新能力，引导和推进科研与实践水平的不断进步。

三、选择严谨质高面广

1) 精品重点高质　本套丛书作为我社的精品重点书，在内容、编辑、装帧设计等方面追求高质量，力求为读者奉献一套高品质的丛书。

2) 专家选择把关　本套丛书的选书、翻译工作均由国内相关专业的专家、教授、工程技术人员承担，充分保证了内容的先进性、适用性和翻译质量。

3) 引纳地区广泛　主要从制造业比较发达的国家引进一系列先进制造技术图书，组成一套"国际制造业先进技术译丛"。当然，其他国家的优秀制造科技图书也在选择之内。

4）内容先进丰富　在内容上应具有先进性、经典性、广泛性，应能代表相关专业的技术前沿，对生产实践有较强的指导、借鉴作用。本套丛书尽量涵盖制造业各行业，例如机械、材料、能源等，既包括对传统技术的改进，又包括新的设计方法、制造工艺等技术。

5）读者层次面广　面对的读者对象主要是制造业企业、科研院所的专家、研究人员和工程技术人员，高等院校的教师和学生，可以按照不同层次和水平要求各取所需。

四、衷心感谢不吝指教

首先要感谢许多积极热心支持出版"国际制造业先进技术译丛"的专家学者；积极推荐国外相关优秀图书，仔细评审外文原版书，推荐评审和翻译的知名专家；特别要感谢承担翻译工作的译者，对各位专家学者所付出的辛勤劳动表示深切敬意；同时要感谢国外各家出版社版权工作人员的热心支持。

希望本套丛书能对广大读者的工作提供切实的帮助。欢迎广大读者不吝赐教，提出宝贵意见和建议。

机械工业出版社

译者序

随着我国航空航天与深海下潜技术的不断发展以及生物医药等高端领域创新需求的不断涌现，近年来对橡胶材料及其制品性能提出了更高的要求，橡胶领域的专家、学者及工程师也面临着更大的挑战。

《提高橡胶胶料性能实用方案1500例》一书于2013年2月出版上市后受到了工作在橡胶工业生产一线的技术工程师们的欢迎，他们将其作为随手翻阅就能找到问题解决方案的案头工具书。译者有机会再次见到了该书的原作者约翰·S. 迪克（John S. Dick）先生，他高兴地告诉译者《提高橡胶胶料性能实用方案1800例》已在美国出版。

本书在《提高橡胶胶料性能实用方案1500例》的基础上，增加了最近几年收集的相关文献编写而成，其中增加了最新的能够提高橡胶胶料某种具体性能的近300个实用方案和想法。全书仍包括概述、硫化胶料物理性能的改善、提高硫化胶料的抗降解性、改善加工性能、减少不利加工因素和轮胎性能共6章，以及附录硫化体系。此外，为方便读者深入阅读，书中还提供了每一个配方的详细参考来源。

本书可以为橡胶领域的技术人员解决橡胶生产或研究过程中遇到的问题提供指导，也可作为高等院校相关专业的教师、研究生、高年级本科生的参考用书。

本书在翻译过程中得到了青岛科技大学橡塑材料与工程教育部重点实验室同事王鹤、毕薇娜和刘吉文以及研究生廉成波、逢见光和常宪增等的协助。尽管全书经过认真校订，但限于译者的水平，难免有不妥和错误之处，敬请批评和指正。

译者于青岛

前　言

　　橡胶配合是一门科学，也是一门艺术。本书是早期出版的《橡胶技术：配合与性能测试》的姊妹篇，正如上本书前言里提到的，橡胶的配合艺术就是合理成本与产品性能的完美结合，从而达到最好的折中平衡。

　　本书的目的是为那些训练有素的配方设计人员提供一些可行的实验方案和想法，用以提高胶料的某一种性能。当然，配方人员在考虑采用某种实验方案来提高胶料的某一特定性能时，不仅要考虑对目标性能的影响，而且要同时考虑对其他性能的影响。通常，一个配方因素的变化会导致多种其他性能的变好或变坏。这些"非预期后果"是必须通过实验室级别的测试、中试以及工厂生产级别的评价等来考察的。任何一个公司要进行配合生产中的任何改变，都需要有一套正式的批准和签字保证程序。大部分情况下，要想有效地改善胶料性能，往往不是改变一个量，而是明智地综合考虑多种因素的影响，才能更有效地满足制品的性能要求。

　　本书包含了1800多个实验方案和建议，用以提高胶料的某一具体性能。全书共分6章，包括概述、硫化胶物理性能的改善、提高硫化胶料的抗降解性、改善加工性能、减少不利加工因素和轮胎性能，以及附录硫化体系。本书中的大部分实验方案来自普通的橡胶文献（书中标记为GEN），还有一部分实验方案来自前面提到的姊妹篇（书中标记为RT）。另外，还有一个重要的来源就是本书的编审委员会成员的贡献（书中标记为RP）。

　　本书所提供的实验方案不一定适用于所有的情况。改善目标性能的任何变化都会导致其他性能变好或变坏，但本书不对其他性能的改变加以阐述。本书也不对安全和健康问题加以解释。书中所包含的各种信息都来源于实验，本书面向那些训练有素和具有橡胶配合经验的技术人员。

免责声明

　　本书所含内容均来源于实验，适用于训练有素的橡胶配合工作人员。本书作者、编审委员会成员、编辑以及出版商对本书中所含内容的准确性、通用性、完整性以及适用性不做承诺，对因过度或不当使用本书所提到的材料而造成的伤害、损失等不负有法律责任。

目　录

第1章
概　　述

橡胶配合是一项很复杂的工作，除了要考虑各种相互作用和达到目标性能的配合途径，还要综合考虑成本和效益。本书旨在为读者提供各种实验方案和建议，指导开发更好的胶料，解决相关技术问题。

1.1　胶料组分选择的复杂性

橡胶配方通常是复杂的，涉及几个材料体系的选择，每个材料体系都会对最终橡胶制品的性能产生较大影响。以下列举了配方中的几个材料体系：

1）橡胶或橡胶共混物基体材料。

2）填料/油体系。

3）硫化体系。

4）抗降解剂体系。

5）增黏剂体系（若需要使用）。

6）粘合体系（若需要使用）。

7）阻燃剂体系（若需要使用）。

8）发泡体系（用于发泡橡胶）。

9）特殊化学加工助剂。

基体胶（弹性体）对整个胶料性能的影响最大。目前有30多种橡胶，其中每一种橡胶都会有上百种不同的等级和规格，每一个等级的橡胶都会有不同的影响。例如，SBR至少有150种不同等级的产品，BR至少有50种，EPDM有150种，NBR有280种，硅橡胶有100多种，氟橡胶有75种。这些不同等级的橡胶都赋予胶料不同的性能。

更复杂的是，很多橡胶制品配方的基体材料为两种或三种橡胶并用。例如，很多胶料选用SBR/BR并用、NR/BR并用，或SBR、NBR、HIIR、CR和EPDM之间并用。采用多种橡胶并用是达到胶料某些性能的一种很有效的方法。然而，虽然并用胶能够达到共硫化，但还是不相容的。因此，混炼后就出现了连续相和非连续相，这些不同相对各种填料如炭黑等有着不同的亲和

RT：2001年由Hanser出版社出版的John S. Dick编写的著作：Rubber Technology, Compounding and Testing for Performance；GEN：来自各种期刊或会议的一般参考文献；RP：来自本书顾问-编审委员会成员的建议。

性，炭黑在各相中的不同分布会对胶料的性能产生独特的影响。

　　配方中选择有效的填料/油体系也会对胶料的性能产生较大的影响。有很多种填料和补强剂都会被用在胶料中以提高胶料的物理性能。胶料中还会采用多种石油系加工油和上百种合成酯类增塑剂。目前有 42 种标准商业级别的炭黑可以用在胶料配方中，有些配方选用两种以上的炭黑来平衡胶料性能，这使得配方变得更加复杂。

　　上千种有机促进剂和硫黄的联合使用使胶料获得了一定的硫化特性。除了普通的硫黄硫化体系外，还有过氧化物和树脂类等其他硫化体系。为了对抗制品在使用中造成的降解，胶料中还会采用各种抗氧剂或抗臭氧剂，或两者并用。即使对于像硫黄和氧化锌这样最简单而常用的配料，也有很多不同的商业级别。例如，将一些不同网目尺寸和经化学处理过的硫黄用在一些特定的配方中是为了更好地分散；选用不同粒径的氧化锌或者是经过处理的氧化锌的目的是为了提高某些物理性能等。

RT：2001 年由 Hanser 出版社出版的 John S. Dick 编写的著作：Rubber Technology，Compounding and Testing for Performance；GEN：来自各种期刊或会议的一般参考文献；RP：来自本书顾问-编审委员会成员的建议。

1.2 橡胶工业的复杂性

正如前面提到的，实际上可以通过很多方法来选择原材料和设计配方来满足客户的要求。要开发出能满足客户需要的胶料配方，成本往往很高，因此很多橡胶生产企业对他们的配方保密，以保证其竞争优势，这样橡胶工业中就会有成千上万种不同配方来满足不同客户的需求。

然而，橡胶工业的复杂性远不止因为有数不清的配方，即使是两个公司用完全相同的配方和原材料，他们的产品仍然会有不同的性能。例如，很可能相同的配方组分用不同的混炼设备或不同的混炼顺序而导致不同的状态。另外，相同胶料在不同的硫化时间、温度或压力下会得到不同的硫化胶性能。

RT：2001 年由 Hanser 出版社出版的 John S. Dick 编写的著作：Rubber Technology，Compounding and Testing for Performance；GEN：来自各种期刊或会议的一般参考文献；RP：来自本书顾问-编审委员会成员的建议。

1.3 组分与性能之间关系的复杂性

橡胶配合中的另一个难点是组分与性能之间关系的问题。配方设计者为了获得一种性能，如硬度，要了解各组分对硬度的影响。例如，增加交联剂用量会得到更高的交联密度（X_1）从而导致更高的硬度值（Y_1）。另一方面，增加炭黑的填充量（X_2）也能从另一个方面增加硬度值（Y_1）。同样，大量地减少油的填充量（X_3）也能提高硬度值。这在橡胶配合中是常见的现象。这些独立的变量之间通常有相互作用，因为它们对胶料的作用并不一定是加和或线性的。改变硫化剂用量，改变填料或填充油用量，改变基体胶或并用胶，改变混炼方法（$\cdots X_n$）等通常会影响一种性能，如硬度（Y_1）。然而，任何一种或多种组分的变化（独立变量）都会从另外的途径对胶料的其他性能造成影响，例如拉伸强度（Y_2）、拉断伸长率（Y_3）、回弹性（Y_4）、抗老化性（Y_5）、抗撕裂性（Y_6）、抗曲挠疲劳性（Y_7）、耐油性（Y_8）等。这种相互作用也称为"多重响应"。橡胶配合中有句很老的格言："你永远别想只改变一件事情"（RP：R. J. Del Vecchio）。那些用来提高硬度的组分变化也会改变伸长率、拉伸强度、耐油性、压缩永久变形、曲挠疲劳等性能，从而影响制品的性能，对加工性能的影响也是如此，或好或坏，这会是意想不到的结果。更复杂的是，这些多重响应是非线性的，能同时使胶料性能更优或更差。这种相互作用引起的多重响应在橡胶配合中是很常见的。因此，当你在利用本书的一些方法去改变或优化胶料性能时，我们只能向你保证，你所看到的影响仅仅是你能测到的，其中可能有很多作用会导致胶料性能的下降。

基于这样一个理论："单个组分变量引起多重响应"，橡胶配方人员必须清楚单个组分变量会引起哪些不同的响应。一些组分的变化是独立于其他一些组分变化的（无相互作用），其他一些却有着很明显的相互作用。例如，如果改变两种炭黑的含量，只会影响每种炭黑的填充量；而当硫黄和促进剂这个组合的含量发生变化时，不仅仅是硫黄或促进剂各自用量的变化，更重要的是会导致硬度和其他性能的较大变化。这被称为"化学反应"或"协同作用"（RP：R. J. Del Vecchio）。本书提供的一些方法是如何一次提高一种胶料性能。正如之前提到的，当想改变配方中的一个组分或加工参数来提高胶料的一种性能时，总是会引起其他性能的改善或劣化。如果配方人员要从单一组分变量或加工变量来预测其他组分或加工性能的变化，这个过程复杂而且艰难（RP：R. J. Del Vecchio）。一个熟练的配方人员能够折中各种性能来满足胶料的目标性能。这种能力来自于经验、直觉和不断地尝试，或者采用"一次只改变一个"的方法，直到性能平衡为止。这被称为配合的"黑色艺

RT：2001 年由 Hanser 出版社出版的 John S. Dick 编写的著作：Rubber Technology, Compounding and Testing for Performance；GEN：来自各种期刊或会议的一般参考文献；RP：来自本书顾问-编审委员会成员的建议。

术"（RP：R. J. Del Vecchio），本书旨在帮助配方人员学习这种方法。

一种更现代的配合方法就是利用实验设计（DOE）统计方法来优化性能。现在使用 DOE 要比几年前容易得多，因为现在有了各种更有效的软件。在 DOE 中，可以同时考虑多种配方和加工因素来分析多重响应而得到一个数学结果。DOE 需要做更多的逐步准备工作（通常是同时为 8～16 个组分变量的相关性能进行计算、混合和测试），但这种方法能更有效地找到最佳配方和加工参数来满足胶料性能，比"一次只改变一个"的方法更有效（RP：R. J. Del Vecchio）。

无论采用哪种方法（"一次只改变一个"或 DOE），本书都会帮助配方人员尝试不同的方案。通过参考本书中的一些想法，配方人员可能会找到一种"感觉"，更好地理解如何通过改变配方和加工因素来实现胶料的目标性能。

即使本书为了改变或改善某一性能而提供了各种实验方法，也不一定会预测出可能对其他胶料性能造成的负面影响。然而，通过阅读本书的其他章节，配方人员可能会更深刻地理解单一配方或加工因素是如何影响胶料其他目标性能的。因此本书中给出的各种实验方法可能会建议将各种实验变量加以组合，配方人员可以通过这种方法找到各种性能的最佳折中平衡点（RP：R. J. Del Vecchio）。

一名优秀的配方人员应该同时掌握化学、物理、统计学、数学和加工工程中的各种知识与技能。这些科学的应用是橡胶配合艺术的真正所在（RP：R. J. Del Vecchio）。

RT：2001 年由 Hanser 出版社出版的 John S. Dick 编写的著作：Rubber Technology, Compounding and Testing for Performance；GEN：来自各种期刊或会议的一般参考文献；RP：来自本书顾问-编审委员会成员的建议。

1.4　实验方案

本书中提供的实验方案是一个通用方案，对具体的胶料可能适用也可能不适用。由于目前市场上的橡胶种类繁多，这些通用的方法可能并不总是适用每个胶料配方。这一点应该提前注意。

1）本书中提供的所有实验方案都要考虑到各种健康、安全问题以及环境危害，包括美国职业健康与安全管理（OSHA）和环境保护代理（EPA）所提出的各种问题。

2）考察这些实验方案的有效性，首先应该采用实验室级别的混炼，考察配方因素对某一具体配方和目标性能以及胶料其他相关性能的影响，最终确定胶料是否满足用户需求。要彻底考察这些实验方案是否适用于具体胶料，因为没有两种胶料是完全相同的。唯一能够证明此实验方案是否适用你的胶料的方法是，首先在实验室做试验，然后再与"中试"胶料做对比实验。并且要保证在"中试"中同时考察对主要性能和其他相关性能的影响。例如，你的配方因素可能在"中试"中改善了曲挠疲劳，但它很可能降低了耐老化性，诸如此类，要确保做好各种性能的比较。

3）记住一点，实验室中的混炼不等同于工厂中的混炼。同样，实验室中的硫化也不同于工厂中的硫化。换句话说，配方因素在实验室中改善了胶料性能，但在工厂中就不一定了。如果在实验室里是成功的，那么就要再进行工厂级别的中试试验，再到产品生产线上进行试验，使这种实验室方案或建议真正生效。这样可以帮助确定是否在实验室级别的试验中存在隐藏的没有被发现的问题。而且在整个产品使用寿命期间，都应该跟踪这样的评价，以确保无破坏产品性能的隐患或出现产品安全问题。

RT：2001年由Hanser出版社出版的John S. Dick编写的著作：Rubber Technology，Compounding and Testing for Performance；GEN：来自各种期刊或会议的一般参考文献；RP：来自本书顾问-编审委员会成员的建议。

1.5　方案来源

以下是本书中所涉及的实验方案的主要来源：

1）第一个主要来源是由约翰·S. 迪克主编、位于美国辛辛那提的 Hanser Gardner 出版社早在 2001 年出版的姊妹篇《橡胶技术：配合与测试方法》一书，来源于此书的内容在本书中都被冠以 "RT"。

2）第二个主要来源是各种一般文献，每个实验方案都引用了某一具体参考文献，来源于此种文献的内容在本书中被冠以 "GEN"。

3）第三个来源是来自于编审委员会成员的直接贡献，本书中的 1.6 节有专门介绍，来源他们的内容在本书中被冠以 "RP"。

在开始实验前，读者应彻底阅读本书中所引用的参考文献以及本书中没有引用的其他参考文献。这里说的 "其他参考文献" 是指具有通用性并且又能解决某一具体问题的。因此，非常鼓励读者大量阅读非本书所引用的其他参考文献。

以下的实验方案大都是通用性的。然而，由于橡胶配合的复杂性，这样的通用性还是不能涵盖各种各样不同的配方。因此，应该对这些实验方案彻底加以研究，并参阅本书 1.4 节中内容。

RT：2001 年由 Hanser 出版社出版的 John S. Dick 编写的著作：Rubber Technology, Compounding and Testing for Performance；GEN：来自各种期刊或会议的一般参考文献；RP：来自本书顾问-编审委员会成员的建议。

1.6　编审委员会成员

　　以下是本书编审委员会全部成员名单。另外，他们还为本书提供了很多实验想法，丰富了本书的内容。

姓名	单位	E-mail 地址
Roger Dailey	Goodyear Chemical Co.	Roger_dailey@goodyear.com
R. J. Del Vecchio	Technical Consulting Services	techconsultserv@juno.com
Ronald W. Fuest	Uniroyal Chemical（Retired）	ron@fuest.net
James R. Halladay	Lord Corp.	james_halladay@lord.com
Fred Ignatz-Hoover	Flexsys America L. P.	ignatz-hoover@flexsys.com
Mark Lawrence	Indspec	mlawrence@indspec-chem.com
John M. Long	DSM	john.long@dsm.com
Oscar Noel	Luzenac Americca	oscar.noel@america.luzenac.com
Leonard L. Qutzs	DuPont Dow Elastomers	leonard.l.outzs@dupont-dow.com
Thomas D. Powell	Degussa Corp.	thomas.powell@degussa.com
Charles P. Rader	Advanced Elastomer Systems（Ret.）	charles_rader@msn.com
Ronald Schaefer	Dynamic Rubber Technology	rschaeferdrt@msn.com
Kelvin K. Shen	Borax/Luzenac, Inc.	Kelvin.shen@borax.com
John Sommer	Elastech	johngsommer@honeywell.com
James Stevenson	Honeywell	james.stevenson@honeywell.com
Byron H. To	Flexsys America	byron.h.to@flexsys.com
Walter Waddell	ExxonMobil	walter.h.waddell@exxonmobil.com
Meng-Jiao Wang	Cabot Corp.	meng-jiao_wang@cabot-corp.com

RT：2001 年由 Hanser 出版社出版的 John S. Dick 编写的著作：Rubber Technology，Compounding and Testing for Performance；GEN：来自各种期刊或会议的一般参考文献；RP：来自本书顾问-编审委员会成员的建议。

第2章
硫化胶料物理性能的改善

2.1 提高拉伸强度

在橡胶工业中，拉伸强度是一个基本的力学性能。这个实验参数测量的是硫化胶料的极限强度。即便一种橡胶制品永远都不会被拉扯到接近其极限拉伸强度，很多橡胶制品的使用者也仍然把它看成是胶料整体质量的一个重要指标。因此，拉伸强度就是一个非常通用的规范性能，虽然具体制品的最终使用与它没有什么关系，然而配方人员往往也要想尽办法去满足。

如果需要提高拉伸强度，配方人员可能会在实验室里考虑下面提到的各种实验方案。对书中的相关文献来源，包括后面引用的文献，读者都应该研究和阅读。注意：这些通用的实验方案不一定适用于每一个具体情况。能改善拉伸强度的任何一个变量都一定会影响其他性能，或好或坏，但本书不对其他性能的改变加以阐述，也不对安全和健康问题加以解释。

1. 一般原则

为了获得最高的拉伸强度，通常应该从能发生应变诱导结晶的弹性体开始，例如天然胶（NR）、氯丁胶（CR）、异戊胶（IR）、氢化丁腈胶（HNBR）或聚氨酯（PU）。RP：J. R. Halladay.

2. 天然胶 NR

基于天然胶的胶料通常比氯丁胶胶料有更高的拉伸强度。在各种级别的天然胶中，1号烟胶片有最高的拉伸强度。据报道，至少在有炭黑填充的胶料中，3号烟胶片比1号烟胶片能赋予胶料更高的拉伸强度。对天然胶胶料，要避免使用化学增塑剂（塑解剂），如双苯酰胺硫酚或者五氯硫酚（PCTP），因为它们会降低胶料的拉伸强度。RT：第6章，Elastomer Selection[⊖]，R. School，p. 133；RT：第7章，General Purpose Elastomers and Blends[⊖]，G. Day，p. 156；

⊖ Elastomer Selection：弹性体的选择。——译者注
⊖ General Purpose Elastomers and Blends：通用弹性体及其共混物。——译者注

RT：2001 年由 Hanser 出版社出版的 John S. Dick 编写的著作：Rubber Technology，Compounding and Testing for Performance；GEN：来自各种期刊或会议的一般参考文献；RP：来自本书顾问-编审委员会成员的建议。

RT：第14章，Ester Plasticizers and Processing Additives[⊖]，C. Stone，p. 366；RP：J. M. Long.

3. 氯丁胶（CR）

氯丁胶（CR）是一种应变诱导结晶的橡胶，在没有填料的情况下能赋予胶料较高的拉伸强度。事实上，有时会通过减少填料用量而提高拉伸强度。分子量[⊖]更大的CR能赋予胶料更高的拉伸强度。RP：L. L. Outzs.

氯丁胶通过磺酸盐改性后，能够提高拉伸强度和拉断伸长率。GEN：Nobuhiko Fujii（Denka Corp.），"Recent Technical Improvements of CR and ER in Industry Application," Presented at the Southern Rubber Group，March，2006.

4. 丁苯胶SBR

低温乳液聚合的SBR（5℃）相比高温乳液聚合的SBR（50℃）能赋予胶料更高的拉伸强度。通常乳液聚合SBR比溶液聚合SBR有更高的拉伸强度。在调整胶料总填充油量相当的情况下，用填充油高相对分子质量的SBR替代无填充油的SBR，会得到较高的拉伸强度。RT：第7章，General Purpose Elastomers and Blends，G. Day，p. 149，156；RP：J. M. Long.

5. 丁腈胶NBR

丙烯腈（ACN）含量高的NBR会赋予胶料更高的拉伸强度。相对分子质量分布窄的NBR会使胶料有更高的拉伸强度。RT：第8章，Specialty Elastomers[⊜]，M. Gozdiff，p. 194，197.

当丙烯腈（ACN）的含量达到41%（质量分数）时，NBR胶料的拉伸强度会得到较大提高。GEN：Andy Anderson，"Keeping It Real with NBR and HNBR Polymers," Zeon Chemicals，Presented at the Energy Rubber Group，September 12-15，2011.

6. 相对分子质量的影响

通过优化，使用高穆尼黏度和高相对分子质量的NBR会赋予胶料更高的拉伸强度。GEN：D. Ghang，"Investigation of the Structure-property Relationships of Improved Low Compression Set Nitrile Rubbers," Rubber Chemistry and Technology，March-April，1981（54）：170.

7. 羧基化弹性体

考虑用羧基化的XNBR替代未羧基化的NBR，用羧基化的XHNBR替代

⊖ Ester Plasticizers and Processing Additives：酯类增塑剂和加工助剂。——译者注
⊜ 本书所说分子量均是指相对分子质量。
⊜ Specialty Elastomers：特种弹性体。——译者注

RT：2001年由Hanser出版社出版的John S. Dick编写的著作：Rubber Technology，Compounding and Testing for Performance；GEN：来自各种期刊或会议的一般参考文献；RP：来自本书顾问-编审委员会成员的建议。

未羧基化的 HNBR，可以提高胶料拉伸强度。

配合有适量氧化锌的羧基 NBR 比传统的 NBR 能赋予胶料更高的拉伸强度。RT：第 8 章，Specialty Elastomers，M. Gozdiff，p. 199；RP：J. R. Halladay.

将羧基丁腈胶（XNBR）氢化后（HXNBR），可以显著改善室温与高温下的拉伸强度。GEN：John E. Dato（Lanxess），"Hydrogenated Nitrile Rubber for Use in Oilfield Applications," Paper No. 57 presented at the Fall Meeting of the Rubber Division, ACS, Cincinnati, OH, October 10, 2006.

8. 三元乙丙橡胶 EPDM

使用半结晶级的 EPDM（乙烯含量高）能使胶料具有更高的拉伸强度。RT：第 8 章，Specialty Elastomers，R. Vara，J. Laird，p. 191.

高相对分子质量的 EPDM 有较高的拉伸强度。GEN：Arnis Paeglis，"Use of High Molecular Weight EPDM in Blends to Enhance Properties," Paper No. 22 presented at the Spring Meeting of the Rubber Division, ACS, May 17-19, 2004, Grand Rapids, MI.

9. EPDM 催化剂

限定几何构型茂金属催化技术（CGC）在聚合生产中的应用，使得市场上出现了具有高乙烯含量和高结晶度级别的 EPDM。这些特种 EPDM 能赋予硫化胶料较高的拉伸强度。保持乙烯含量一定，用更多的乙叉降冰片烯 ENB 替代丙烯，用此催化技术生产出的 EPDM 仍能保持较高的拉伸强度。GEN：D. Parikh, M. Hughes, M. Laughner, L. Meiske, R. Vara, "Next Generation of Ethylene Elastomers," Presented at ACS Rubber Division Meeting, Fall, 2000.

将巴克敏斯特富勒烯 C60 用在 EPDM 中，并且暴露在紫外光下硫化，制得的胶料比用 DCP 硫化的胶料有更高的拉伸强度。这是因为 EPDM/C60 形成了纳米复合材料。GEN：G. Hamed, "Reinforcement of Rubber," Rubber Chemistry and Technology, July-August, 2000 (73)：524.

10. 反应型 EPDM

据报道，在与 NR 的共混物中，用 2%（质量分数）马来酸酐改性的 EPDM 替代未改性的 EPDM，可以提高 NR/EPDM 并用胶料的拉伸强度。GEN：A. Coran, "Blends of Dissimilar Rubbers-Cure-rate Incompatibility," Rubber Chemistry and Technology, May-June, 1988 (61)：281.

11. 气相法 EPDM

选用乙烯含量高、气相法聚合超低穆尼黏度的 EPDM，在大量填充填料的情况下，可以使胶料具有较高的拉伸强度（据报道，高乙烯含量可以赋予硫化胶料较高的拉伸强度）。GEN：A. Paeglis, "Very Low Mooney Granular Gas-phase EPDM," Presented at ACS Rubber Division Meeting, Fall, 2000, Paper No. 12.

12. 凝胶

像 SBR 这样的合成胶中一般含有稳定剂。然而，在高于 163℃下混炼 SBR 胶料时，能够产生松散型凝胶（可被混炼开）和紧致型凝胶（不能被混炼开，也不溶于某些溶剂）。这两种凝胶都会降低胶料的拉伸强度。因此，必须谨慎对待 SBR 的混炼温度。GEN: R. Mazzeo, "Preventing Polymer Degradation During Mixing," Rubber World, February, 1995: 22.

13. 硫化

获得高拉伸强度的一个重要途径就是优化交联密度，避免欠硫、后硫化，避免在硫化时因压力不足或使用挥发性组分而导致胶料出现泡孔。RT: 第 3 章, Vulcanizate Physical Properties, Performance Characteristics, and Testing[○], J. S. Dick, p. 47-49.

在天然胶胶料中，用促进剂 CBS 替代 MBS 或 TBBS 可使胶料具有较高的拉伸强度和拉断伸长率。GEN: M. Brendan Rodgers, Donald Tracey, Walter Waddell, "Production, Classfication and Properties of Natural Rubber," Paper No. 37 presented at the Spring Meeting of the Rubber Division, ACS, San Antonio, TX, May 16, 2005.

对于像氢化羧基丁腈胶 HXNBR 或氟橡胶这样的特种橡胶胶料，可以采用二次硫化的方法来提高其拉伸强度。GEN: Richard Pazur, L. P. Ferrari, E. C. Campomizzi (Lanxess), "HXNBR Compound Property Improvements Through the Use of Post Cure," Paper No. 70 presented at the Spring Meeting of the Rubber Division, ACS, 2005; "New DAI-EL Fluoroelastomers for Extreme Environments," Daikin America, Inc., Presented at a meeting of the Energy Rubber Group, September 15-18, 2008, San Antonio, TX.

14. 压力逐降硫化

对在高压釜中硫化的产品，可以通过逐渐降低压力一直到硫化结束来避免泡孔的产生以及由此导致的拉伸强度降低，这被称为"压力逐降硫化"。RP: L. L. Outzs.

15. 硫化时间与温度

采用低温长时间硫化，可以形成多硫键网络，获得更高的硫交联密度，

○ Vulcanizate Physical Properties, Performance Characteristics, and Testing: 硫化胶的物理性能、加工特性和测试。——译者注

进而得到更高的拉伸强度。GEN：Flexsys Technical Bulletin，"High Temperature Curing Compounding，" 1996-1997.

16. 加工

避免弄脏各种配合剂和基体胶，也要避免在加工过程中带入杂质。RT：第 3 章，Vulcanizate Physical Properties, Performance Characteristics, and Testing, J. S. Dick, p. 47-49.

17. 聚氨酯弹性体

以聚酯型和聚醚型聚氨酯为基体的胶料，可以有很高的拉伸强度。对于通过两组分浇注而成的聚氨酯来说，可以通过调整固化剂的比例来提高拉伸强度。固化剂比例是指预聚物和固化剂的相对用量，固化剂的用量（如双邻氯苯胺基甲烷 MBCA）需要正好和预聚物中的二异氰酸酯相匹配，这被称为"100% 理论用量"或者"100% 化学计量"；如果固化剂用量被减去 5%，叫作"95% 理论用量"或"95% 化学计量"；同样，如果固化剂用量增加 5%，就叫作"105% 理论用量"，或者"105% 化学计量"。通常是降低用量，如 95%，可以提高拉伸强度。通常但不总是，在一些特定的应用中，选择聚酯型聚氨酯会在提高拉伸强度上有优势。RT：第 6 章，Elastomer Selection, R. School, p.126；RT：第 9 章，Polyurethane Elastomers[⊖]，R. W. Fuest, p.251, 257.

将聚氨酯与传统橡胶进行共混，可以提高其拉伸强度。GEN：T. Jazlonowski，"Blends of Polyurethane Rubber with Conventional Rubber，" Paper No. 46 presented at the Spring Meeting of the Rubber Division, ACS, April, 1990, Chicago, IL.

18. 硅橡胶

要确保胶料有很高的拉伸强度，千万不要选择硅橡胶或氟硅橡胶。RT：第 6 章，Elastomer Selection, R. School, p. 136.

19. 乙烯-丙烯酸酯橡胶 AEM

要想提高三元共聚物 AEM 橡胶（杜邦公司的商品名为 Vamac）的拉伸强度，并且硫化体系为传统的二胺类，如六次甲基四胺氨基甲酸酯（HMDC）和二苯胍（DPG），那么加入过氧化二异丙苯 DCP 和 1, 2-聚丁二烯（Ricon, 152）能够提高胶料的拉伸强度。GEN：H. Barager, K. Kammerer, E. McBride，"Increased Cure Rates of Vamac, Dipolymers and Terpolymers Using Peroxides，" Presented at ACS Rubber Division Meeting, Fall, 2000, Paper No. 115.

⊖ Polyurethane Elastomers：聚氨酯弹性体。——译者注

RT：2001 年由 Hanser 出版社出版的 John S. Dick 编写的著作：Rubber Technology, Compounding and Testing for Performance；GEN：来自各种期刊或会议的一般参考文献；RP：来自本书顾问-编审委员会成员的建议。

20. 硅橡胶/EPDM

用新型硅橡胶/EPDM 组合替代传统的硅橡胶,可以提高拉伸强度。GEN: M. Chase, "Roll Coverings Past, Present and Future," Presented at Rubber Roller Group Meeting New Orleans, May 15-17, 1996, p. 7.

21. 反应型顺丁胶 BR

对主链上大约每 100 个碳原子上有一个羧基的羧基顺丁胶,采用氧化锌交联,并用传统的硫黄硫化,能赋予胶料更高的拉伸强度。这是因为胶料变成了"离聚物弹性体",其中离子交联点形成了纳米级的区域。GEN: G. Hamed, "Reinforcement of Rubber," Rubber Chemistry and Technology, July-August, 2000 (73): 524.

22. 混炼

通过更好的混炼技术来提高补强填料如炭黑的分散,可以提高拉伸强度,同时要避免混入杂物或未分散好的大颗粒组分。RT: 第 3 章, Vulcanizate Physical Properties, Performance Characteristics, and Testing, J. S. Dick, p. 47-49; GEN: S. Monthey, T. Reed, "Performance Difference Between Carbon Blacks and CB Blends for Critical IR Applications," Rubber World, April, 1999, p. 42.

通过慎用加工助剂,可以改善填料在胶料中的分散,进而提高胶料的拉伸强度。GEN: Hermann-Josef Weiderhaupt, Kishor Katkar, "Novel Zinc-Free Processing Aid for Silica Compounds," Paper No. 34 given at the IRE 2011 Rubber Conference, Chennai, India.

23. 相混炼

对 SBR/BR 共混物,通过相混炼技术使炭黑在 SBR 相中的含量增加,那么胶料的拉伸强度就会降低。GEN: W. Hess, C. Herd, P. Vegvari, "Characterization of Immiscible Elastomer Blends," Rubber Chemistry and Technology, July-August, 1993 (66): 329.

还有报道,对 NR/BR 共混物,通过相混炼技术可以使炭黑在 BR 相中的含量更高,从而提高共混物的拉伸强度。而另外一些报道则发现了不同的结果。Hess 研究还发现,如果炭黑都集中在 NR 中,拉伸强度会大幅下降。GEN: E. McDonel, K. Baranwal, J. Andries, Polymer Blends, Vol. 2, Chapter 19, "Elastomer Blends in Tires", Academic Press, 1978, p. 282; W. Hess, C. Herd, P. Vegvari, "Characterization of Immiscible Elastomer Blends," Rubber Chemistry and Technology, 1993 (66): 329.

在橡胶并用共混物中,加入有效的增容剂(如双嵌段共聚物)可以提高胶料的拉伸强度。GEN: "Effects of Copolymers as Compatibilizer on Blends,"

Paper presented at the Spring Meeting of the Rubber Division, ACS, April, 1999, Chicago, IL.

胶料往往是几种橡胶并用的共混物，这些橡胶的溶解度参数不同，那么共混物微观形态中就存在连续相和非连续相。炭黑在不同胶种中的亲和性报道如下：

BR > SBR > CR > NBR > NR > EPDM > IIR

通过相混炼技术，可以有效控制炭黑在不同相中的分布，进而优化拉伸强度。GEN：Eric S. Castner (Goodyear Tire and Rubber Co.)，"Where's the Filler?：Morphology Control for Improved Dynamic and Mechanical Properties," Paper No. 13 presented at the Fall Meeting of Rubber Division, ACS, October 5-6, 2004.

24. 共混

将 NR 与聚辛烯共混，可以获得较高的拉伸强度，不过没有聚氨酯的拉伸强度高。RT：第 6 章，Elastomer Selection，R. School，p. 126.

25. NR/IR 共混

虽然分子量高对拉伸强度、拉断伸长率有正面影响，但高顺式异戊胶和天然胶中的应变诱导结晶会对这两者有更大的提高。RT：第 7 章，General Purpose Elastomers and Blends，G. Day，p. 156.

26. NR/EPDM 共混

采用硫黄/过氧化物并用硫化体系来共硫化 NR/EPDM 共混物。天然胶会赋予胶料更高的拉伸强度。GEN：S. Tobing，"Co-vulcanization in NR/EPDM Blends," Rubber World，February，1988：33.

27. NBR/PVC 共混

据报道，在基于 NBR/PVC 的胶料中，慢慢加入一定量的可开炼的聚氨酯弹性体，可以有效地提高胶料的拉伸强度。GEN：T. Jablonowski，"Blends of PU with Conventional Rubbers"，Rubber World，October，2000，p. 41.

有报道说，在 NBR/PVC 共混物中加入 SBR4503 [由二乙烯基苯交联的含有 30%（质量分数）苯乙烯的热聚乳液聚合物]，可以提高拉伸强度。GEN：J. Zhao，G. Ghebremeskel，J. Peasley，"SBR/PVC Blends with NBR as a Compatibilizer," Rubber World，December，1998：37.

28. TPV（热塑性硫化胶）

热塑性硫化胶（TPV）的拉伸强度是来源于高度交联的橡胶相的。用动态硫化法制备的 TPV 中含有很高交联密度的橡胶相，因此其拉伸强度高。在

RT：2001 年由 Hanser 出版社出版的 John S. Dick 编写的著作：Rubber Technology, Compounding and Testing for Performance；GEN：来自各种期刊或会议的一般参考文献；RP：来自本书顾问-编审委员会成员的建议。

TPV 中，交联的橡胶相必须是直径小于 1μm 的极细小的颗粒，才能对胶料的拉伸强度起到积极作用，这些交联的颗粒必须均匀地分散在整个基体相中。因此，对于 TPV 胶料来说，必须注意选择那些橡胶相颗粒细小的以提高拉伸强度。热塑性弹性体往往是各向异性的，尤其是在高剪切速率下通过注射成型的弹性体，其拉伸强度是取决于加工流动方向的。RT：第 10 章，Thermoplastic Elastomers⊖, C. P. Rader, p. 274；RP：C. P. Rader.

29. 胶粉

如果要用胶粉来填充胶料，那么应该选择高目数的胶粉，这样可以避免拉伸强度的较大下降。胶粉颗粒越细，对拉伸强度的降低就越少。

要避免在轮胎胶料里填充轮胎胶粉（GRT），因为它能较大幅度地降低拉伸强度，而且，大粒径的胶粉使拉伸强度下降更严重。RT：第 11 章，Recycled Rubber⊖, K. Baranwall, W. Klingensmith, p. 291；GEN：A. Naskar, S. De, A. Bhowmick, P. Pramanik, R. Mukhopadhyay, "Characterization of Ground Rubber Tire and Its Effect on Natural Rubber Compounds," Rubber Chemistry and Technology, November-December, Vol. 73：902.

30. 填料

对像炭黑或白炭黑这样的填料，选择粒径小的、比表面积大的，可以有效地提高拉伸强度。GEN：R. Mastromatteo, E. Morrisey, M. Mastromatteo, H. Day, "Matching Material Properties to Application Requirements," Rubber World, February, 1983：26；RP：J. R. Halladay.

考虑采用少量碳纳米管，并使其均匀分散，可以有效提高拉伸强度。GEN：Gary D. D'Abate (Pinnacle Elastomeric Technology), "Compounding Materials," Presented at a Meeting of the Energy Rubber Group, September, 2011, Galveston, TX.

纳米黏土（如蒙脱土）通过有机表面活性剂改性后，可以提高 EPDM 胶料的拉伸强度。GEN：P. J. Yoon, Carl McAfee, "Effects of Nanoclay Structure on the Mechanical Properties of EPDM," Paper No. 16 presented at the Fall Meetig of the Rubber Division, ACS, Oct. 10-12, 2006, Cincinnati, OH.

另有报道，合理选用纳米黏土，如改性后的蒙脱土，可以改善天然胶胶料的拉伸强度。GEN：A. K. Bhowmick, M. Bhattacharya, and S. Mitra, "Exfoliation of Nanolayer Assemblies for Improved Natural Rubber Properties：

⊖　Thermoplastic Elastomers：热塑性弹性体。——译者注
⊖　Recycled Rubber：再生胶。——译者注

RT：2001 年由 Hanser 出版社出版的 John S. Dick 编写的著作：Rubber Technology, Compounding and Testing for Performance；GEN：来自各种期刊或会议的一般参考文献；RP：来自本书顾问-编审委员会成员的建议。

Methods and Theory," Paper No. 103 presented at the Fall Meeting of the Rubber Division, ACS, Oct. 13-15, 2009, Pittsburgh, PA.

31. 炭黑

要能保证炭黑分散好,应尽量提高其填充量到最佳状态,以提高拉伸强度。粒径小的炭黑,其最佳填充量会低。提高炭黑比表面积、通过延长混炼周期来改善炭黑的分散都能提高胶料的拉伸强度。RT:第 12 章, Compounding with Carbon Black and Oil⊖, S. Laube, S. Monthey, M-J, Wang, p. 308, 317; RP: J. M. Long, M-J. Wang.

在天然胶乳絮凝之前加入球磨分散炭黑,之后进行混炼,得到的胶料拉伸强度要高于直接将炭黑加入密炼机中进行混炼的胶料。GEN: R. Alex, K. Sasidharan, T. Kurlan, A. Kumarchandra, "Carbon Black/Silica Masterbatch from Fresh Natural Rubber Latex," Paper No. 27 given at IRC 11, Mumbai, India.

用埃洛石纳米管替代少量的炭黑,并且保证碳纳米管能够均匀分散,这样可以提高胶料的拉伸强度,同时也能提高拉断伸长率。GEN: Minna Poikelispaa, Amit Das, Wilima Dierkes, Jyki Vuorinen (Tampere University of Technology, Finland), Paper No. 53 presented at the Fall Meeting of the Rubber Division, ACS, Oct. 10-13, 2011, Cleveland, OH.

32. 白炭黑

选用比表面积大的沉淀法白炭黑,可以有效地提高胶料拉伸强度,如果采用硅烷偶联剂处理的沉淀法白炭黑,能更有效地提高拉伸强度。RT:第 13 章, Precipitated Silica and Non-black Fillers⊖, W. Waddell, L. Evans, p. 333.

33. 非补强填料的作用

要想获得高的拉伸强度,应该避免使用非补强或填充填料,例如陶土、碳酸钙、滑石粉、白垩粉、石英砂等。RP: J. R. Halladay.

34. 陶土

要想提高陶土填充胶料的拉伸强度,最好考虑用硅烷偶联剂处理一下陶土。RT:第 13 章, Precipitated Silica and Non-black Fillers, W. Waddell, L. Evans, p. 333.

35. 油的作用

要想有高的拉伸强度,应尽量避免使用增塑剂。RP: J. R. Halladay.

⊖ Compounding with Carbon Blank and Oil:与炭黑和油的混合。——译者注
⊖ Precipitated Silica and Non-black Fillers:沉淀白炭黑和非炭黑填料。——译者注

RT:2001 年由 Hanser 出版社出版的 John S. Dick 编写的著作:Rubber Technology, Compounding and Testing for Performance;GEN:来自各种期刊或会议的一般参考文献;RP:来自本书顾问-编审委员会成员的建议。

36. 硫黄

在硫化 NBR 胶料时，传统硫黄是较难分散均匀的，因此，采用碳酸镁处理过的硫黄用在 NBR 这种极性胶料中会分散得更好。如果硫化剂分散不好，会严重影响拉伸强度。RT：第 16 章，Cures for Specialty Elastomers[○]，B. H. To，p. 398.

37. 硫化助剂

要确保促进剂的粒径足够小（小于 100μm），这样才能不会对拉伸强度造成太多负面影响。如果这些有较高熔点的橡胶化学助剂（如 MBTS 的熔融温度在 167～179℃，通常这个温度是高于密炼机排胶温度）的粒径不够小，就会降低拉伸强度，进而影响橡胶制品的使用寿命，这是因为大粒径的促进剂会导致胶料交联网络的非均相分布。也有报道说，如果促进剂的粒径过小，也会引起拉伸强度的下降（约 10%）。GEN：W. Helt，"Accelerator Dispersion," ASTM D 11 Meeting, July 28, 1990.

可以尝试使用实验室级的促进剂双（二异丙基硫代磷酰基）二硫化物（DIPDIS），与噻唑类促进剂协同作用，可以使 NR 胶料具有较高的拉伸强度。GEN：S. Mandal, R. Datta, D. Basu, "Studies of Cure Synergism-Part 1：Effect of Bis（diisopropyl）thiophosphoryl Disulfide and Thiazole-based Accelerators in the Vulcanization of Natural Rubber," Rubber Chemistry and Technology, September-October, 1989（62）：569.

38. 多硫键交联网络

采用传统硫化体系，可以使交联网络以多硫键为主；采用有效硫化体系 EV，交联网络以单硫键和双硫键为主，前者可以使胶料的拉伸强度更高。RP：J. R. Halladay.

39. 氯丁胶的硫化

对氯丁胶胶料，采用亚乙基硫脲硫化，既可以保证适当的安全与健康要求，又能提高胶料的拉伸强度。RT：第 16 章，Cures for Specialty Elastomers，B. H. To，p. 400-401，406.

40. 过氧化物硫化

用母料型过氧化物替代传统的混有惰性填料的过氧化物，可以改善其在胶料中的分散，从而导致胶料具有更均匀的物理性能。RT：第 17 章，Peroxide Cure Systems，[○]L. Palys，p. 417.

　○　Cures for Specialty Elastomers：特种橡胶的硫化。——译者注
　○　Peroxide Cure Systems：过氧化物硫化体系。——译者注

RT：2001 年由 Hanser 出版社出版的 John S. Dick 编写的著作：Rubber Technology, Compounding and Testing for Performance；GEN：来自各种期刊或会议的一般参考文献；RP：来自本书顾问-编审委员会成员的建议。

丙烯酸锌作为助交联剂（Saret® 633）有时会被用在过氧化物硫化体系中，以提高胶料的拉伸强度。GEN：R. Costin，W. Nagel，"Coagents for Rubber-to-metal Adhesion,"Rubber & Plastics News，March 11，1996：14.

对于过氧化物硫化体系来说，采用助交联剂来增加体系的不饱和性，可以提高胶料的交联密度。这是因为在饱和聚合物中是氢取代交联，而在不饱和体系中是自由基交联，后者更容易且更有效，助交联剂可以引入不同类型的交联网络，进而提高拉伸强度。RT：第 17 章，Peroxide Cure Systems，L. Palys，p. 431-432；GEN：P. Dluzneski，"Peroxide Vulcanization of Elastomers,"Rubber Chemistry and Technology，July-August，2001（74）：451.

41. 抗氧剂

很多情况下，在混炼周期的早期加入抗氧剂，可以有效遏制因混炼对胶料的结构和分子量的影响。GEN：H. Kim，G. Hamed，"On the Reason that Passenger Tire Sidewalls Are Based on Blends of Natural Rubber and cis-Polybutadiene,"ACS Rubber Division Meeting，Fall，1999，Paper No. 84.

42. 树脂

在非补强填料低填充的 SBR、NBR 或 CR 的胶料中，加入 15~25 份（质量份）的烃类树脂，如煤焦油树脂，可以有效地提高拉伸强度。GEN：F. O'Connor，J. Slinger，"Processing Aids-The All Inclusive Category,"Rubber World，October，1982：21-23.

43. 取向

硫化胶，尤其是热塑性弹性体的拉伸性能，受取向和各向异性的影响较大。GEN：B. Gedeon，"Anisotropy in Thermoplastic Elastomers,"Rubber World，October，1998：34.

44. 双重交联网络

众所周知，塑料在加工过程中受到拉伸，会引起取向和各向异性，冷却到熔融温度或玻璃化转变温度以下时，各向异性性能就会得到提高。但是，橡胶却完全不同，通常在加工过程中引起的各种取向，都会随加工过程的结束而衰减消失。然而，硫化过程中的"双重交联网络"是在胶料中引入永久取向的一种方法。首先是通过轻微硫化或部分硫化形成第一层网络，这种轻微硫化的胶料被拉伸到伸长率 α_0 后，继续硫化，经过第二次硫化之后，释放硫化胶料，在释放过程中，第二次形成的交联网络阻止第一次网络的回缩，这样会导致硫化胶有一个剩余伸长率 α_r。与传统的单层交联网络相比，沿着拉伸方向裁出的哑铃形试样会有更高的拉伸强度。GEN：G. Hamed，M. Huang，"Tensile and Tear Behavior of Anisotropic Double Networks of a Black-filled Natural

---

RT：2001 年由 Hanser 出版社出版的 John S. Dick 编写的著作：Rubber Technology，Compounding and Testing for Performance；GEN：来自各种期刊或会议的一般参考文献；RP：来自本书顾问-编审委员会成员的建议。

Rubber Vulcanizate," Rubber Chemistry and Technology, November-December, 1998 (71): 846。

45. 纤维

总的来说，在用来提高拉伸强度的各种纤维中，长径比在 100:1 ~ 200:1 范围内、经间苯二酚甲醛乙烯基吡啶黏合剂处理的不可再生的木质纤维素纤维是较好的选择。GEN: L. Goettler, K. Shen, "Short Fiber Reinforced Elastomers," Rubber Chemistry and Technology, 1983 (56): 575.

已有报道，胶料中添加芳纶纤维，可以有效提高强度。GEN: Debbie Banta, Weatherford Co., "Can Nanotechnology Provide Innovative, Affordable Elastomer Solutions to Oil and Gas Service Industry Problems?," Presented at the Energy Rubber Group, January 19, 2012, Houston, TX.

46. 离聚物

在金属磺化的 EPDM 胶料中，加入硬脂酸锌作为离聚剂，可以显著提高胶料的拉伸强度，甚至可以与聚氨酯弹性体相媲美。GEN: W. MacKnight, R. Lundberg, " Elastomeric Ionomers," Rubber Chemistry and Technology, July-August, 1984 (57): 652.

47. 离子交联网络

据报道，离子交联的胶料有更高的拉伸强度，这是 因为交联点可以滑移，因此可以移动而不被撕裂。GEN: T. Kempermann, "Sulfur-free Vulcanization Systems for Diene Rubber", Rubber Chemistry and Technology, July-August, 1988 (61): 422.

48. 应力结晶

胶料中配合含有应力结晶的天然胶和氯丁胶，将会有利于提高拉伸强度。GEN: F. Eirich, Science and Technology of Rubber, Chapter 9, "The Rubber Compound and Its Composition," M, Studebaker J. Beatty, Academic Press, 1978: 367.

RT: 2001 年由 Hanser 出版社出版的 John S. Dick 编写的著作: Rubber Technology, Compounding and Testing for Performance; GEN: 来自各种期刊或会议的一般参考文献; RP: 来自本书顾问-编审委员会成员的建议。

2.2　提高高温下的拉伸强度

虽然在室温下胶料能够满足用户对拉伸强度的要求，但用户考虑到产品在高温下的性能，就会提出在某一高温下的拉伸强度要求，这时就不一定能够满足了。要满足客户这种需求，是具有一定挑战性的。

以下的实验方案可能会帮助配方人员满足用户需求。对所有相关的文献来源，包括后面引用的文献，读者都应该仔细阅读和研究。注意：这些实验方案不一定适用于所有的情况，另外，能够提高高温下拉伸强度的任何变量都能影响其他性能，本书对此不作阐述，也不对相关的安全与健康问题做说明。

1. 硅橡胶

在极高温度下，硅橡胶相比其他所有有机弹性体能赋予胶料更高的高温拉伸强度。RP：J. R. Halladay.

2. SBR

据报道，将 NR 与 SBR 以 50∶50 的比例（质量比）共混，可以提高 SBR 胶料的高温应力-应变性能。RT：第 7 章，General Purpose Elastomers and Blends，G. Day，p. 157.

3. EPDM

通过 Ziegler-Natta 催化技术，使 EPDM 中的乙烯有序排列而形成独特的高温结晶性能，从而使胶料具有更高的高温拉伸强度。基于乙烯的有序排列，在温度超过 75℃后，有些结晶要经历多种结晶结构的转变。GEN：S. Brignac，Ho. Young，"EPDM with Better Low Temperature Performance，" Rubber & Plastics News，August 11，1997：14.

4. 氯丁胶 CR

对基于 CR 的胶料，要选用 W-型氯丁胶，再加入 40 份（质量份）的沉淀法白炭黑和 2 份（质量份）的聚乙二醇（PEG），可以使胶料具有较高的高温拉伸强度。RP：L. L. Outzs.

5. 白炭黑

在一些情况下，10～20 份（质量份）的沉淀法白炭黑可以提高胶料的高温拉伸强度和抗撕裂性能。RP：J. R. Halladay.

6. 纳米黏土和碳纳米管

在钻挖过程中，石油钻井处于高温高压的操作环境，在这种条件下使用

RT：2001 年由 Hanser 出版社出版的 John S. Dick 编写的著作：Rubber Technology, Compounding and Testing for Performance；GEN：来自各种期刊或会议的一般参考文献；RP：来自本书顾问-编审委员会成员的建议。

的胶料，如果其中加入纳米黏土或碳纳米管，则能够使胶料性能下降减缓。
GEN: Debbie Banta, Weatherford Co., "Can Nanotechnology Provide Innovative, Affordable Elastomer Solutions to Oil and Gas Service Industry Problems?" Presented at the Energy Rubber Group, January 19, 2012, Houston, TX.

RT: 2001 年由 Hanser 出版社出版的 John S. Dick 编写的著作: Rubber Technology, Compounding and Testing for Performance; GEN: 来自各种期刊或会议的一般参考文献; RP: 来自本书顾问-编审委员会成员的建议。

2.3 提高拉断伸长率

有的时候用户可能提出这样的要求：硫化胶料能拉到多长而不断裂。这是由 ASTM 和 ISO 规定的标准哑铃型试样的应力-应变测试中的另一个基本材料性能。

以下的实验方案可能帮助配方人员满足用户需求。对所有相关的文献来源，包括后面引用的文献，读者都应该仔细阅读和研究。注意：这些实验方案不一定适用于所有的情况，另外，能够提高高温下拉伸强度的任何变量都能影响其他性能，本书对此不作阐述，也不对相关的安全与健康问题做说明。

1. SBR

选用在 -10℃而不是 50℃乳液聚合的 SBR，可以赋予胶料较好的拉断伸长率。RT：第 7 章，General Purpose Elastomers and Blends，G. Day，p. 149.

2. NR

在各种不同级别的 NR 中，增塑天然胶 CV60 胶料有最高的拉断伸长率。RT：第 7 章，General Purpose Elastomers and Blends，G. Day，p. 156.

3. 聚氨酯弹性体

对于通过两组分浇注而成的聚氨酯来说，可以通过调整固化剂的比例来提高拉伸强度。固化剂比例是指预聚物和固化剂的相对用量，固化剂（如双邻氯苯胺基甲烷 MBCA）的用量需要正好和预聚物中的二异氰酸酯相匹配，这被称为"100%理论用量"或者"100%化学计量"；如果固化剂用量被减去 5%，叫作"95%理论用量"或"95%化学计量"；同样，如果固化剂用量增加 5%，就叫作"105%理论用量"或者"105%化学计量"。

通常是采用更高的化学计量，如 105%，来提高拉断伸长率。RT：第 9 章，Polyurethane Elastomers，R. W. Fuest，p. 251.

4. NBR

选择丙烯腈含量，在 33%～41%（质量分数）的丁腈胶，可以使胶料具有较高的拉断伸长率和拉伸强度。GEN：Andy Anderson（Zeon），"Keeping It Real with NBR and HNBR Polymers," Zeon Chemicals，Presented at the Energy Rubber Group，September 12-15，2011，Galveston，TX.

5. 氯丁胶和填料

在氯丁胶配方中，选用大粒径而不是小粒径无机填料，可以提高拉断伸长率。另外，用热裂法炭黑替代补强或半补强炭黑，可以提高拉断伸长率。

RT：2001 年由 Hanser 出版社出版的 John S. Dick 编写的著作：Rubber Technology, Compounding and Testing for Performance；GEN：来自各种期刊或会议的一般参考文献；RP：来自本书顾问-编审委员会成员的建议。

RP：L. L. Outzs.

氯丁胶通过磺酸盐改性后，能够提高拉伸强度和拉断伸长率。GEN：Nobuhiko Fujii（Denka Corp.），"Recent Technical Improvements of CR and ER in Industry Application," Presented at the Southern Rubber Group, March, 2006, Asheville, NC.

6. TPE 和 TPV

热塑性弹性体和热塑性硫化胶往往是各向异性的，尤其是在高剪切速率下通过注射成型的弹性体，其拉断伸长率和拉伸强度是取决于其加工流动方向的。RT：第 10 章, Thermoplastic Elastomers, C. P. Rader, p. 274.

7. 炭黑

使用低比表面积、低结构度的炭黑以及降低炭黑的填充量，可以提高胶料的拉断伸长率。RT：第 12 章, Compounding with Carbon Black and Oil, S. Laube, S. Monthey, M-J, Wang, p. 308.

一般来讲，降低胶料中填料的用量，可以提高胶料拉断伸长率，但同时会降低其拉伸强度。GEN：Gary D. D'Abate（Pinnacle Elastomeric Technology），"Compounding Materials," Presented at a Meeting of the Energy Rubber Group, September, 2011, Galveston, TX.

8. 滑石粉

据报道，用小粒径滑石粉替代相同量的炭黑，可以提高胶料的拉断伸长率，但对拉伸强度的影响不大，并且可能提高低应变下的模量。GEN：Luzenac America's handbook, " Mistron Vapor in Rubber Compounds," 1980；RP：O. Noel.

9. 硫化

胶料组分不变，只有交联密度下降，通常会引起拉断伸长率提高，但同时也会使硫化胶料的静态模量降低。GEN：William Boye（Sartomer Co.），"The Utility of Coagents in the Radical Cure of Elastomers," Presented at a meeting of the Energy Rubber Group, 2008, Houston, TX.

10. 硫黄硫化

硫黄与过氧化物硫化相比，一个突出优势就是可以使胶料有更高的拉断伸长率。通常高硫硫化体系比低硫硫化体系能赋予胶料更高的拉断伸长率。RT：第 17 章, Peroxide Cure Systems, L. Palys, p. 434；RP：J. R. Halladay.

11. 凝胶

像 SBR 这样的合成胶中一般含有稳定剂。然而，在 163℃ 以上的温度下

RT：2001 年由 Hanser 出版社出版的 John S. Dick 编写的著作：Rubber Technology, Compounding and Testing for Performance；GEN：来自各种期刊或会议的一般参考文献；RP：来自本书顾问-编审委员会成员的建议。

混炼 SBR 胶料，能够产生松散型凝胶（可被辊炼开）和紧致型凝胶（不能被辊炼开，也不溶于某些溶剂）。这两种凝胶都会降低胶料的拉断伸长率，因此必须谨慎对待 SBR 的混炼温度。GEN：R. Mazzeo，"Preventing Polymer Degradation During Mixing," Rubber World, February, 1995：22.

12. 纤维

如果希望得到高的拉断伸长率，那就要避免使用短芳纶、短纤维素、短黄麻纤维等其他短纤维。GEN：K. Watson, A. Frances, "Elastomers Reinforcement with Short Kevlar Aramid Fiber for Wear Applications", Rubber World, August, 1988：20.

印度 20μm 纳米矿物有限公司宣称，采用他们的"Vaporlink"产品（一种纤维晶体结构的微纳米填料）与其他填料并用，可以有效提高纤维的拉断伸长率。GEN：Presentation by 20 Micron Nano Minerals Limited at IRE 2011, Chennai, India.

13. 碳纳米管

据报道，胶料中添加少量碳纳米管，可以在不降低胶料拉伸强度的情况下提高其拉断伸长率。GEN：Debbie Banta, Weatherford Co., "Can Nanotechnology Provide Innovative, Affordable Elastomers Solutions to Oil and Gas Service Industry Problems?," Presented at the Energy Rubber Group, January 19, 2012, Houston, TX.

用埃洛石纳米管替代少量的炭黑，并且保证碳纳米管能够均匀分散，这样可以提高胶料的拉伸强度，同时也能提高其拉断伸长率。GEN：Minna Poikelispaa, Amit Das, Wilima Dierkes, Jyki Vuorinen（Tampere University of Technology, Finland），Paper No. 53 presented at the Fall Meeting of the Rubber Division, ACS, Oct. 10-13, 2011, Cleveland, OH.

14. 纳米黏土

纳米黏土（如蒙脱土）通过有机表面活性剂改性后，可以提高 EPDM 胶料的拉伸强度，同时也可以提高其拉断伸长率。GEN：P. J. Yoon, Carl McAfee, "Effects of Nanoclay Structure on the Mechanical Properties of EPDM," Paper No. 16 presented at the Fall Meetig of the Rubber Division, ACS, Oct. 10, 2006, Cincinnati, OH.

15. 硅烷偶联剂与白炭黑填充胶料

在沉淀法白炭黑填充胶料中加入硅烷偶联剂，可以同时提高胶料的拉断伸长率和拉伸强度。GEN：Cynthia M. Flanigan, Laura Beyer, David Klekamp, David Rohweder（Ford Motor Co., Dearborn, MI），"Comparative Study of Silica,

---

RT：2001 年由 Hanser 出版社出版的 John S. Dick 编写的著作：Rubber Technology, Compounding and Testing for Performance；GEN：来自各种期刊或会议的一般参考文献；RP：来自本书顾问-编审委员会成员的建议。

Carbon Black, and Novel Fillers in Tread Compounds," Paper No. 34 presented at the Fall Meeting of the Rubber Division, ACS, Oct. 11-13, 2011, Cleveland, OH.

16. 混炼

通过混炼提高炭黑的分散性，有助于提高胶料的拉断伸长率。GEN：W. Hess, "Characterization of Dispersions," Rubber Chemistry and Technology, July-August, 1991 (64)：386.

17. 相混炼

在由炭黑和白炭黑填充的 BR/SSBR/BIMS 并用的胎面胶料中，采用四步法相混炼工艺，可以有效提高硫化胶料的拉断伸长率和拉伸强度。GEN：W. Waddell, R. Poulter (Exxon), "Phase Mixing of Brominated Isobutylene-co-para-methylstyrene with Precipitated Silica to Enhance the Properties of a Tire Tread Compound," Paper No. 32 presented at the Spring Meeting of the Rubber Division, ACS, April 13, 1999, Chicago, IL.

18. 相对分子质量的影响

对于 NBR 生胶来说，选用低穆尼黏度和低相对分子质量的，可以提高拉断伸长率。乳聚 SBR、SSBR、BR 以及 IR 也适用这一点。GEN：D. Ghang, "Investigation of the Structure-property Relationships of Improved Low Compression Set Nitrile Rubbers," Rubber Chemistry and Technology, March-April, 1981 (54)：170；RP：R. Dailey.

19. 硫化程度

通常情况下，低硫化程度可以使胶料有较高的拉断伸长率。RP：J. R. Halladay.

RT：2001 年由 Hanser 出版社出版的 John S. Dick 编写的著作：Rubber Technology, Compounding and Testing for Performance；GEN：来自各种期刊或会议的一般参考文献；RP：来自本书顾问-编审委员会成员的建议。

2.4 提高硬度与模量

通常认为模量是用来衡量材料刚度的，而刚度与硬度通常是紧密相关的。然而，橡胶工业中的"模量"，是指通过拉力试验机进行的应力-应变测试中定应变下的应力，一般是在100%、300%或400%应变下的应力值。而在用硬度计测量硬度时，其发生的应变远远低于100%。由于在测量这两者时所发生形变量的巨大差异以及橡胶的非线性，导致了这两个参数在很多情况下并不是相一致。

配方人员可能会考虑以下的实验方案去提高硫化胶料的硬度和模量。对所有相关的文献来源，包括后面引用的文献，读者都应该仔细阅读和研究。注意：这些实验方案不一定适用于所有的情况，另外，能够提高高温下拉伸强度的任何变量都能影响其他性能，本书对此不作阐述，也不对相关的安全与健康问题做说明。

1. 混炼

当混炼炭黑填充的丁基胶胶料时，要考虑通过高温混炼来提高填料与橡胶之间的相互作用，进而提高硬度或模量。这一方法也可能适用于其他胶种。RT：章8章，Specialty Elastomers, G. Jones, D. Tracey, A. Tisler, p. 175；RP：J. M. Long.

据报道，有时胶料被过度混炼，会导致硫化胶模量的下降。所以，为了保证胶料有较高的模量，就要避免过度混炼。GEN：B. Boonstra, A. Medalia, "Effect of Carbon Black Dispersion on the Mechanical Properties of Rubber Vulcanizates," Rubber Chemistry and Technology, 1963（36）1：115.

2. 相对分子质量的影响

对于 NBR 生胶，选用高穆尼黏度和高相对分子质量的，可以提高胶料的弹性模量。GEN："Investigation of the Structure-property Relationships of Improved Low Compression Set Nitrile Rubbers," Rubber Chemistry and Technology, March-April, 1981（54）4：170.

3. SBR

在无规 SBR 中，如果有少量的苯乙烯嵌段，可以提高胶料的室温硬度。

对乳液聚合的 ESBR，采用低温乳聚（5℃）而不是高温乳聚（50℃），可以提高300%定伸时的模量。在 SBR 中，提高结合苯乙烯的含量，可以提高胶料室温下的硬度和模量。RT：第 7 章，General Purpose Elastomers and Blends, G. Day, p. 148, 149, 157.

RT：2001 年由 Hanser 出版社出版的 John S. Dick 编写的著作：Rubber Technology, Compounding and Testing for Performance；GEN：来自各种期刊或会议的一般参考文献；RP：来自本书顾问-编审委员会成员的建议。

4. NR

天然胶环氧化后，可以提高胶料的模量。RT：第 7 章，General Purpose Elastomers and Blends，G. Day，p. 156.

在天然胶乳絮凝之前加入球磨分散炭黑，之后进行混炼，得到的胶料硬度与模量要高于直接将炭黑加入密炼机中进行混炼的胶料。GEN：R. Alex，K. Sasidharan，T. Kurlan，A. Kumarchandra，"Carbon Black/Silica Masterbatch from Fresh Natural Rubber Latex," Paper No. 27 presented at India Rubber Expo. IRC 11，January 19，2011，Chennai India.

5. IR

将聚异戊二烯橡胶 IR 的大部分顺式结构转变成反式结构，可以提高其室温下的模量，前提是低于其熔融温度。RT：第 7 章，General Purpose Elastomers and Blends，G. Day，p. 156.

6. EPDM

高乙烯含量半结晶的 EPDM 胶料有更高的硫化硬度。EPDM 可以填充大量的炭黑，这也是获得高硬度的一个途径。RT：第 8 章，Specialty Elastomers，R. Vara，J. Laird，p. 191；RT：第 12 章，Compounding with Carbon Black and Oil，S. Laube，S. Monthey，M-J，Wang，p. 310.

采用限制几何构型茂金属催化剂技术生产的乙烯含量超过 80%（质量分数）的新牌号 EPDM 胶料有较高的硬度与模量。GEN：R. Vara，C. Grant，C. Daniel（DuPont Elastomers LLC），"Techniques for Achieving High Hardness EPDM Formulations," Paper No. 78 presented at the Fall Meeting of the Rubber Division，ACS，Oct. 16，2001，Cleveland，OH.

7. 气相法 EPDM

选用超低穆尼黏度的气相法聚合的高乙烯含量的 EPDM，并且填充大量的填料，即可得到高硬度（高乙烯含量通常能使硫化 EPDM 有较高的硬度）。GEN：A. Paeglis，"Very low Mooney Granular Gas-phase EPDM," Presented at ACS Rubber Div. Meeting，2000，Paper No. 12.

8. NBR

从氯化钙凝聚体系中乳液聚合而成的 NBR 具有较高的弹性模量；相对分子质量分布窄的 NBR 也可以使胶料具有较高的模量。高丙烯腈含量或丙烯腈 ACN 含量为 45%～50%（质量分数）的 NBR，其胶料室温硬度较高。NBR 胶料经过热老化后，硫化胶料大约会提升 11 个邵尔 A 硬度值。RT：第 8 章，Specialty Elastomers，R. Vara，J. Laird，p. 195，197；GEN：R. Grossman，Q

RT：2001 年由 Hanser 出版社出版的 John S. Dick 编写的著作：Rubber Technology，Compounding and Testing for Performance；GEN：来自各种期刊或会议的一般参考文献；RP：来自本书顾问-编审委员会成员的建议。

&A, Elasteromerics, 1989, 1; GEN: A Comparative Evaluation of Hycar Nitrile Polymers, Manual HM-1, Revised, B. F. Goodrich Chemical Co.; GEN: R. Del Vecchio, E. Ferro, "Effects of NBR Polymer Variations on Compound Properties," Presented at ACS Rubber Division Meeting, Spring, 2001, Paper No. 21.

9. CR

快速结晶的 CR 通常比慢速结晶的 CR 有更好的硫化胶硬度。加入 5～15 份（质量份）的高苯乙烯树脂也可提高硬度。RP: L. L. Outzs.

10. XNBR

使用羧基丁腈胶并配以合适的氧化锌代替传统的 NBR，可以提高胶料模量。RT: 第 8 章, Specialty Elastomers, M. Gozdiff, p. 199.

11. 氯化聚乙烯 CPE/CM

对氯化聚乙烯胶料，在用含噻二唑的硫化体系硫化时，用氯含量高的 CPE 可以得到更高的交联密度，进而得到更高的硬度和模量。但对于过氧化物硫化体系，往往降低氯的含量可以使 CPE 硫化胶有更高的交联密度。RT: 第 8 章, Specialty Elastomers, L. Weaver, p. 213.

12. 聚氨酯弹性体

由两组分浇注而成的聚氨酯弹性体的硬度可以达到邵氏 D 硬度 75，但仍具有一定的橡胶弹性，有时能达到邵氏 D 硬度 85，就已和塑料一样坚硬了。事实上，通常浇注而成的聚氨酯弹性体邵尔 A 硬度往往在 50A 以上（如果希望聚氨酯的硬度在 50A 以下，对聚酯型聚氨酯，可以加入苯甲酸酯增塑剂来降低硬度；对聚醚型聚氨酯，可以加入邻苯二甲酸二辛酯做增塑剂）。

以 MDI 作为预聚物的浇注型聚氨酯，用芳香二醇类做扩链剂，如 HER 和 HQEE，可以提高硬度。这些扩链剂产生的硬段区熔点较高。RT: 第 9 章, Polyurethane Elastomers, R. W. Fuest, p. 252-255. GEN: R. Durairaj, "Chain Extenders Increase Heat Tolerance," Rubber & Plastics News, November 29, 1999.

13. 聚降冰片烯 PNR

要想得到高硬度硫化胶料时，往往是不会选择 PNR 作为基体弹性体的。但想得到邵尔 A 硬度在 15～20 的低硬度硫化胶料时，可以用 PNR 加入适量的油填充而获得。RT: 第 8 章, Specialty Elastomers, C. Cable, p. 224.

14. 交联密度

通常，提高交联密度可以提高硫化胶硬度和模量。硫化胶的模量是和交联密度紧密相关的，而交联密度又和硫黄含量与促进剂含量乘积的平方根成正比。GEN: D. Campbell, A. Chapman, "Relationships Between Vulcanizate

---

RT: 2001 年由 Hanser 出版社出版的 John S. Dick 编写的著作: Rubber Technology, Compounding and Testing for Performance; GEN: 来自各种期刊或会议的一般参考文献; RP: 来自本书顾问-编审委员会成员的建议。

Structure and Vulcanizate Performance," Malaysian Rubber Producers Research Association, Brickendonbury, Hertford, UK.

15. 硫黄硫化体系

可以尝试使用实验室级的促进剂双（二异丙基硫代磷酰基）二硫化物（DIPDIS）与噻唑类促进剂协同作用，可以使 NR 胶料具有较高的交联密度和模量。GEN：S. Mandal, R. Datta, D. Basu, "Studies of Cure Synergism-Part 1：Effect of Bis（diisopropyl）thiophosphoryl Disulfide and Thiazole-based Accelerators in the Vulcanization of Natural Rubber," Rubber Chemistry and Technology, September-October, 1989（62）：569.

对于半有效和有效硫化体系来说，要想得到最高的硬度和模量，可以考虑采用在低温下长时间硫化而不是在高温下短时间硫化，因为较长的硫化时间可以导致较高的交联密度和硬度。GEN：M. Lemieux, P. Killcoar, "Low Modulus, High Damping, High Fatigue Life Elastomer Compounds for Vibration Isolation," Rubber Chemistry and Technology, September-October, 1984（57）：792.

在硫黄硫化的胶料中，氧化锌的含量低于 3 份（质量份），硫化胶的模量就会降低。在硫黄-次酰胺硫化体系中，增加硬脂酸锌的用量，可以提高硫化胶的硬度和模量。GEN：W. Hall, H. Jones, "The Effect of Zinc Oxide and Other Curatives on the Physical Properties of a Bus and Truck Tread Compound," Presented at ACS Rubber Division Meeting, Fall, 1970.

16. 过氧化物硫化体系

对过氧化物硫化体系，要避免使用如芳烃油等芳香类助剂，因为在硫化过程中，产生的过氧化物自由基会从芳香类结构中吸取不稳定的氢，使自由基失去活性，阻止了交联密度的进一步提高，模量也会相应降低。

在纯过氧化物硫化中，3,4-IR 和 1,2-BR 的微观结构会强化过氧化物的硫化程度。在过氧化物硫化胶料中，选用喹啉类抗氧剂对硫化程度的影响较小。在过氧化物硫化的 EPDM 胶料中，选用 ZMTI 作为抗氧剂，不仅可以改善耐热老化性，而且还可提高模量。在过氧化物硫化体系中，使用助交联剂也可以提高硬度。使用助交联剂增加了体系的不饱和性，进而导致高的交联密度和模量，这是因为自由基与不饱和键的交联比从饱和链上夺取氢更容易发生。在众多的过氧化物助交联剂当中（如 MBM、TAC、TAIC、ADC、AMA、甲基丙烯酸酯类、丙烯酸类、液体聚合物类），对具体的胶料要选择合适高效的助交联剂，有效的助交联剂可以使胶料的模量提高 40% 以上。

对过氧化物硫化胶料，要避免使用酸性陶土，因为它会影响过氧化物的

RT：2001 年由 Hanser 出版社出版的 John S. Dick 编写的著作：Rubber Technology, Compounding and Testing for Performance；GEN：来自各种期刊或会议的一般参考文献；RP：来自本书顾问-编审委员会成员的建议。

硫化活性和降低硫化程度。如果必须使用陶土,那么应该选用非酸性的
Burgess 陶土。如果必须使用加工油,应该选择石蜡类,因为它对过氧化物的
硫化影响较小。通常情况下,过氧化物对各种弹性体的交联效率取决于夺取
氢的多少和链断裂的可能性,排序如下:

BR > NR/SBR > NBR > CR > EPDM > EPR > CPE

过氧化物硫化体系中,N,N′-m-次苯基二马来酰亚胺 HVA-2 是最有效的
提高硫化胶料模量的助交联剂。

在聚异戊二烯胶料、丁基胶料、卤化丁基胶料和聚环氧氯丙烷胶料中,
要避免使用过氧化物作为硫化剂,否则不能发生有效交联。RT:第 17 章,
Peroxide Cure Systems, L. Palys, p. 430-433;RT:第 7 章, General Purpose
Elastomers and Blends, G. Day, p. 156;GEN:P. Dluzneski, "Peroxide
Vulcanization of Elastomers," Rubber Chemistry and Technology, July-August,
2001 (74):451.

有些过氧化物硫化的胶料因为太软而不能提供足够的剪切力让其在胶料
中得以均匀分散,从而使胶料的硬度和模量不能达到要求。为了避免这种情
况的发生,应选用易分散型过氧化物硫化剂。GEN:L. H. Palys, F. Debaud,
L. Keromnes, J. Brennan (Arkema Co.), "Techniques for Improving Elastomer
Processing and Crosslinking Performance," Presented at the Energy Rubber Group,
Sept. 18, 2008, San Antonio, TX.

据报道,以过氧化二异丙苯(DCP)为硫化剂,以 N, N′-m-苯基二马来
酰亚胺(简称为 BMI-MP)和四硫化双亚戊基秋兰姆(DPTT)为硫化助剂,
硫化饱和或低不饱和度的橡胶,可以提高胶料的交联密度,进而提高胶料的
硬度与模量。GEN:M. A. Grima, J. G. Eriksson, A. G. Talma, R. N. Datta,
and J. W. M. Noordermeer, "Mechanistic Studies into the New Concept of Co-
agents for Scorch Delay and Property Improvement in Peroxide Vulcanization,"
Paper No. 86 presented at the Fall Meeting of the Rubber Division, ACS, Oct. 10,
2006, Cincinnati, OH.

17. 混合硫化体系

据报道,对 EPDM/DVB(二乙烯基苯胶)共混物胶料,加入 0.15 份
(质量份)硫黄与过氧化物并用作为硫化体系,可以有效地提高胶料的弹性模
量。然而,如果硫黄的用量超过0.2 份(质量份),模量则会大幅下降。GEN:
R. Fujio, M. Kitayama, N. Kataoka, S. Anzai, "Effects of Sulfur on the Peroxide
Cure of EPDM and Divinylbenzene Compounds," Rubber Chemistry and
Technology, March-April, 1979 (52):74.

RT:2001 年由 Hanser 出版社出版的 John S. Dick 编写的著作:Rubber Technology, Compounding and Testing for
Performance;GEN:来自各种期刊或会议的一般参考文献;RP:来自本书顾问-编审委员会成员的建议。

18. 二次硫化

对于像氟橡胶这样的弹性体，要考虑在带有排气口的高温烘箱中进行更高温度下一定时间的二次硫化，这样就会进一步提高胶料的硬度和模量。GEN：Jim Denham，Technical Service Chemist，Dyneon Co.，"Solutions for the Oil and Gas Industry，" Presented at a meeting of the Energy Rubber Group，2009，Houston，TX.

19. 填料

提高填料的填充量可以有效地提高胶料的硬度。填料的比表面积增大，可以使胶料的硬度提高。提高填料的结构度，也可提高胶料的硬度。提高填料的表面活性，可提高胶料硬度。GEN：R. Mastromatteo，E. Morrisey，M. Mastromatteo，H. Day，"Matching Material Properties to Application Requirements，" Rubber World，February，1983：26.

采用高长宽比的和高表面积-体积比的矿物填料（如纤维状的或片状的），可以有效地提高胶料的硬度，补强性好。之所以能够提高胶料的硬度，是因为片状填料在加工过程中会平行排列。RT：第 13 章，Precipitated Silica and Non-black Fillers，W. Waddell，L. Evans，p. 333.

用高填充量的表面经硬脂酸处理的碳酸钙、硅烷处理的陶土或钛酸处理的二氧化钛替代未处理的填料加入到胶料中。因为经表面处理后，可以有效阻止因胶料黏度过高而导致的不易加工。增加这种填料的填充量并配合恰当的内部润化剂，可以提高胶料的硬度。GEN：R. Grossman，Q & A，Elastomerics，January，1989.

据报道，硅烷处理的滑石粉（如 Mistron CB）可以有效地提高硫化胶料的模量和硬度。GEN：O. Noel，Education Symposium on Fillers，"Talc：A Functional Mineral for Rubber，" Presented at ACS Rubber Division Meeting，Spring，1995；RP：O. Noel.

20. 炭黑

提高炭黑的结构度，可以提高胶料的硬度和模量；提高炭黑的比表面积，也可以提高胶料的硬度和模量，但是比表面积的影响要比结构度的影响小。用小粒径的炭黑在低应变下可以改善硫化胶料的模量，随着应变的增大，模量会由于填料网络的破坏而急剧下降。低应变下的填料网络密度是和粒径的大小有关的。提高炭黑的填充量，也可以提高胶料的硬度和模量。一个粗略的经验数据是，增加 2 份（质量份）炭黑的填充量，可以提高一个邵尔 A 硬度值。利用不同炭黑的硬度转换因子来估算由一种炭黑换成另一种炭黑时硬度的变化。

RT：2001 年由 Hanser 出版社出版的 John S. Dick 编写的著作：Rubber Technology，Compounding and Testing for Performance；GEN：来自各种期刊或会议的一般参考文献；RP：来自本书顾问-编审委员会成员的建议。

炭黑与有机硅烷同时使用，可以提高硫化胶料的模量。RT：第 12 章，Compounding with Carbon Black and Oil, S. Laube, S. Monthey, M-J. Wang, p. 308；GEN：S. Wolff, M-J. Wang, E-H. Tan, Kaut. Gummi Kunstst, 1995 (48)：82；RP：M-J. Wang；GEN：R. Kirschbaum, "Approaches to Compounding without Thermal Black", Presented at New York Rubber Group Meeting, October 14, 1976, p. 5；GEN：R. Swor, "Utilisation of Very High Structure Tread Blacks to Lower the Rolling Resistance of U. S. and European Radial Tires," Tire Technology International, 1994.

采用粒径分布宽的炭黑（如 Vulcan1436）来替代胎面胶中常用炭黑（如 N234），可以有效提高胶料硬度和硫化胎面胶的模量。GEN：C. Flanigan, L. Beyer, D. Klekamp, D. Rohweder (Ford Motor Co.), "Comparative Study of Silica, Carbon Black and Novel Fillers in Tread Compounds," Paper No. 34 presented at the Fall Meeting of the Rubber Division, ACS, Oct. 11, 2011, Cleveland, OH.

21. 化学改进剂

在炭黑填充的胶料中使用炭黑-橡胶偶联剂（或叫化学改进剂），可以提高胶料的回弹性和拉伸模量，同时还能改善耐磨性。虽然这些偶联剂可以提高拉伸模量，但往往会引起硬度的下降。在过去，人们使用的偶联剂有 N-(2-甲基-2-硝基丙基)-4-硝基苯胺、N-4-二亚硝基-N-甲基苯胺、p-亚硝基二苯胺以及 p-亚硝基-N-N-二甲基苯胺。现在人们不再使用这些亚硝基化合物，因为它们能释放出一种亚硝胺的致癌物。人们开始尝试不同的偶联剂，例如最新研究的 p-氨基苯磺酰叠氮（或叫胺类-BSA）。GEN：L. Gonzalez, A. Rodriguez, J. deBenito, A. Marcos, "A New Carbon Black-Rubber Coupling Agent to Improve Wet Grip and Rolling Resistance of Tires," Rubber Chemistry and Technology, May-June, 1996 (69), p. 266.

22. 白炭黑

提高白炭黑的用量，可以提高胶料的硬度和模量。使用气相法白炭黑，可以有效地提高硫化胶料的硬度和模量。如果要求胶料有一定的刚性，那么就选用沉淀法白炭黑。选用高比表面积的沉淀法白炭黑，可以有效地提高胶料的硬度。

将沉淀法白炭黑与巯基硅烷（硫醇基硅烷）偶联剂一起使用，可以有效地提高胶料的硬度和模量。RT：第 6 章，Elastomer Selection, R. School, p. 134；RT：第 8 章，Specialty Elastomers, G. Jones, D. Tracey, A. Tisler, p. 175；RT：第 13 章，Precipitated Silica and Non-black Fillers, W. Waddell, L.

RT：2001 年由 Hanser 出版社出版的 John S. Dick 编写的著作：Rubber Technology, Compounding and Testing for Performance；GEN：来自各种期刊或会议的一般参考文献；RP：来自本书顾问-编审委员会成员的建议。

Evans, p. 331; GEN: N. Hewitt, "Compounding with Silica for Tear Strength and Low Heat Build-up," Rubber World, June, 1982.

23. 纤维

使用低填充量的短芳纶纤维就可有效地提高胶料模量。使用低填充量的纤维素或黄麻短纤维也可有效地提高胶料的模量。5 份（质量份）的棉花、尼龙-6 或者聚酯等短纤维，可以提高胶料的模量，尤其是对乙丙胶料的纵向方向上提高较大，对其他胶料也有一定的提高。5 份（质量份）的棉花、尼龙-6 或者聚酯等短纤维与低分子量的马来酸酐化聚丁二烯（PBDMA）并用，可以有效地提高乙丙橡胶在纵向上的模量。

在用来提高胶料模量的纤维中，平均长径比在 100∶1~200∶1 范围内的、不可再生的木纤维素纤维是最好的，同时也可用间苯二酚甲醛乙烯基吡啶胶乳处理后用作粘合作用。GEN: K. Watson, A. Frances, "Elastomer Reinforcement with Short Kevlar Aramid Fiber for Wear Applications," Rubber World, August, 1988, p. 20; GEN: A. Estrin, "Application of PBDMA for Enhancement of EPR Loaded with Chopped Fibers," Rubber World, April 2000, p. 39; GEN: L. Goettler, K. Shen, "Short Fiber Reinforced Elastomers," Rubber Chemistry and Technology, 1983 (56): 575.

24. 纳米黏土与碳纳米管

早有报道，在胶料中加入纳米黏土或碳纳米管可以有效提高胶料硬度与模量。GEN: Debbie Banta, (Weatherford Co.), "Can Nanotechnology Provide Innovative, Affordable Elastomer Solutions to Oil and Gas Service Industry Problems?" Presented at the Energy Rubber Group, January 19, 2012, Houston, TX; David J. Lowe, Andrew V. Chapman, Stuart Cook (Tun Abdi; Razal Research Center-TARRC), "Rubber Nanocomposites Reinforced with Organoclays," Paper No. 92 presented at the Fall Meeting of the Rubber Division, ACS, Oct. 16, 2007, Cleveland, OH.

25. 油

将配方中的加工油用量减去一些，可以提高胶料的硬度。RT: 第 12 章, Compounding with Carbon Black and Oil, S. Laube, S. Monthey, M-J. Wang, p. 311.

26. 增塑剂

对类似 NBR 或者 CR 这样的极性弹性体，要尽量少用酯类增塑剂，否则会降低硬度和模量。RT: 第 14 章, Ester Plasticizers and Processing Additives, W. Whittington, p. 347.

RT: 2001 年由 Hanser 出版社出版的 John S. Dick 编写的著作: Rubber Technology, Compounding and Testing for Performance; GEN: 来自各种期刊或会议的一般参考文献; RP: 来自本书顾问-编审委员会成员的建议。

27. 炭黑/油的平衡

将炭黑与油填充量的比值作为添加系数，当炭黑填充量一定而油量减少时，用此系数来估算胶料中硬度的增加。GEN：R. Kirschbaum, "Approaches to Compounding without Thermal Black," Presented at New York Rubber Group Meeting, October 14, 1976, p. 8; C. McCormick, J. West, K. Hale, "Carbon Black Filled SBR Compounds that Achieve Maximum Treadwear, Maximum Skid Resistance, and Minimum Heat Buildup at Minimum Cost," Presented at ACS Rubber Division Meeting, Spring, 1976, Paper No. 47, Fig. 11.

28. 增强树脂

将可溶性酚醛树脂与亚甲基给体如六次甲基四胺（HMT）或六甲氧甲基三聚氰胺（HMMM）等一起使用时，由于这两者在胶料硫化时能够发生原位反应，因此能够显著提高胶料硬度。当然，也可以考虑将间苯二酚树脂和亚甲基给体如六次甲基四胺（HMT）或六甲氧甲基三聚氰胺（HMMM）一起使用。

可溶性酚醛树脂与 NBR 的相容性很好，与亚甲基给体一起使用时，其用量可高达 100 份（质量份），因此使 NBR 胶料像黑檀木一样的硬。可溶性酚醛树脂与氯丁胶的相容性不好，但如果加入 15～25 份（质量份）的 NBR，可以提高与增强树脂的相容性，从而使氯丁胶料的硬度得到较大提高。

酚醛树脂和 5%～10%（质量分数）的六次甲基四胺（HMT）一起使用，可以显著地提高 NBR 胶料的硬度和模量。酚醛树脂的填充量在 100～250 份范围内，可使模塑制品得到极高的硬度。即使酚醛树脂的用量仅仅为 50 份（质量份）时，也可以使胶料的邵尔 A 硬度达到 90，拉断伸长率达到 300%，而不需添加炭黑或其他任何补强填料。RT：第 18 章，Tackifying, Curing, and Reinforcing Resins, B. Stuck, p. 440；RP：J. M. Long；RT：J. R. Halladay.

29. 高苯乙烯树脂

高苯乙烯树脂可以用来提高胶料在室温下的硬度。RT：第 18 章，Tackifying, Curing, and Reinforcing Resins, B. Stuck, p. 440.

30. 热塑性弹性体 TPE

如果要考虑用热塑性弹性体，那么就选择使用共聚酯和硬度范围在邵氏 A 硬度 80～90 的聚氨酯。RT：第 10 章，Thermoplastic Elastomers, C. P. Rader, p. 271.

31. 硫化时间和温度

在较低的温度下硫化更长的时间，可以使胶料形成多硫键网络，并且具

RT：2001 年由 Hanser 出版社出版的 John S. Dick 编写的著作：Rubber Technology, Compounding and Testing for Performance；GEN：来自各种期刊或会议的一般参考文献；RP：来自本书顾问-编审委员会成员的建议。

有较高的交联密度，从而提高胶料的模量。GEN：Flexsys Technical Bulletin，"High Temperature Curing Compounding," 1996-1997.

32. 电子束

采用电子束，尤其是与过氧化物同时使用时，可以提高胶料的交联密度，进而提高胶料的硬度与模量。GEN：William Boye（Sartomer Co.），"Use of Multifunctional Crosslinking Agents in the Electron Beam Cure of Elastomers," Paper No. 84 presented at the Fall Meeting of the Rubber Division，ACS，Oct. 13，2009，Pittsburgh，PA.

33. 相混炼

胶料往往是几种橡胶并用的共混物，这些橡胶的溶解度参数不同，那么共混物微观形态中就存在连续相和非连续相。炭黑在不同胶种中的亲和性报道如下：

$$BR > SBR > CR > NBR > NR > EPDM > IIR$$

通过相混炼技术，可以有效控制炭黑在不同相中的分布，进而优化拉伸模量。GEN：Eric S. Castner（Goodyear Tire and Rubber Co.），"Where's the Filler?：Morphology Control for Improved Dynamic and Mechanical Properties," Paper No. 13 presented at the Fall Meeting of the Rubber Division，ACS，October 5-6，2004.

RT：2001 年由 Hanser 出版社出版的 John S. Dick 编写的著作：Rubber Technology, Compounding and Testing for Performance；GEN：来自各种期刊或会议的一般参考文献；RP：来自本书顾问-编审委员会成员的建议。

2.5　降低压缩或拉伸永久变形

　　在橡胶配合中，压缩永久变形实验要比拉伸永久变形实验做得更多。正如以下要讲到的，橡胶配合中的很多方面都会影响其变形性能。这里应该说明一下，压缩永久变形和拉伸永久变形是两个不同的性能。因此，能够改善压缩永久变形的，不一定能改善拉伸永久变形，反之亦然。另外，对于橡胶密封制件来说，压缩永久变形并不能很好地预测密封压力或者密封性能，通常是压缩应力松弛实验越难进行预示着制件的密封性能越好。

　　以下的实验方案是用来改善胶料的永久变形性能的。对所有相关的文献来源，包括后面引用的文献，读者都应该仔细阅读和研究。注意：这些实验方案不一定适用于所有的情况，另外，能够降低压缩或拉伸永久变形的任何变量都能影响其他性能，本书对此不作阐述，也不对相关的安全与健康问题做说明。

1. 硫化体系

　　考虑用过氧化物作为硫化剂，可以形成 C—C 交联键，从而提高胶料的永久变形。用过氧化物硫化乙丙橡胶可以降低胶料的压缩永久变形。过氧化物与硫黄比较的优势是对过氧化物的操作简单，并且能使胶料有低的压缩永久变形。RT：第 3 章，Vulcanizate Physical Properties，Performance Characteristics，and Testing，J. S. Dick，p. 47-49；RT：第 6 章，Elastomer Selection；R. School，p. 132；RT：第 17 章，Peroxide Cure Systems，L. Palys，p. 434.

　　对于三元共聚物乙烯基丙烯酸酯橡胶 AEM（杜邦公司的商品名为 Vamac）来说，其硫化体系为传统的二胺类，如六亚甲基四胺氨基甲酸酯（HMDC）和 DPG，加入过氧化二异丙苯 DCP 和 1，2-聚丁二烯（Ricon，152）能够降低胶料的压缩永久变形。GEN：H. Barager，K. Kammerer，E. McBride，"Increased Cure Rates of Vamac® Dipolymers and Terpolymers Using Peroxides，" Presented at ACS Rubber Division Meeting，Fall，2000，Paper No. 115.

　　对溴化丁基胶料，用对苯二胺类，如 N，N′-二-β-萘基对苯二胺（DNPD）或者 Goodrich 公司的产品 Agerite White（DNPD）与氧化锌一起用作硫化剂，可以改善压缩永久变形。GEN：D. Edwards，"A High-pressure Curing System for Halobutyl Elastomers"，Rubber Chemistry and Technology，March-April，1987（60）：62.

　　在天然胶胶料中，要避免使用二氨基甲酸乙酯作为硫化剂，因为它能使胶料的压缩永久变形增大。GEN：T. Kempermann，"Sulfur-free Vulcanization Systems for Diene Rubber，" Rubber Chemistry and Technology，July-August，1988

(61)：422.

2. 硫化时间和温度

硫化温度升高、硫化时间延长可以使硫化程度升高，因此可以使胶料的压缩永久变形降低。GEN："A Comparative Evaluation of Hycar Nitrile Polymers," Manual HM-1, Revised, B. F. Goodrich Chemical Co.

3. 交联密度

提高胶料的交联密度，可以有效地降低胶料的压缩永久变形。GEN：R. Mastromatteo, E. Morrisey, M. Mastromatteo, H. Day, "Matching Material Properties to Application Requirements," Rubber World, February, 1983：26.

4. 硫黄硫化体系

要降低 EPDM 胶料的压缩永久变形以及提高耐热性能，可以考虑采用这种叫作"低变形"的硫化体系（质量份）：硫黄 0.5 份，ZBDC 3.0 份，ZMDC 3.0 份，DTDM 2.0 份，TMTD 3.0 份。

在 W 型氯丁胶中，使用二苯硫脲促进剂（A-1）可以使胶料具有较低的压缩永久变形，但要避免使用 N-环己基硫代邻苯二甲酰亚胺（CTP）作为防焦剂，虽然它能延长焦烧时间，但对压缩永久变形有较大损害。对 NBR 胶料，在选用的硫化体系中，要降低硫黄的用量，尽量使用硫给体如 TMTD 或 DTDM 来代替部分的硫黄，较少的硫元素会改善胶料的压缩永久变形性能。通常，对二烯类的橡胶胶料，使用硫给体或提高促进剂对硫黄的比例可以降低胶料的压缩永久变形。对丁基胶胶料，采用半有效硫化体系，并且选用硫给体 DTDM，可以有效改善压缩永久变形。对卤化丁基胶也同样适用。RT：第 16 章，"Cures for Specialty Elastomers," B. H. To, p. 396-403；RT：R. Dailey；RT：J. M. Long.

用二硫代双烷基苯（BAPD）和二硫代二己内酰胺（DTDC, Rhenocure S）来共硫化 EPDM/NR 共混物，可以改善胶料的压缩永久变形。GEN：A. Ahmad, "NR/EPDM Blend for Automotive Rubber Component," Rubber Research Institute of Malaysia.

含有秋兰姆类和二硫代氨基甲酸酯类等快速促进剂的硫化体系，比含有噻唑类和胺类促进剂的硫化体系能赋予胶料更多的单硫交联键，因此，胶料的压缩永久变形会更低。GEN：M. Studebaker, J. R. Beatty, "Vulcanization," Elastomeric, February, 1977, p. 41.

对 NBR 胶料，选用 N, N-次苯基二马来酰亚胺（HVA-2）和含次磺酰胺的硫化体系可以使胶料具有更低的压缩永久变形。GEN：D. Coulthard, W. Gunter, Presented at ACS Rubber Division Meeting, Fall, 1975, p. 39.

RT：2001 年由 Hanser 出版社出版的 John S. Dick 编写的著作：Rubber Technology, Compounding and Testing for Performance；GEN：来自各种期刊或会议的一般参考文献；RP：来自本书顾问-编审委员会成员的建议。

在一些硫黄硫化体系的研究中报道，通过 DSC 测得的胶料硫化程度高，对应的压缩永久变形就小。GEN：Edmee Files，"To Hell and Back，"Presented at the Energy Rubber Group，September 13，2010，San Antonio，TX。

5. 过氧化物硫化体系

选用 1，3-或 1，4-二（叔丁基过氧）二异丙苯（BBPIB）过氧化物，可以使胶料有更好的压缩永久变形性能。在过氧化物硫化体系中，使用助交联剂可以增加体系中的不饱和性，进而导致高的交联密度，这是因为自由基与不饱和键的交联比从饱和链上夺取氢更容易发生。助交联剂的使用，改变了交联网络的类型，从而改善了胶料的压缩永久变形性能。RT：第 17 章，Peroxide Cure Systems，L. Palys，p. 418-419，431-432；GEN：P. Dluzneski，"Peroxide Vulcanization of Elastomers，"Rubber Chemistry and Technology，July-August，2001（74）：451。

6. 二次硫化

对聚丙烯酸酯橡胶，在 170~190℃下二次硫化 4~8h，可以显著降低胶料的压缩永久变形。RT：第 8 章，Specialty Elastomers，P. Manley，C. Smith，207。

硫化过程中会有硫化副反应产物，在常压下的二次硫化过程会让这些副反应产物释放出来，进而赋予胶料更低的压缩永久变形。GEN：A. Kasner，E. Meinecke，"Porosity in Rubber：A Review，"Rubber Chemistry and Technology，July-August，1996（69）：424。

有研究报道，对氢化羧基丁腈胶与氢化丁腈胶的共混物（HXNBR/HNBR）进行二次硫化，可以有效降低其压缩永久变形，提高其用于钻井器件的密封性能。GEN：R. Pazur（Lanxess），L. Ferrari，E. Campomizzi，"HXNBR Compound Property Improvements Through the Use of Post Cure，"Paper No. 70 presented at the Spring Meeting of the Rubber Division，ACS，San Antonio，TX，May 16，2005。

7. 氟橡胶 FKM/双酚 AF 硫化

对氟橡胶，采用双酚硫化剂代替过氧化物硫化剂，可以使胶料具有较低的压缩永久变形。RT：第 6 章，Elastomer Selection，R. School，p. 136；RT：第 8 章，Specialty Elastomers，R. Stevens，p. 230。

8. 分子量的影响

在一个橡胶配方中，选用平均相对分子质量大的胶种，可以有效降低胶料的压缩永久变形。GEN：R. Mastromatteo，E. Morrisey，M. Mastromatteo，H. Day，"Matching Material Properties to Application Requirements，"Rubber World，February，1983：25。

RT：2001 年由 Hanser 出版社出版的 John S. Dick 编写的著作：Rubber Technology，Compounding and Testing for Performance；GEN：来自各种期刊或会议的一般参考文献；RP：来自本书顾问-编审委员会成员的建议。

对 NBR 橡胶，要选用穆尼黏度高的胶种，可以使胶料的压缩永久变形小。GEN：R. Del Vecchio, E. Ferro, "Effects of NBR Polymer Variations on Compound Properties," Presented at ACS Rubber Division Meeting, Spring, 2001, Paper No. 21.

9. 氯丁胶

W 型氯丁胶比 G 型氯丁胶具有更低的压缩永久变形。

对氯丁胶胶料，含硫脲类、丁醛与丁胺的反应产物（美国 Vanderbilt 公司产品 Vanax PML®）和 3-甲基噻唑-2-硫酮（德国朗盛化学产品 Vulcacit CRV®）的硫化体系可以改善胶料的压缩永久变形。RT：第 6 章, Elastomer Selection, R. School, p. 133；RT：第 8 章, Specialty Elastomers, L. Outzs, p. 208；RP：L. L. Outzs. 另见附录 2 中氯丁胶的硫化体系。

10. EPDM

要想使胶料具有较低的压缩永久变形，要尽量避免使用高结晶度的 EPDM 胶。GEN：S. Brignac, Ho, Young, "EPDM with Better Low Temperature Performance," Rubber& Plastics News, August 11, 1997：14.

11. NR

用环氧化 NR 代替 NR，会使胶料的压缩永久变形上升，即压缩永久变形性能变差。RT：第 7 章, General Purpose Elastomers and Blends, G. Day, p. 170.

12. DPNR（脱蛋白天然胶）

与传统天然胶相比，虽然脱蛋白天然胶（DPNR）的应变诱导结晶能力有所下降，但在工程应用中，它可以赋予胶料良好的抗蠕变和应力松弛能力，以及较低的压缩永久变形。同样，如果用 IR/NR 共混物来替代 NR，或者用 IR 全部替代 NR，也会得到与前面相似的结果。GEN：M. Fernando, C. Forge, G. Spiller, J. Clark (Tun Abdul Razak Research Centre, Brickendonbury, Hertford, UK), "An Evaluation of Deproteinised Natural Rubber for Engineering Applications," Paper No. 41 presented at the Spring Meeting of the Rubber Division, ACS, San Antonio, TX, May 16, 2005. R. Del Vecchio, E. Ferro, K. Winkler, "Fatigue Life Comparisons of NR Compounds," Paper No. 106 presented at the Fall Meeting of the Rubber Division, ACS, Oct. 17, 2003, Cleveland, OH.

13. NBR

以氯化钙作为凝聚剂乳液聚合的 NBR，通常可以使胶料具有较低的压缩永久变形。

RT：2001 年由 Hanser 出版社出版的 John S. Dick 编写的著作：Rubber Technology, Compounding and Testing for Performance；GEN：来自各种期刊或会议的一般参考文献；RP：来自本书顾问-编审委员会成员的建议。

对 NBR 胶料, 如果要着重考虑其压缩永久变形性能, 那么就尽量选择高支化度和高链缠结的品种或者是低丙烯腈含量的品种。RT: 第 8 章, Specialty Elastomers, M. Gozdiff, p. 195; GEN: R. Del Vecchio, E. Ferro, "Effects of NBR Polymer Variations on Compound Properties," Presented at ACS Rubber Division Meeting, Spring, 2001, Paper No. 21.

14. 乙烯-丙烯酸酯橡胶 AEM

对 AEM 胶料, 过氧化物硫化剂比二胺类硫化剂能赋予胶料更低的压缩永久变形。RT: 第 8 章, Specialty Elastomers, T. Dobel, p. 223.

15. 氯化聚乙烯 CM 或 CPE

氯含量低的 CPE 胶料具有更好的耐压缩永久变形性。

氯化聚乙烯 CM、氯磺化聚乙烯 CSM、表氯醇弹性体 GECO (表氯醇-环氧乙烷-烯丙基缩水甘油醚三元共聚物)、NBR/PVC 共混物四种胶料相比较, CM 比其他三种胶料的耐压缩永久变形性都好。RT: 第 8 章, Specialty Elastomers, L. Weaver, p. 213; GEN: C. Hooker, R. Vara, "A Comparison of Chlorinated and Chlorosulfonated Polyethylene Elastomers with Other Materials for Automotive Fuel Hose Covers," Presented at ACS Rubber Division Meeting, Fall, 2000, Paper No. 128.

16. 氟橡胶

氟橡胶胶料中, 选用氧化热裂法炭黑填充以及相对分子质量在 1200 左右的聚 1, 2 丁二烯二元醇预聚物作为偶联剂, 并且用过氧化物硫化, 可以使胶料得到较好的抗蠕变性。GEN: J. Martin, T. Braswell, H. Green, "Coupling Agents for Certain Types of Fluoroelastomers," Rubber Chemistry and Technology, November-December, 1978 (51): 897.

17. 热塑性硫化胶 TPV

动态硫化制备的 TPV 中, 硫化橡胶相的交联密度高, 可以使 TPV 胶料的压缩和拉伸永久变形低。RT: 第 10 章, Thermoplastic Elastomers, C. P. Rader, p. 274.

18. 树脂类均匀剂

要避免在橡胶胶料中使用树脂类均匀剂, 因为这会增大胶料的压缩永久变形。RT: 第 14 章, Ester Plasticizers and Processing Additives, C. Stone, p. 372.

19. 填料

降低填料的填充量、结构度和比表面积 (增加粒径) 通常会降低胶料的压缩永久变形。同时提高填料表面的活性, 也可以提高胶料的耐压缩变形性。

RT: 2001 年由 Hanser 出版社出版的 John S. Dick 编写的著作: Rubber Technology, Compounding and Testing for Performance; GEN: 来自各种期刊或会议的一般参考文献; RP: 来自本书顾问-编审委员会成员的建议。

GEN：R. Mastromatteo，E. Morrisey，M. Mastromatteo，H. Day，"Matching Material Properties to Application Requirements," Rubber World，February，1983：26.

有报道说，胶料中加入碳纳米管可以降低压缩永久变形。GEN：Gary D. D'Abate（Pinnacle Elastomeric Technology），"Compounding Materials," Presented at the Fall Meeting of the Energy Rubber Group，September 13，2011，Galveston，TX.

20. 白炭黑

在胶料中降低白炭黑的填充量，可以降低压缩永久变形。RT：第 6 章，Elastomer Selection，R. School，p. 135.

在白炭黑填充的硅橡胶胶料中，压缩永久变形随白炭黑的比表面积、吸油性和吸水性的增大而增大。GEN：T. Okel，W. Waddell，"Effect of Precipitated Silica Physical Properties on Silicone Rubber Performance"，Rubber Chemistry and Technology，March-April，1995（68）：59.

要想使胶料具有低的压缩永久变形，一定要避免白炭黑的填充量过高。填充量高于 25 份（质量份），胶料的压缩永久变形就会变得很大了。GEN：R. Tabar，P. Killgoar，R. Pett，"A Fatigue Resistant Polychloroprene Compound for High Temperature Dynamic Applications," Rubber Chemistry and Technology，September-October，1979（52）：781.

21. 白炭黑填充胶料中的硅烷偶联剂

在沉淀法白炭黑高填充量的胶料中，考虑使用含巯基的硅烷偶联剂，可以使胶料的压缩永久变形降低。RP：T. D. Powell.

硅烷偶联剂可以降低白炭黑填充胶料的压缩永久变形，同时也可以降低硅酸盐类填料如陶土、滑石粉等填充胶料的压缩永久变形。RP：J. R. Halladay.

22. 聚氨酯弹性体

对于通过两组分浇注而成的聚氨酯来说，可以通过调整固化剂的比例来提高拉伸强度。固化剂比例是指预聚物和固化剂的相对用量，固化剂的用量（如双邻氯苯胺基甲烷 MBCA）需要和预聚物中的二异氰酸酯相匹配，这被称为"100% 理论用量"或者"100% 化学计量"；如果固化剂用量被减去 5%，叫作"95% 理论用量"或"95% 化学计量"；同样，如果固化剂用量增加 5%，就叫作"105% 理论用量"，或作"105% 化学计量"，通常是采用更低的化学计量，如 95%，来降低压缩永久变形。

另外，TDI 预聚物和胺类固化剂形成的聚氨酯胶料比 MDI 预聚物和二醇

RT：2001 年由 Hanser 出版社出版的 John S. Dick 编写的著作：Rubber Technology, Compounding and Testing for Performance；GEN：来自各种期刊或会议的一般参考文献；RP：来自本书顾问-编审委员会成员的建议。

类固化剂形成的聚氨酯胶料具有更低的压缩永久变形。

对于聚氨酯弹性体来说，要想得到好的耐压缩永久变形性，一定注意听取生产商在固化和过固化方面的建议，不要低估了过固化在这方面的影响。RT：第9章，Polyurethane Elastomers，R. W. Fuest，p. 257；RP：R. W. Fuest.

将聚氨酯弹性体与其他传统橡胶共混，并选用合适的硫化剂调整，可以使胶料有更小的压缩永久变形。GEN：Thomas Jablonowski（Uniroyal Chemical），"Blends of Polyurethane Rubber with Conventional Rubbers," Paper No. 46 presented at the Spring Meeting of the Rubber Division，ACS，April 13，1999，Chicago，IL.

23. PU/NBR

在可双辊开炼的聚氨酯胶料中逐步加入一定量的 NBR，以硫黄作为硫化剂，可以使胶料具有更好的耐压缩永久变形性。GEN：T. Jablonowski，"Blends of PU with Conventional Rubbers," Rubber World，October，2000，p. 41.

24. 填充油

在胶料中降低油的填充量，通常会降低胶料的压缩永久变形。GEN：K. Hale，C. McCormick，"Contribution of Carbon Black Type to Skid and Treadwear Resistance," ACS Rubber Division Meeting，Spring，1975，Paper No. 6，Fig. 27.

25. 纤维

一般来说，选择一些合适的纤维可以改善胶料的抗蠕变性（不一定是耐压缩永久变形性），平均长径比在100:1～200:1 范围内的不可再生的木质纤维素纤维就是一个不错的选择。用间苯二酚甲醛乙烯基吡啶胶乳处理后还可做粘合用。GEN：L. Goettler，K. Shen，"Short Fiber Reinforced Elastomers," Rubber Chemistry and Technology，July-August，1983（56）：575.

RT：2001 年由 Hanser 出版社出版的 John S. Dick 编写的著作：Rubber Technology，Compounding and Testing for Performance；GEN：来自各种期刊或会议的一般参考文献；RP：来自本书顾问-编审委员会成员的建议。

2.6   提高回弹性和降低滞后

众所周知，没有一种硫化橡胶可以完全地回弹，都会有或大或小的阻尼性。这种阻尼性或黏性会降低硫化胶的回弹性，在周期性形变中会增加滞后或生热。通常，胶料的回弹性越好，滞后就越低，但有时候，因为温度或者变形速率的不同，并不总存在这种完全相反的关系。

读者可能会考虑以下实验方案来提高胶料的回弹性或降低滞后。对书中的相关文献来源、包括后面引用的文献，都应该进行研究和阅读。注意：这些通用的实验方案不一定适用于每一个具体情况，能增加回弹和降低滞后的任何一个变量都一定会影响其他性能，或好或坏，但本书不对其他性能的改变加以阐述，本书也不对安全和健康问题加以解释。

1. 填料

避免补强填料的填充量过高，因为填料-聚合物相互作用的内摩擦以及填料-填料网络的断裂和重建引起的能量损失会导致滞后升高。

降低填料用量和比表面积（增加粒径）以及提高填料的表面活性，通常会降低胶料的滞后和生热。RT：第 7 章，General Purpose Elastomers and Blends, G. Day, p. 157；GEN：R. Mastromatteo, E. Morrisey, M. Mastromatteo, H. Day. "Matching Material Properties to Application Requirements," Rubber World, February, 1983：26.

2. 炭黑

降低炭黑用量、降低炭黑比表面积（增加粒径）可以增加胶料的回弹性和降低滞后。选用表面活性高的炭黑可以降低滞后提高回弹性。炭黑的表面活性越高，与基体胶的结合就越紧密，炭黑与橡胶链之间的滑移就越少，滞后就越低。要想降低滞后提高回弹性，可以考虑以低填充量的高结构度炭黑来代替原有的炭黑，并且用合适的加工油来调整胶料至具有相同的硬度。RT：第 12 章，Compounding with Carbon Black and Oil, S. Laube, S. Monthey, M-J. Wang, p. 308, 314, 317.

在恒定应变下，更细粒径的炭黑可以明显地增加硫化胶料的滞后，但在恒定应力下，这种细粒径的影响没有那么明显。在恒定应变下，结构度更高的炭黑会增加胶料的滞后，但在恒定应力下，高结构度的炭黑实际会使胶料的滞后降低。有时，炭黑在胶料中分散得更均匀会降低滞后。另一方面，低结构度的炭黑在胶料中表现得像离散的粗粒子，会降低胶料的滞后。GEN：W. Hess, W. Klamp, "The Effects of Carbon Black and Other Compounding

RT：2001 年由 Hanser 出版社出版的 John S. Dick 编写的著作：Rubber Technology, Compounding and Testing for Performance；GEN：来自各种期刊或会议的一般参考文献；RP：来自本书顾问-编审委员会成员的建议。

Variables on the Tire Rolling Resistance and Traction," Rubber Chemistry and Technology, May-June, 1983 (56): 390-399.

使用低填充量的高结构度"LL 炭黑"（Long Linkage 长链耐压炭黑）代替普通高结构度炭黑，可以使胎面胶料具有更低的滚动阻力。研究证明，高结构度的炭黑在混炼时容易被压碎，因此要换成普通炭黑。而这种高结构度的"LL 炭黑"具有很高的耐碾压性。GEN：H. Mouri, K. Akutagawa, "Reducing Energy Loss to Improve Tire Rolling Resistance," Presented at ACS Rubber Division Meeting, Spring, 1997, Paper No. 14.

低填充量的高结构度炭黑代替普通补强炭黑，可以使胶料具有更低的滞后。这种特殊的高结构度炭黑（如哥伦比亚公司的 CD-2038）是里面有很多空洞的高度支化一次结构炭黑聚集体，可以吸附很多橡胶和油类。GEN：R. Swor, "Utilisation of Very High Structure Tread Blacks to Lower the Rolling Resistance of U. S. and European Radial Tires," Tire Technology International, 1994.

炭黑一次结构粒径分布宽可以减少一次结构聚集体之间的接触，降低滞后提高回弹性，同时会降低轮胎的滚动阻力。GEN：R. Swor, "Utilisation of Very High Structure Tread Blacks to Lower the Rolling Resistance of U. S. and European Radial Tires," Tire Technology International, 1994；M-J. Wang, S. Wolff, E-H. Tan, Rubber Chemistry and Technology, May-June, 1993 (66): 178. RP: M-J. Wang.

席德-理查德森公司（Sid Richardson）采用"特种反应"技术，制备出具备"低滞后"牌号炭黑 SR129（胎面胶牌号）和 SR401（非胎面胶牌号），这种炭黑的粒径分布宽，结构度高。GEN：Leszek Nikiel, Wesley Wampler, Henry Yang, Tom Carlson (Sid Rechardson Carbon and Energy Company), "Improved Carbon Blacks for Low Hysteresis Applications in Rubber," Paper No. 93 presented at the Fall Meeting of the Rubber Division, ACS, Oct. 16, 2007, Cleveland, OH.

3. 炭黑表面活性

炭黑表面活性高，可以使胶料的滞后低。炭黑表面活性和表面石墨层结构的缺陷和无序程度有关。石墨层结构的无序程度越高，炭黑的表面活性就越高。通常石墨层结构无序度高的炭黑在炉式反应器制备过程中的热历史短。炭黑表面活性高意味着与聚合物之间的作用力强，而炭黑粒子之间的接触变弱，因此滞后低。GEN：W. Hess, W. Klamp, "The Effects of Carbon Black and Other Compounding Variables on the Tire Rolling Resistance and Traction," Rubber Chemistry and Technology, May-June, 1983 (56): 390.

使用高表面粗糙度和活性的炭黑代替普通炭黑，可以使胶料在较宽的应

RT: 2001 年由 Hanser 出版社出版的 John S. Dick 编写的著作：Rubber Technology, Compounding and Testing for Performance；GEN：来自各种期刊或会议的一般参考文献；RP：来自本书顾问-编审委员会成员的建议。

变范围内都具有较低的滞后。GEN：A. McNeish，"Nanoblacks for Rolling Resistance，"Presented at the Fall 2000 ITEC Meeting，Paper No. 23A.

4. 炭黑的化学改进剂

在炭黑填充的胶料中，使用炭黑-橡胶偶联剂（或叫化学改进剂），可以提升胶料的回弹性和模量，同时还可以降低磨耗损失。在过去，人们使用的偶联剂有 N-（2-甲基-2-硝基丙基)-4-硝基苯胺、N-4-二亚硝基-N-甲基苯胺、p-亚硝基二苯胺以及 p-亚硝基-N-N-二甲基苯胺。现在，人们不再使用这些亚硝基化合物，因为它们能释放出一种亚硝胺的致癌物。所以，人们开始尝试不同的偶联剂，例如，最新研究的 p-氨基苯磺酰叠氮（或叫胺类-BSA）可以改善胶料的回弹性。GEN：L. Gonzalez，A. Rodriguez，J. deBenito，A. Marcos，"A New Carbon Black-Rubber Coupling Agent to Improve Wet Grip and Rolling Resistance of Tires，" Rubber Chemistry and Technology，May-June，1996（69），p. 266.

据报道，一种新实验室级的化学改进剂——苯并氧化呋咱（BFO）可以用来提高炭黑与橡胶之间的结合作用，因此可以降低胶料的滞后，但一般要求胶料的混炼温度要超过 160℃。但是，会有芳香味道的副产物苯并呋咱产生，但研究者发现镍盐可以用来有效抑制这种副产物的产生。GEN：D. Graves，"Benzofuroxans as Rubber Additives，" Rubber Chemistry and Technology，March-April，1993（66）：61.

有研究报道，一种炭黑填充胶料的化学偶联剂可以有效降低胶料的滞后生热。这些炭黑偶联剂是 3-硫代丙酸和乙二胺二酰胺的两个硫到四个硫的取代物。GEN：James Burrington（Lubrizol Corp.），"Carbon Black Coupler Technology for Low Hysteresis Tire，" Paper No. 108 presented at the Fall Meeting of the Rubber Division，ACS，Oct. 16，2007，Cleveland，OH.

采用链中改性溶聚丁苯胶 SSBR 与表面改性炭黑，可以有效降低胶料的滞后生热。GEN：J. Douglas，S. Crossley，J. Curtis，D. Hardy，T. Cross，N. Steinhauser，A. Lucassen，H. Kloppenburg（Lanxess and Columbian Chemicals），"The Use of a Surface-Modified Carbon Black with an In-Chain Functionalized Solution SSBR as an Alternative to Higher Cost Green Tire Technology，" Paper No. 38 presented at the Fall Meeting of the Rubber Division，ACS，Oct. 11，2011，Cleveland，OH.

5. 混炼程度

提高炭黑的分散度可以改善胶料的回弹性，尤其是炭黑的分散度从 95% 提高到 99% 以上时（这时形成很好的微分散并且填料网络变弱），在 SBR/BR

RT：2001 年由 Hanser 出版社出版的 John S. Dick 编写的著作：Rubber Technology，Compounding and Testing for Performance；GEN：来自各种期刊或会议的一般参考文献；RP：来自本书顾问-编审委员会成员的建议。

和 NR/BR 共混物中，加入炭黑 N330 就是这种情况。但若在 NR/BR 共混物中填充 N326，情况可能就相反了，提高了混炼程度，滞后却是上升的。这种相反的结果可能是因为 N326 是一种结构度稍低的炭黑，会形成"硬"炭黑附聚体，这相当于在胶料中有大颗粒，这种大颗粒在混炼过程中被打碎，附聚体颗粒之间的空间变小，因此滞后上升，回弹性降低。有文献报道，炭黑 N347 随着加工时间的延长和混炼程度的加深，其胶料的回弹性先上升后下降。因此，混炼程度对胶料回弹性的影响很大程度上取决于炭黑的种类和基体弹性体。对于 SBR、SBR/BR 和 NR/BR 胶料来说，提高炭黑的分散度通常会降低胶料的生热和滞后。然而，对于填充高结构度炭黑的丁基胶来说，却观察到相反的结果，这可能是因为丁基胶链断裂的缘故。GEN：W. Hess，"Characterization of Dispersions," Rubber Chemistry and Technology, July-August, 1991（64）：386.

6. 混炼顺序与热处理

混炼时，应该早加入炭黑，避免与油、硬脂酸或者其他极性组分如抗氧剂等一起加入，因为这些组分会被吸附到炭黑表面，干扰炭黑对聚合物的吸附。所以，炭黑与油或者其他组分一起加入时，会影响炭黑与橡胶形成结合胶，这会增加胶料的滞后。因此，最好将炭黑放在其他组分之前加入，这样胶料的滞后会低一些。

对于二烯类橡胶如 SBR 或 BR 等来说，它们的机械氧化稳定性较好，提高混炼强度和混炼时间等于对胶料进行"热处理"，这样可以促进结合胶的生成并使炭黑更好地分散，因此胶料的耐磨性提高且滞后降低。GEN：M-J. Wang, T. Wang, K. Mahmud, "Effect of Carbon Black Mixing on Rubber Reinforcement", Proceedings of the 3rd International Conference on Carbon Black, p. 205, Mulhouse, October 25-26, 2000；RP：M-J. Wang.

7. 相混炼

有时候，炭黑在不同橡胶相中的不均衡分布会导致共混胶料的滞后低。如果一种橡胶相中的炭黑浓度高，就容易形成分散相，并且其滞后往往低。GEN：W. Hess, W. Klamp, "The Effects of Carbon Black and Other Compounding Variables on the Tire Rolling Resistance and Traction," Rubber Chemistry and Technology, May-June, 1983（56）：390.

对于 SBR/NR 共混胶来说，降低滞后和生热的一个有效途径就是通过相混炼，其中 NR 相中的炭黑含量大约占 75%（质量分数）。这对 BR/NR 也同样适用，通过相混炼技术，使 NR 相中的炭黑含量更高，就可以使胶料的滞后低。但是对于 BR/SBR 共混胶来说，相混炼对滞后的影响就没有表现得那么

RT：2001 年由 Hanser 出版社出版的 John S. Dick 编写的著作：Rubber Technology, Compounding and Testing for Performance；GEN：来自各种期刊或会议的一般参考文献；RP：来自本书顾问-编审委员会成员的建议。

敏感。这些研究的前提是选用的炭黑都是纯补强炭黑。其实，炭黑在不同橡胶相中的分布还受结构度的影响。GEN：W. Hess, C. Herd, P. Vegvari, "Characterization of Immiscible Elastomer Blends," Rubber Chemistry and Technology, July-August, 1993 (66)：329.

8. 硅烷偶联剂

对填充硅酸盐类填料的胶料，如沉淀法白炭黑、陶土、滑石粉等，使用硅烷偶联剂可以有效降低胶料的滞后。巯基硅烷偶联剂对硫黄硫化的胶料更有效，乙烯基和甲基丙烯酸基硅烷偶联剂对过氧化物硫化胶料更有效。RP：J. R. Halladay.

9. 白炭黑与硅烷偶联剂

对于白炭黑填充的胶料来说，要想降低滞后和生热，一种有效的途径就是使用低比表面积的白炭黑并使用硅烷偶联剂如双（3-三乙氧基丙基）四硫化物（即硅-69）。RT：第 13 章，"Precipitated Silica and Non-black Fillers," W. Waddell, L. Evans, p. 338.

在白炭黑填充的胶料中，使用高含量的有机硅烷偶联剂如 TESPT（即硅-69），可以在混炼过程中发生硅烷化反应，增加了白炭黑与橡胶之间的相互作用，而降低了填料-填料之间的相互作用，进而得到低的滞后和生热。GEN：A. McNeish, "Nanoblacks for Rolling Resistance," Presented at the Fall 2000 ITEC Meeting, Paper No. 23A.

大家都知道，白炭黑与硅烷偶联剂并用通常可以提高胶料的耐磨性和降低滞后。但是多硫化物硅烷偶联剂相比巯基硅烷偶联剂能使胶料的交联网络更完善。RP：T. D. Powell.

高分散沉淀法白炭黑可以赋予胶料低的滞后。GEN：S. Daudey, L. Guy (Rhodia), "High Performance Silica Reinforced Elastomers from Standard Technology to Advanced Solutions," Paper No. 37 presented at the Fall Meeting of the Rubber Division ACS, Oct. 11, 2011, Cleveland, OH.

在白炭黑填充胶料中，考虑选用德国朗盛公司生产的 Nanoprene® BM750H VP RW 以及 BR 与丙烯酸酯的一种三元共聚物作为助剂，可以有效降低胶料的滞后。GEN：C. Flanigan, L. Beyer, D. Klekamp, D. Rohweder (Ford), B. Stuck, E. Terrill (ARDL), "Comparative Study of Silica, Carbon Black and Novel Fillers in Tread Compounds," Paper No. 34 presented at the Fall Meeting of the Rubber Division, ACS, Oct. 11, 2011, Cleveland, OH.

在经硅烷偶联剂 Si-69 处理的白炭黑填充天然胶胶料中，考虑使用 Struktol 公司生产的锌皂 ZB47，可以有效降低疲劳温升。GEN：Kwang-Jea

---

RT：2001 年由 Hanser 出版社出版的 John S. Dick 编写的著作：Rubber Technology, Compounding and Testing for Performance；GEN：来自各种期刊或会议的一般参考文献；RP：来自本书顾问-编审委员会成员的建议。

Kim, John Vanderkooi (Struktol), "Effects of Zinc Soaps on TESPT and TESPD-silica Mixtures in Natural Rubber Compounds," Paper No. 70 presented at the Fall Meeting of the Rubber Division, ACS, Oct. 8, 2002, Pittsburgh, PA.

将白炭黑进行湿气处理后,再与硅烷偶联剂作用,可以使白炭黑填充胶料的生热降低。GEN:Kwang-Jea Kim, John Vanderkooi (Struktol), "Moisture Level Effects on Hydrolysis Reaction in TESPD/Silica/CB/SSBR Compound," Paper No. 57 presented at the Fall Meeting of the Rubber Division, ACS, Oct. 5, 2004, Columbus, OH.

用 Degussa 的 VP Si363 偶联剂替代 Si-69,可以使白炭黑填充胶料的滞后损耗降低 13%。GEN:O. Klockmann, A. Blume, A. Hasse, "Fuel Efficient Silica Tread Compounds with a New Mercaptosilane: A Practical Way to Improve Its Processing," Paper No. 87 presented at the Fall Meeting of the Rubber Division, ACS, Oct. 16, 2007, Cleveland, OH.

10. 炭黑-白炭黑双相填料

据报道,选用炭黑-白炭黑双相填料并用硅烷偶联剂如硅-69 等可以使胶料的滞后降低 30% 而保持耐磨性不变。这种双相填料是将炭黑和白炭黑通过共气相法制备的。RT:第 12 章,Compounding with Carbon Black and Oil, S. Laube, S. Monthey, M-J. Wang, p. 314, 317. GEN:M-J. Wang, P. Zhang, K. Mahmud, Rubber Chemistry and Technology, March-April, 2001 (74):124; RP:M-J. Wang.

11. 表面活化纤维

在胶料中添加少量 (约 2 份) 的表面经化学活化的芳纶纤维颗粒 (牌号 Sulfron),可以降低胶料在恒定力作用下的生热。GEN:N. Huntink, T. Mathew, M. Tiwari, S. Parker (Teijin Aramid), "Using Sulfron to Improve Rolling Resistance and Durability of Tires," Paper No. 1 presented at the Fall Meeting of the Rubber Division, ACS, Oct. 11, 2011, Cleveland, OH.

12. 增塑剂

增塑剂会使胶料的玻璃化转变温度降低。RT:第 3 章,Vulcanizate Physical Properties, Performance Characteristics, and Testing, J. S. Dick, p. 52.

欧洲已经禁止在轮胎中使用芳烃油,所以 SBR 已取消填充芳烃油。新型环境友好型填充油替代品 (如中等萃取溶剂或 MES) 使 SBR 胶料的玻璃化转变温度降低,因此赋予胶料较低的滞后生热。GEN:Rudiger Engehausen (Bayer AG), "Overview of New Developments in BR and SBR and Their Influence on Tire-Related Properties," Paper No. 37 presented at the Spring Meeting of the

RT:2001 年由 Hanser 出版社出版的 John S. Dick 编写的著作:Rubber Technology, Compounding and Testing for Performance;GEN:来自各种期刊或会议的一般参考文献;RP:来自本书顾问-编审委员会成员的建议。

Rubber Division，ACS，April 29，2002，Savannah，GA.

13. 低黏度油

选择低黏度的加工油，可以使胶料的回弹性好，因为高黏度的加工油会使胶料的回弹性变差。要想提高氯丁胶的回弹性，可选用菜籽油，因为它黏度低，可以降低滞后，另一方面，其挥发性低，可以使胶料的耐老化性好。GEN：R. Tabar，P. Killgoar，R. Pett，"A Fatigue Resistant Polychloroprene Compound for High Temperature Dynamic Applications，" Rubber Chemistry and Technology，September-October，1979（52）：781.

14. 硫黄硫化

对于用硫黄与少量次磺酰胺促进剂一起硫化的胶料来说，氧化锌用量提高，可以使胶料的生热降低。GEN：W. Hall，H. Jones，"The Effect of Zinc Oxide and Other Curatives on the Physical Properties of a Bus and Truck Tread Compound，" Presented at ACS Rubber Division Meeting，Fall，1970.

15. 硫化温度

对于 NR/BR 共混胶来说，通过调节硫化温度，可以控制 NR 和 BR 相中交联密度的分布，从而调节胶料的回弹性。GEN：S. Groves，"Crosslink Density Distributions in NR/BR Blends：Effect of Cure Temperature and Time，" Presented at ACS Rubber Division Meeting，Fall，1997，Paper No.94.

16. 交联密度

提高胶料的交联密度可以提高回弹性并降低生热。RT：第 3 章，Vulcanizate Physical Properties，Performance Characteristics，and Testing，J. S. Dick，p.54；GEN：M. Studebaker，J. R. Beatty，"Vulcanization，" Elastomerics，February，1977，p.41.

17. 橡胶的玻璃化转变

选用玻璃化转变温度低的橡胶作为基体胶种，可以使胶料的滞后低。RT：第 3 章，"Vulcanizate Physical Properties，Performance Characteristics，and Testing，" J. S. Dick，p.54.

共混物中两种橡胶的玻璃化转变温度相差大，对共混物胶料的玻璃化转变温度及滞后的影响就大。如果两种胶是高度相容的，那么共混物可以有一个比较宽的玻璃化转变峰。但是，如果两种胶是不相容的，那么共混物就有两个分立的玻璃化转变峰。与相容共混物相比，不相容共混物胶料中，通常是玻璃化转变温度高的橡胶赋予胶料更高的滞后值。RT：第 7 章，General Purpose Elastomers and Blends，G. Day，p.156.

RT：2001 年由 Hanser 出版社出版的 John S. Dick 编写的著作：Rubber Technology，Compounding and Testing for Performance；GEN：来自各种期刊或会议的一般参考文献；RP：来自本书顾问-编审委员会成员的建议。

18. 通用弹性体的 tanδ 比较

1978 年，Sircar 和 Lamond 报道，不同基体胶料填充 60 份（质量份）炭黑 N347，会有不同程度的回弹性。所有动态性能都是在切应变为 10% 时测定的，tanδ 值大小顺序如下：

NR（0.096，最低）< BR < CR < SBR1500 < EPDM < NBR < CIIR（0.25，最高）

GEN：A. Medalia, "Effect of Carbon Black on Dynamic Properties of Rubber Vulcanizates," Rubber Chemistry and Technology, July-August, 1978 (51)：437.

19. NR

天然胶胶料通常滞后较低，回弹性较好。RT：第 6 章，Elastomer Selection, R. School, p.126.

对 NR 胶料，通常选用高硫黄含量的硫化体系，能使胶料的滞后低、回弹性高。RP：J. R. Halladay.

要避免使用环氧化天然胶如 ENR-20 和 ENR-50，因为它们的玻璃化转变温度比天然胶的高。RT：第 7 章，General Purpose Elastomers and Blends, G. Day, p.144.

为了保证天然胶胶料有较好的动态性能和较低的生热，应尽量避免过度塑炼或使用很强的化学塑解剂。GEN：C. Clarke, R. Galle-Gutbrecht, M. Hensel, K. Menting, T. Mergenhagen (Struktol), "A New 'Intelligent' Peptizer Concept, Better Dynamic Properties Plus Improved Processing," Paper No. 33 presented at the Fall Meeting of the Rubber Division, ACS, Oct. 16, 2001, Cleveland, OH.

20. 丁基胶

要避免使用丁基胶或者卤化丁基胶，因为它们的阻尼因子很高，即滞后高，回弹性低。RT：第 6 章，Elastomer Selection, R. School, p.134；RT：第 8 章，Specialty Elastomers, G. Jones, D. Tracey, A. Tisler, p.175.

21. BR

单分散、线性顺式聚丁二烯可以使 BR 硫化胶料的滞后低、生热低。钕系催化剂可以使 BR 的顺式含量较高，选用顺式含量最高的 BR，能使硫化胶料具有较低的滞后。据报道，钕系和钴系催化的顺式聚丁二烯通常具有最低的滞后。而乳液聚合的聚丁二烯微观结构不够纯正，相对分子质量低，且分布宽，因此胶料的滞后高。乳液聚合 BR 的生热高，更多地可能是因为支化度高和分子量的影响，而不是因为炭黑分散度不同的缘故。RT：第 7 章，General Purpose Elastomers and Blends, G. Day, p.145, 165.

钕系催化的高顺式 BR 具有很高的线性度，且乙烯基含量很低，因此胶料的硫化程度要高于其他的 BR 胶料，具有较高的回弹性。GEN：Lim Yew Swee（Lanxess），"Benefits of Butadiene Rubber in Natural Rubber-Based Truck and Sidewall," Paper presented at India Rubber Exposition and Conference（IRE2011），January 19, 2011, Chennai, India.

22. SBR

苯乙烯嵌段含量高的 SBR 通常是无规的，这种嵌段可以导致高生热和滞后。采用低温乳聚（5℃）而不是高温乳聚（50℃）的 SBR 可以使胶料的生热低、回弹性高。RT：第 7 章，General Purpose Elastomers and Blends, G. Day, p. 148, 149；RP：J. M. Long.

溶液聚合的 SBR 比乳液聚合的 SBR 具有更好的回弹性。对于乳液聚合的 SBR 来说，选择低苯乙烯含量（如 SBR1006 代替 SBR1013，SBR1505 代替 SBR1502）来降低胶料的滞后和提高回弹性。苯乙烯含量高，则 SBR 的玻璃化转变温度高。RT：第 7 章，General Purpose Elastomers and Blends, G. Day, p. 149；RP：J. M. Long.

低温乳液聚合的 SBR 比高温乳液聚合的 SBR 能使胶料具有更低的滞后，因为低温聚合的 SBR 长链支化度低且相对分子质量高。典型的对比是低温聚合的 SBR1500 和高温聚合的 SBR1006。RT：第 7 章，General Purpose Elastomers and Blends, G. Day, p. 165.

充油 SBR 1712 比填充相同油量的 SBR1500 具有更好的回弹性。RP：J. M. Long。

23. 溶液聚合 SBR

溶液聚合 SBR（S-SBR）在聚合过程中加入氯化锡、氯化硅或者二氧化碳进行端基改性。端基改性的目的是将多条聚合物链连接起来。在与其他配合剂（如炭黑）进行混炼时，锡偶联的 SBR 可以解偶联，释放出链端与炭黑聚集体反应，形成很强的结合，因此胶料的滞后低。RT：第 7 章，General Purpose Elastomers and Blends, G. Day, p. 150；GEN：V. Quiteria, C. Sierra, J. Fatou, C. Calan, L. Fraga, Presented at ACS Rubber Division Meeting, Fall, 1995, Paper No. 78；F. Tsutsumi, M. Sakakibara, N. Oshima, "Structure and Dynamic Properties of Solution SBR Coupled with Tin Compounds," Rubber Chemistry and Technology, March-April, 1990（63）：8.

SBR 生产商用 4，4-双（二乙氨基）二苯甲酮（EAB）对 SBR 进行端基改性。这种改性能提高 SBR 与炭黑结合的活性，因此可以降低胶料的滞后和生热。RT：第 7 章，General Purpose Elastomers and Blends, G. Day, p. 150.

据报道，化学改性 S-SBR 比锡偶联改性的 S-SBR 在高温下具有更好的回

RT：2001 年由 Hanser 出版社出版的 John S. Dick 编写的著作：Rubber Technology, Compounding and Testing for Performance；GEN：来自各种期刊或会议的一般参考文献；RP：来自本书顾问-编审委员会成员的建议。

弹性。GEN：F. Suzuki，"Rubbers for Low Rolling Resistance，" Tire Technology International，1997，p. 87.

含有锡-丁二烯键的 S-SBR 比含有锡-苯乙烯键的 S-SBR 与炭黑填料有更好的相互作用，因此具有更好的回弹性。GEN：C. Sierra，C. Galan，J. Fatou，V. Quiteria，"Dynamic-mechanical Properties of Tin-coupled SBRs，" Rubber Chemistry and Technology，May-June，1995（68）：259.

采用烷基吡咯酮对 SSBR 进行端基改性，可以降低胶料的滞后。GEN：S. Thiele，S. Knoll（Styron Deutschland GmbH，Merseburg，Germany），"Novel Functionalized SSBR for Silica and Carbon Black Containing Tires，" Presented at the Fall Meeting of the Rubber Division，ACS，Oct，11，2011，Cleveland，OH.

用环氧丙氧基丙基三甲氧基硅烷（GPMOS）和二甲基咪唑啉酮（DMI）改性 SSBR，可以使白炭黑与 Si-69 填充的胶料具有较低的滞后。GEN：Akira Saito，Haruo Yamada，Takaaki Matsuda，Nobuaki Kubo，Norifusa Ishimura，"Improvement of Rolling Resistance of Silica Tire Compounds by Modified S-SBR，" Paper No. 39 presented at the Spring Meeting of the Rubber Division，ACS，April 29，2002，Savannah，GA.

将高乙烯基的 SSBR 在主链上进行羧酸官能化，可以使白炭黑填充的胶料中填料与聚合物之间的相互作用增强，进而降低滞后。GEN：Thomas Gross，Judy Hannay（Lanxess），"New Solution SBRS to Meet Future Performance Demands，" Paper No. 11A presented at a meeting of ITEC，September 16-18，2008，Akron，OH.

24. SIBR

苯乙烯-异戊二烯-丁二烯橡胶（SIBR）胶料的回弹性较好。用锡偶联或 EAB 改性的 SIBR，可以降低滞后，提高回弹性。RT：第 7 章，General Purpose Elastomers and Blends，G. Day，p. 150.

SIBR 橡胶具有较低的玻璃化转变温度，因此赋予了轮胎较低的滚动阻力，进而节省油耗。GEN：A. Halasa，B. Gross，W. Hsu（Goodyear Tire and Rubber Company），"Multiple Glass Transition Terpolymer of Isoprene，Butadiene，and Styrene，" Paper No. 91 presented at the Fall Meeting of the Rubber Division，ACS，Oct，2009，Cleveland，OH.

25. NR/BR 共混物

对于 NR/BR 共混物来说，随着 BR 含量的增加，共混物的 $\tan\delta$ 将明显降低。因此，提高 BR 含量，可以提高 NR/BR 共混物的回弹性，降低其滞后。GEN：W. Hess，C. Herd，P. Vegvari，"Characterization of Immiscible Elastomer

---

RT：2001 年由 Hanser 出版社出版的 John S. Dick 编写的著作：Rubber Technology, Compounding and Testing for Performance；GEN：来自各种期刊或会议的一般参考文献；RP：来自本书顾问-编审委员会成员的建议。

Blends," Rubber Chemistry and Technology, July- August, 1993（66）：329.

26. NBR

在要求低生热和耐曲挠的配方中一般不会考虑用 NBR，但一定要用的话，可以考虑用大粒径炭黑和酯类增塑剂并且交联密度要高，这样胶料的回弹性就会提高。GEN："A Comparative Evaluation of Hycar Nitrile Polymers," Manual HM-1, Revised, B. F. Goodrich Chemical Co.

使用丙烯腈含量低的 NBR，胶料的回弹性会好些。RT：第 8 章，Specialty Elastomers, M. Gozdiff, p. 194.

高温聚合 NBR 比低温聚合 NBR 具有更低的滞后和更好的回弹性。GEN：R. Del Vecchio, E. Ferro, "Effects of NBR Polymer Variations on Compound Properties," Presented at ACS Rubber Division Meeting, Spring, 2001, Paper No. 21.

27. 窄相对分子质量分布的 NBR

相对分子质量分布越窄的 NBR，其回弹性越好。RT：第 8 章，Specialty Elastomers, M. Gozdiff, p. 197.

28. NR/NBR 共混物

对于 NR/NBR 共混物来说，降低 NBR 的含量，可以提高共混物的回弹性和降低滞后。GEN：A. Tinker, "Crosslink Distribution and Interfacial Adhesion in Vulcanized Blends of NR and NBR," J. S. Dick, H. Pawlowski, "Alternate Instrumental Methods of Measuring Scorch and Cure Characteristics," Polymer Testing, 1995（14）：45-84.

29. 阻尼应用的三元共混物

要让汽车振动较小，行驶起来比较舒适，其悬挂系统必须使用一些高阻尼的橡胶材料。福特汽车公司的一些研究者报道，天然胶与溴化丁基胶的共混物再加入聚异丁烯（IM, Vistanex），使用半有效硫化体系，可以使胶料的阻尼性能高并且低温性能好。他们也选用 NR/BR/NIR（异戊二烯-丙烯腈共聚物，Krynac 833）三元共混物，发现其也具有较好的阻尼性能。然而，与 NR/BIIR/IM 三元共混物相比，NR/BR/NIR 共混物的低温性能较差。GEN：M. Lemieux, P. Killcoar, "Low Modulus, High Damping, High Fatigue Life Elastomer Compounds for Vibration Isolation," Rubber Chemistry and Technology, September- October, 1984（57）：792.

30. HNBR

对于 HNBR 来说，选用不饱和度高的品种，意味着胶料的动态生热低。

RT：2001 年由 Hanser 出版社出版的 John S. Dick 编写的著作：Rubber Technology, Compounding and Testing for Performance；GEN：来自各种期刊或会议的一般参考文献；RP：来自本书顾问-编审委员会成员的建议。

RT：第 8 章，Specialty Elastomers，M. Wood，p. 202.

在高温下，HNBR 比聚氨酯具有更好的动态性能。GEN：M. Chase，"Roll Coverings Past，Present and Future，" Presented at Rubber Roller Group Meeting New Orleans，May 15-17，1996，p. 7.

31. CR

在氯丁胶中，G-型比其他类型具有更好的回弹性。RT：第 8 章，Specialty Elastomers，L. Outzs，208.

32. 反应型 EPDM

在 NR/EPDM 共混物中，选用马来酸酐改性的 EPDM 相比未改性的能使共混物具有更低的滞后和更高的回弹性。GEN：A. Coran，"Blends of Dissimilar Rubbers-Cure-rate Incompatibility，" Rubber Chemistry and Technology，May-June，1988 (61)：281.

33. 聚降冰片烯（PNR）

要避免单独使用 PNR 胶料，因为胶料的回弹性会很低。但另一方面，PNR 中填充一定量的芳烃油，可以使胶料具有较高的阻尼性。但是，环烷油会使 PNR 胶料的阻尼性降低，回弹性提高。应避免将 PNR 与 NR 共混，因为 PNR 会使天然胶的回弹性明显较低。如果存在这种共混物，那将是提高 NR 阻尼性能的一种方法。RT：第 8 章，Specialty Elastomers，C. Cable，225-226.

34. 聚氨酯

基于 MDI 预聚物的二醇类固化剂的聚醚型聚氨酯相比基于 TDI 预聚物的胺类固化剂的聚酯型聚氨酯具有更高的回弹性。另外，聚醚型聚氨酯相比聚酯型聚氨酯具有更低的动态滞后生热。RT：第 9 章，Polyurethane Elastomers，R. W. Fuest，p. 257-258.

合适配方的聚氨酯弹性体可以在硬度很高的情况下（如邵尔 D 硬度 75），仍然具有很好的回弹性。GEN：M. Chase，"Roll Coverings Past，Present and Future，" Presented at Rubber Roller Group Meeting New Orleans，May 15-17，1996，p. 6.

35. AEM

要想得到高回弹胶料，应避免使用 AEM，因为这是一种低回弹并且在很宽的温度范围内都具有高阻尼的弹性体，其有效阻尼温域甚至比丁基胶的都宽。GEN：L. Muschiatte，H. Barager，"Vamac Elastomers Serve Auto Applications，" Rubber & Plastics News，January 10，2000，p. 14.

RT：2001 年由 Hanser 出版社出版的 John S. Dick 编写的著作：Rubber Technology，Compounding and Testing for Performance；GEN：来自各种期刊或会议的一般参考文献；RP：来自本书顾问-编审委员会成员的建议。

36. 发泡橡胶

对于多孔橡胶来说，闭孔结构比开孔结构能赋予胶料更高的回弹性。RT：第 21 章，Chemical Blowing Agents[⊖]，R. Annicelli，p. 477.

37. 相对分子质量

提高基体橡胶的相对分子质量，可以使胶料的滞后生热降低。GEN：R. Mastromatteo，E. Morrisey，M. Mastromatteo，H. Day，"Matching Material Properties to Application Requirements，" Rubber World，February，1983：25.

38. 纳米填料

尝试在胶料中加入碳纳米管（CNT）、有机改性层状硅酸盐（OC）、高比表面积石墨，或者是化学剥离氧化石墨烯（CRGO），可以降低胶料的滞后。GEN：M. Galimbeth，M. Coombs，V. Cipolletti，L. Giannini，L. Conzatti，T. Ricco，M. Mauro，G. Guerra（Politecnico di Milano，Department of Chemistry，and Pirelli Tyre Study），"Nano and Nanostructured Filler and Their Synergistic Behavior in Rubber Composites such as Tires，" Paper No. 35 presented at the Fall Meeting of the Rubber Division，ACS，Oct. 11，2011，Cleveland，OH.

39. 双重交联网络

众所周知，塑料在加工的过程中受到拉伸，会引起取向和各向异性，冷却到熔融温度或玻璃化转变温度以下时，各向异性性能就会得到提高。但是，橡胶却完全不同，通常在加工过程中引起的各种取向，都会随加工过程的结束而衰减消失。然而，硫化过程中的"双重交联网络"是在胶料中引入永久取向的一种方法。首先是通过轻微硫化或部分硫化形成第一层网络，这种轻微硫化的胶料被拉伸到伸长率 α_0 后，继续硫化，经过第二次硫化之后，释放硫化胶料，在释放过程中，第二次形成的交联网络阻止第一次网络的回缩，这样会导致硫化胶有一个剩余伸长率 α_r。在一些情况下，双重交联网络可能减弱 Payne 效应，在低应变下降低滞后，减弱填料-填料之间的相互作用，然而这一点还未得到验证。GEN：G. Hamed，M. Huang，"Tensile and Tear Behavior of Anisotropic Double Networks of a Black-filled Natural Rubber Vulcanizate，" Rubber Chemistry and Technology，November-December，1998（71）：846.

⊖ Chemical Blowing Agents：化学发泡剂。——译者注

RT：2001 年由 Hanser 出版社出版的 John S. Dick 编写的著作：Rubber Technology，Compounding and Testing for Performance；GEN：来自各种期刊或会议的一般参考文献；RP：来自本书顾问-编审委员会成员的建议。

2.7 提高抗撕裂性能

撕裂性能的测试有很多种方法，实验结果的质量很大程度上取决于试样的形状。很多情况下，撕裂实验不能真实反映橡胶制品在使用时所受到的撕裂。另外，撕裂诱导与撕裂发展过程是完全不同的。

以下的实验方案可能会提高胶料的抗撕裂性能。对书中的相关文献来源、包括后面引用的文献，读者都应该自己研究和阅读。注意：这些通用的实验方案不一定适用于每一个具体情况。能提高抗撕裂性能的任何一个变量都一定会影响其他性能，或好或坏，但本书不对其他性能的改变加以阐述。本书也不对安全和健康问题加以解释。

1. 混炼

通过优化混炼工艺，提高补强填料如炭黑或白炭黑等在橡胶中的分散，可以提高胶料的抗撕裂性能。RT：第 2 章，Compound Processing Characteristics and Testing$^{\ominus}$，J. S. Dick，p. 42.

在天然胶乳絮凝之前加入球磨分散炭黑，之后进行混炼，得到的胶料撕裂强度要高于直接将炭黑加入密炼机中进行混炼的胶料。GEN：R. Alex, K. Sasidharan, T. Kurlan, A. Kumarchandra, "Carbon Black/Silica Masterbatch from Fresh Natural Rubber Latex," Paper No. 27 given at IRC 11, Mumbai, India.

避免污染胶料中的各个组分或者在加工过程中混入脏物，否则会引起缺陷或者应力集中点，导致胶料的撕裂强度降低。RT：Chapter 3, "Vulcanizate Physical Properies, Performance Characteristics and Testing," J. S. Dick, p. 49；GEN：James Halladay, O. H. Yeoh (Lord Corp.), "Problems with Developing Visual Inspection Criteria for Replacement of Vibration Isolators and Shock Mounts," Paper No. 61 presented at the Fall Meeting of the Rubber Division, ACS, Oct. 8, 2002, Pittsburgh, PA.

2. 相混炼

NR/BR 共混物通过相混炼技术，使 BR 相中炭黑含量增加，可以提高共混物的抗撕裂性能。当然，也有可能使 BR 相中的炭黑含量过高，而导致抗撕裂性能下降。GEN：E. McDonel, K. Baranwal, J. Andries, Polymer Blends, Vol. 2, Chapter 19, "Elastomer Blends in Tires," Academic Press, 1978, p. 282.

$\ominus$ Compound Processing Characteristics and Testing：胶料加工特性与测试。——译者注

RT：2001 年由 Hanser 出版社出版的 John S. Dick 编写的著作：Rubber Technology, Compounding and Testing for Performance；GEN：来自各种期刊或会议的一般参考文献；RP：来自本书顾问-编审委员会成员的建议。

另一方面，Hess 研究发现，强制使 NR 相中的炭黑含量提高，可以使硫化共混物的抗撕裂性能提高，尤其是细粒径与低结构度的炭黑影响更明显。当 N110 强制分散到 NR 相中的含量高时，与 N299 相比更能改善胶料的抗撕裂性能。GEN：W. Hess，"Characterization of Dispersions," Rubber Chemistry and Technology，July-August，1991（64）：386.

Hess 和 Chirico 研究发现，要想提高 NR/BR 或 NR/SBR 胶料的抗撕裂性能，可采取以下措施：使用低结构度和一次结构粒子小的炭黑；通过相混炼技术，确保炭黑在连续相中的含量高于在分散相中的含量；使连续相橡胶基体的强度高于分散相橡胶。另据报道，SBR/BR 共混物对炭黑分散的不均衡性不敏感。但是当提高 SBR 的含量和通过相混炼使 SBR 相中炭黑含量升高时，SBR/BR 共混物的抗撕裂性能提高。GEN：W. Hess，C. Herd，P. Vegvari，"Characterization of Immiscible Elastomer Blends," Rubber Chemistry and Technology，July-August，1993（66）：329.

3. 交联密度

通过硫化过程优化胶料的最终交联密度，可以提高胶料的抗撕裂性能，这个交联密度要比为得到高拉伸强度时优化的交联密度低。RT：第3章，"Vulcanizate Physical Properties, Performance Characteristics, and Testing," J. S. Dick，p. 47-49.

4. 硫黄硫化体系

硫黄硫化体系与过氧活物硫化体系相比，一个明显的优势就是胶料的抗撕裂性能高。RT：第17章，Peroxide Cure Systems，L. Palys，p. 417.

"高硫低促"硫化体系相比"低硫高促"硫化体系能赋予胶料更好的抗撕裂性能。RP：J. M. Long.

5. 过氧化物硫化体系

在过氧化物硫化体系中，使用助交联剂，可以提高共混物的抗撕裂性能。GEN：P. Dluzneski，"Peroxide Vulcanization of Elastomers," Rubber Chemistry and Technology，July-August，2001（74）：451.

甲基丙烯酸锌（Saret® 634）助交联剂有时会用在过氧化物硫化体系中用来提高胶料的抗撕裂性能。GEN：R. Costin，W. Nagel，"Coagents for Rubber-to-metal Adhesion," Rubber & Plastics News，March 11，1996：14.

对于过氧化物硫化的胶料，可以通过降低硫化温度，延长硫化时间来提高胶料的撕裂强度。GEN：Joseph Burke（Sartomer Co.），"Improving Cure Characteristics in Peroxide Cured Polyisoprene," Paper No. 28 presented at the Fall Meeting of the Rubber Division，ACS，Oct. 14，2003，Cleveland，OH.

RT：2001年由 Hanser 出版社出版的 John S. Dick 编写的著作：Rubber Technology，Compounding and Testing for Performance；GEN：来自各种期刊或会议的一般参考文献；RP：来自本书顾问-编审委员会成员的建议。

6. 抗硫化返原剂

在天然胶胶料中，将抗硫化返原剂二水合六亚甲基-1，6-二硫代硫酸二钠盐（HTS）和1，3-双（柠康亚酰胺甲基）苯（BCI-MX）一起使用，可以提高胶料的抗撕裂性能。GEN：R. Datta, W. Helt, "New Approaches to Improve Reversion Resistance of Thick Sectioned Rubber Articles," ACS Rubber Division Meeting, Fall, 1996, Paper No. 4.

7. 相对分子质量的影响

使用平均相对分子质量大的橡胶作为基体胶，可以提高胶料的抗撕裂性能。GEN：R. Mastromatteo, E. Morrisey, M. Mastromatteo, H. Day, "Matching Material Properties to Application Requirements," Rubber World, February, 1983：25.

8. 硅橡胶

要想使胶料的抗撕裂性能高，尽量避免使用硅橡胶和氟橡胶。RT：第6章, Elastomer Selection, R. School, p. 136.

9. 聚氨酯弹性体

聚氨酯弹性体与其他二烯类橡胶相比，一个很大优势就是具有极高的抗撕裂性能。RT：第9章, Polyurethane Elastomers, R. W. Fuest, 253；RT：第6章, Elastomer Selection, R. School, p. 137.

对于通过两组分浇注而成的聚氨酯来说，可以通过调整固化剂的比例来提高抗撕裂性能。固化剂比例是指预聚物和固化剂的相对用量，固化剂的用量（如双邻氯苯胺基甲烷 MBCA）需要正好和预聚物中的二异氰酸酯相匹配，这被称为"100%理论用量"或者"100%化学计量"；如果固化剂用量被减去5%，叫作"95%理论用量"或"95%化学计量"；同样，如果固化剂用量增加5%，就叫作"105%理论用量"，或者"105%化学计量"。通常是用增加用量，如105%，可以提高抗撕裂性能。通常，聚酯型聚氨酯在抗撕裂性能方面具有一定的优势。RT：第9章, Polyurethane Elastomers, R. W. Fuest, p. 257.

据报道，对采用 MDI 作为预聚物的浇注型聚氨酯弹性体，选用芳香族二醇类扩链剂如 HER 和 HQEE，可以使胶料的抗撕裂性能提高。因为这些扩链剂能产生高熔点的硬段微区。GEN：R. Durairaj, "Chain Extenders Increase Heat Tolerance," Rubber & Plastics News, November 29, 1999.

将聚氨酯与传统橡胶进行共混，可以提高其撕裂强度。GEN：T. Jazlonowski, "Blends of Polyurethane Rubber with Conventional Rubber," Paper No. 46 presented at the Spring Meeting of the Rubber Division, ACS, April, 1990, Chicago, IL.

RT：2001年由 Hanser 出版社出版的 John S. Dick 编写的著作：Rubber Technology, Compounding and Testing for Performance；GEN：来自各种期刊或会议的一般参考文献；RP：来自本书顾问-编审委员会成员的建议。

10. 顺式-聚异戊二烯 (cis-IR)

高顺式的聚异戊二烯橡胶，能赋予胶料高的应变诱导结晶性，因此使胶料的抗撕裂性能提高。RT: 第 7 章，General Purpose Elastomers and Blends, G. Day, p. 142.

11. 羧基化 NBR

羧基化 NBR 并用一定量的氧化锌代替普通的 NBR，可以使胶料的抗撕裂性能提高。RT: 第 8 章，Specialty Elastomers, M. Gozdiff, p. 199.

将羧基 NBR 进行氢化，可以提高胶料的撕裂强度（23～170℃温度范围内）。GEN: John E. Dato (Lanxess), "Hydrogenated Nitrile Rubber for Use in Oil field Applications," Paper No. 57 presented at the Fall Meeting of the Rubber Division, ACS, Oct. 10, 2006, Cincinnati, OH.

12. 氯丁胶

G 型氯丁胶比其他类型的氯丁胶具有更高的抗撕裂性能。RT: 第 8 章，Specialty Elastomers, L. Outzs, p. 208.

13. CPE (CM)

在氯化聚乙烯弹性体中，提高氯的含量，可以使胶料具有更高的抗撕裂性能。RT: 第 8 章，Specialty Elastomers, L. Weaver, p. 212.

14. 顺式聚丁二烯 (cis-BR)

在一定催化剂条件下，可以使 BR 的顺式含量超过 96%（质量分数），使用这种高顺式的 BR，可以使胶料具有更高的抗撕裂性能，并且可能因应变诱导结晶而产生复杂的抗撕裂性能。GEN: J. Zhao, G. Ghebremeskel, "A Review of Some of the Factors Affecting Fracture and Fatigue in SBR and BR Vulcanizates," Rubber Chemistry and Technology, July-August, 2001 (74): 409.

15. SBR

在 SBR 中，提高苯乙烯的结合量，可以使胶料有更好的耐曲挠疲劳性能和抗撕裂性能。GEN: J. Zhao, G. Ghebremeskel, "A Review of Some of the Factors Affecting Fracture and Fatigue in SBR and BR Vulcanizates," Rubber Chemistry and Technology, July-August, 2001 (74): 409.

然而，这可能只对 SBR 橡胶适用，而对于其他聚合物来说，低苯乙烯含量或无苯乙烯（EBR，乳聚丁二烯）可使填充炭黑或其他填料的胶料具有更高的耐曲挠疲劳性能和抗撕裂性能。RP: J. M. Long.

16. SBR/PVC 共混物

将 SBR4503［高温乳液聚合，苯乙烯含量 30%（质量分数），二乙烯基

RT: 2001 年由 Hanser 出版社出版的 John S. Dick 编写的著作: Rubber Technology, Compounding and Testing for Performance; GEN: 来自各种期刊或会议的一般参考文献; RP: 来自本书顾问-编审委员会成员的建议。

苯交联的 SBR〕与共混物 NBR/PVC 并用，可以提高胶料的抗撕裂性能。GEN：J. Zhao, G, Ghebremeskel, J. Peasley, "SBR/PVC Blends with NBR as a Compatibilizer," Rubber World, December, 1998, p. 37.

17. 气相法 EPDM

选用高乙烯含量的超低穆尼黏度的气相法 EPDM，并填充大量的填料，可以提高胶料的抗撕裂性能。GEN：A. Paeglis, "Very Low Mooney Granular Gas-phase EPDM," Presented at ACS Rubber Division Meeting, Fall, 2000, Paper No. 12.

18. 作为助剂的混炼型聚氨酯橡胶

在 SBR、EPDM 或 BR 胶料中缓慢加入一定量的混炼型聚氨酯橡胶弹性体，可以提高胶料的抗撕裂性能。GEN：T. Jablonowski, "Blends of PU with Conventional Rubbers," Rubber World, October, 2000, p. 41.

19. EPDM 纳米复合材料

与过氧化物自由基交联的 EPDM 胶料相比，填充 C60 的 EPDM 在紫外线照射下交联，可以使胶料的抗撕裂性能提高。GEN：G. Hamed, "Reinforcement of Rubber," Rubber Chemistry and Technology, July-August, 2000 (73)：524.

20. SBR 与 NR/BR，SBR/BR 共混物

使用 100% 的 SBR 胶料，取代 SBR/BR，NR/BR 或者 NR/SBR 共混物，这样胶料会具有更高的抗撕裂性能。RP：J. M. Long。

21. 填料

找到填料的最佳填充量，可以使胶料具有最好的抗撕裂性能；选用比表面积高的填料以及表面活性高的填料，可以使胶料具有更高的抗撕裂性能。GEN：R. Mastromatteo, E. Morrisey, M. Mastromatteo, H. Day, "Matching Material Properties to Application Requirements," Rubber World, February, 1983：26.

22. 炭黑

提高炭黑的比表面积（降低粒径），可以使胶料的抗撕裂性能提高。提高炭黑的填充量到最佳量，可以提高胶料的抗撕裂性能，高于这个最佳填充量，胶料的抗撕裂性能下降。单纯使用高结构度的炭黑有时会降低抗撕裂性能。

选用低结构度及适中的高比表面积炭黑，可以改善胶料的抗撕裂性能。低结构度可能导致胶料的模量降低，拉断伸长率升高，而适中的高比表面积赋予胶料高的拉伸强度和优良的抗撕裂性能。当然，这种低结构度炭黑的分

RT：2001 年由 Hanser 出版社出版的 John S. Dick 编写的著作：Rubber Technology, Compounding and Testing for Performance；GEN：来自各种期刊或会议的一般参考文献；RP：来自本书顾问-编审委员会成员的建议。

散很困难，因此一定要采取措施提高其分散度，否则会导致胶料的抗撕裂性能下降。根据 Tabar 等的研究，保持氯丁胶衬套胶料的硬度不变，选用大粒径高结构度炭黑 N765 相比其他炭黑如 N770、N330 以及 N220 能赋予胶料更好的抗撕裂性能。N765 还能赋予胶料更低的压缩永久变形。RT：第 12 章，Compounding with Carbon Black and Oil, S. Laube, S. Monthey, M-J. Wang, p. 308, 317；GEN：Carbon Black, Chapter 9, "Carbon Black Reinforcement of Elastomers," S. Wolf, M-J. Wang, p. 317, 334；RP：M-J. Wang；GEN：R. Tabar, P. Killgoar, R. Pett, "A Fatigue Resistant Polychloroprene Compound for High Temperature Dynamic Applications," Rubber Chemistry and Technology, September-October, 1979 (52)：781.

23. 白炭黑

用有机硅烷处理的沉淀法白炭黑可以使胶料具有较好的抗撕裂性能。RT：第 13 章，Precipitated Silica and Non-black Fillers, W. Waddell, L. Evans, p. 331, 339.

使用 30 份（质量份）或以上的沉淀法白炭黑，可以使胶料达到最好的抗撕裂性能。单独使用白炭黑比单独使用炭黑能赋予胶料更好的抗撕裂性能。

使用巯基硅烷偶联剂时一定要注意，有时候这种硅烷偶联剂的使用会导致胶料的抗撕裂性能下降。松香衍生物（如松香氰化物树脂 Staybelite）和芳香树脂（如香豆树脂 PICCO100）等被用在白炭黑填充胶料中以提高胶料的抗撕裂性能。可能是因为芳香树脂和白炭黑之间有一定的偶联作用，而松香衍生物会使胶料的黏度有一定的降低。GEN：N. Hewitt, "Compounding with Silica for Tear Strength and Low Heat Build-up," Rubber World, June, 1982；J. Sommer, Elastomer Molding Technology, Elastech, Hudson, OH, 2003, p. 179.

有研究发现，在炭黑填充的轮胎胎侧胶料中使用白炭黑以及非污染性 EPDM 胶，可以明显改善胶料的抗撕裂性能、抗裂口增长性能以及耐臭氧老化性能。GEN：W. Waddell, L. Evans, "Use of Nonblack Fillers in Tire Compounds," Rubber Chemistry and Technology, July-August, 1996 (69)：377.

24. 陶土

陶土经硅烷偶联剂处理后填充胶料，可以提高胶料的撕裂强度。GEN：Don Askea (Polymer Valley Chemicals, Inc.), "Functional Mineral Fillers in Rubber Compounds," Presented at the Fall Meeting of the Energy Rubber Group, September 15, 2011, Galveston, TX.

25. 滑石粉

用细粒径的滑石粉（Mistron® Vapor R）替代部分炭黑，可以提高胶料的抗撕裂性能和抗切口增长。这可能是因为滑石粉的各向异性所致，裂口增长因滑石粉的各向异性而被偏离或分散，不会引起应力集中，从而提高胶料的抗撕裂性能，也有人认为是滑石粉补强有较高的结合断裂能所致。这种作用已在 CSM、NBR、EPDM 和 SBR 胶料中得到验证。GEN：O. Noel, S. Brignac, Unpublished paper, "Talc as a Reinforcing Pigment in Rubber-Synergy with Carbon Black," 1999; Roger J. Eldred, "Effect of Oriented Platy Filler on the Fracture Mechanism of Elastomers," Rubber Chemistry and Technology, September-October, 1988 (61): 619; RP: O. Noel.

26. 胶粉

在未硫化胶料中加入一定量相同基料的回收胶粉，可以有效地提高胶料的"裤型"撕裂强度，但却会降低胶料的拉伸强度，这在炭黑填充的 SBR 胶料中已得到验证。Gibala 等研究认为，"裤型"撕裂与拉伸强度得到相反的结果是因为含有胶粉的硫化胶在撕裂时呈现黏滑特征所导致的。GEN：D. Gibala, D. Thomas, G. Hamed, "Cure and Mechanical Behavior of Rubber Compounds Containing Ground Vulcanizates-Part III, Tensile and Tear Strength," Presented at ACS Rubber Division Meeting, Paper No. 53.

27. 纳米黏土与碳纳米管

适量的纳米黏土或碳纳米管能提高胶料的撕裂强度。GEN：Debbie Banta, Weatherford Co., "Can Nanotechnology Provide Innovative, Affordable Elastomers Solutions to Oil and Gas Service Industry Problems?," Presented at the Energy Rubber Group, January 19, 2012, Houston, TX.

28. 硅灰石

选用针状非传统填料硅灰石（硅酸钙岩矿），可以提高胶料的撕裂强度和高温撕裂强度。GEN：S. Robinson, M. Sheridan, A. Ferradino (R. T. Vanderbilt Co.), "The Advantages of Wollastonite, a Non-traditional Filler, in Fluorohydrocarbon (FKM) Elastomer," Paper No. 16 presented at the Spring Meeting of the Rubber Division, ACS, April 29, 2002, Savannah, GA.

29. 纤维

加入 5 份（质量份）的纤维浆（如棉花、尼龙 6 或者聚酯等）通常会提高胶料的抗撕裂性能，尤其是在二元乙丙胶胶料的横向上，当然对其他胶种也同样适用。5 份（质量份）的纤维浆并用低分子量马来酸酐化的聚丁二烯（PBDMA），可以有效地提高胶料的抗撕裂性能，尤其是在二元乙丙胶胶料的横向上，并用 PBDMA 的胶料相比未并用 PBDMA 的胶料的抗撕裂性能明显提高。GEN：A. Estrin, "Application of PBDMA for Enhancement of EPR Loaded

---

RT：2001 年由 Hanser 出版社出版的 John S. Dick 编写的著作：Rubber Technology, Compounding and Testing for Performance；GEN：来自各种期刊或会议的一般参考文献；RP：来自本书顾问-编审委员会成员的建议。

with Chopped Fibers," Rubber World, April, 2000, p. 39.

使用少量的芳纶短纤维，可以提高胶料的抗撕裂性能。在氟橡胶 FKM 胶料中加入 3 份（质量份）和 5 份（质量份）的凯夫拉尔（Kevlar）纤维，已证实了这种提高效果。GEN：K. Watson, A. Frances, "Elastomer Reinforcement with Short Kevlar Aramid Fiber for Wear Applications," Rubber World, August, 1988, p. 20.

30. 离聚物弹性体

使用氧化锌硫化的羧基化丁二烯橡胶可以保证主链上每 100 个碳原子中有 1 个羧基，与硫黄硫化的普通丁二烯橡胶相比，这种硫化胶料有较高的抗撕裂性能。这是因为这种"离聚物弹性体"中存在纳米尺度的离子交联区。GEN：G. Hamed, "Reinforcement of Rubber," Rubber Chemistry and Technology, July-August, 2000 (73)：524.

31. 电子束

对于用过氧化物以及助交联剂交联的 EPDM 胶料，同时采用电子束处理，可以提高胶料的撕裂强度。GEN：William Boye（Sartomer Co.），"Use of Multifunctional Crosslinking Agents in the Electron Beam Cure of Elastomers," Paper No. 84 presented at the Fall Meeting of the Rubber Division, ACS, Oct. 13, 2009, Pittsburgh, PA.

32. 双重交联网络

众所周知，塑料在加工的过程中受到拉伸，会引起取向和各向异性，冷却到熔融温度或玻璃化转变温度以下时，各向异性性能就会得到提高。但是，橡胶却完全不同，通常在加工过程中引起的各种取向，都会随加工过程的结束而衰减消失。然而，硫化过程中的"双重交联网络"是在胶料中引入永久取向的一种方法。首先是通过轻微硫化或部分硫化形成第一层网络，这种轻微硫化的胶料被拉伸到伸长率 α_0 后，继续硫化，经过第二次硫化之后，释放硫化胶料，在释放过程中，第二次形成的交联网络阻止第一次网络的回缩，这样会导致硫化胶有一个剩余伸长率 α_r。硫化胶中的 α_r 低，抗撕裂性能就比普通硫化胶好，但是当 α_r 高时，胶料的抗撕裂性能就非常低。GEN：G. Hamed, M. Huang, "Tensile and Tear Behavior of Anisotropic Double Networks of a Black-filled Natural Rubber Vulcanizate," Rubber Chemistry and Technology, November-December, 1998 (71)：846.

RT：2001 年由 Hanser 出版社出版的 John S. Dick 编写的著作：Rubber Technology, Compounding and Testing for Performance；GEN：来自各种期刊或会议的一般参考文献；RP：来自本书顾问-编审委员会成员的建议。

2.8 提高抗热撕裂性能

在室温下具有很好抗撕裂性能的胶料在高温时可能就变得很差了。通常将胶料放在一个高温箱中测试它在高温时的抗撕裂性能。

以下的试样方案可以用来提高胶料的抗热撕裂性能。对书中的相关文献来源、包括后面引用的文献，读者都应该自己研究和阅读。注意：这些通用的实验方案不一定适用于每一个具体情况。能提高抗热撕裂性能的任何一个变量都一定会影响其他性能，或好或坏，但本书不对其他性能的改变加以阐述。本书也不对安全和健康问题加以解释。

1. 白炭黑

要想提高卤化丁基胶的抗热撕裂性能，需要加入少量的白炭黑。RT：第 8 章，Specialty Elastomers, G. Jones, D. Tracey, A. Tisler, p. 188.

2. 滑石粉

过氧化物硫化的 EPDM 胶料中，用细粒径的滑石粉替代一部分的炭黑，可以提高胶料的抗热撕裂性能，但这点对硫黄硫化的胶料却不适用。GEN：O. Noel, S. Brignac, Unpublished paper, "Talc as a Reinforcing Pigment in Rubber-Synergy with Carbon Black," 1999；RP：O. Noel.

3. AEM

过氧化物硫化的 AEM 三元共聚物比二元共混物具有更好的抗热撕裂性能。RT：第 8 章，Specialty Elastomers, T. Dobel, p. 224.

4. HNBR

HNBR 可以赋予胶料好的抗热撕裂性能。GEN：M. Chase, "Roll Coverings Past, Present and Future," Presented at Rubber Roller Group Meeting New Orleans, May 15-17, 1996, p. 4.

5. HXNBR

将羧基丁腈胶（XNBR）氢化成为氢化羧基丁腈胶（HXNBR），可以提高胶料的高温耐撕裂性能。GEN：John E. Dato (Lanxess), "Hydrogenated Nitrile Rubber for Use in Oilfield Application," Paper No. 57 presented at the Fall Meeting of the Rubber Division, ACS, Cincinnati, OH, October 10, 2006, Cincinnati, OH.

6. CR

使用硫黄改性的 G 型氯丁胶并且填充 30 份（质量份）沉淀法白炭黑，可以使胶料具有更好的抗热撕裂性能。RP：L. L. Outzs.

RT：2001 年由 Hanser 出版社出版的 John S. Dick 编写的著作：Rubber Technology, Compounding and Testing for Performance；GEN：来自各种期刊或会议的一般参考文献；RP：来自本书顾问-编审委员会成员的建议。

7. 填充氧化热裂法炭黑的氟橡胶

氟橡胶胶料中，填充氧化热裂法炭黑以及相对分子质量在 1200 左右的聚 1,2 丁二烯二元醇预聚物作为偶联剂，并且用过氧化物硫化，可以使胶料得到较好的抗热撕裂性能。GEN：J. Martin, T. Braswell, H. Green, "Coupling Agents for Certain Types of Fluoroelastomers," Rubber Chemistry and Technology, November-December, 1978 (51)：897.

8. 表面改性炭黑

在橡胶软管生产配方中，使用高填充量的表面改性炭黑（Cabot 公司的 IRX1045）替代传统的 N550 或 N650，可以使胶料的抗热撕裂性能提高。GEN：S. Monthey, M. Lucchi, "A New Carbon Black for Peroxide-cured EPDM Coolant Hose," Presented ACS Rubber Division Meeting, Fall, 1999, Paper No. 34.

9. 纤维

加入 5 份（质量份）的纤维浆（如棉花、尼龙 6 或者聚酯等）通常会提高胶料的抗热撕裂性能，尤其是在二元乙丙胶胶料的横向上，当然对其他胶种也同样适用。5 份（质量份）的纤维浆并用低分子量马来酸酐化的聚丁二烯（PBDMA），可以有效地提高胶料的抗热撕裂性能，尤其是在二元乙丙胶胶料的横向上，并用 PBDMA 的胶料相比未并用 PBDMA 的胶料的抗热撕裂性能提高明显。GEN：A. Estrin, "Application of PBDMA for Enhancement of EPR Loaded with Chopped Fibers," Rubber World, April, 2000, p. 39.

使用少量的芳纶短纤维，可以提高胶料的抗热撕裂性能。GEN：K. Watson, A. Frances, "Elastomer Reinforcement with Short Kevlar Aramid Fiber for Wear Applications," Rubber World, August, 1988, p. 20.

10. 纳米填料

据报道，在 NBR 胶料中，加入纳米填料（如纳米黏土或碳纳米管），可以改善胶料的高温抗撕裂性能。GEN：R. Lamba, P. Spanos, S. Meng, "Designing Elastomeric Materials for High Temperature and High Pressure Environments," Presented at the Fall Meeting of the Energy Rubber Group, September 14-16, 2010, San Antonio, TX.

11. 硅灰石

选用针状非传统填料硅灰石（硅酸钙岩矿），可以提高胶料的撕裂强度和高温撕裂强度。GEN：S. Robinson, M. Sheridan, A. Ferradino (R. T. Vanderbilt Co.), "The Advantages of Wollastonite, a Non-traditional Filler, in Fluorohydrocarbon (FKM) Elastomer," Paper No. 16 presented at the Spring

---

RT：2001 年由 Hanser 出版社出版的 John S. Dick 编写的著作：Rubber Technology, Compounding and Testing for Performance；GEN：来自各种期刊或会议的一般参考文献；RP：来自本书顾问-编审委员会成员的建议。

Meeting of the Rubber Division, ACS, April 29, 2002, Savannah, GA.

12. 硫黄硫化体系

硫黄硫化胶料中，因多硫化物的存在，比过氧化物硫化胶料具有更好的抗热撕裂性能。GEN: P. Dluzneski, "Peroxide Vulcanization of Elastomers," Rubber Chemistry and Technology, July-August, 2001 (74): 451.

13. 助交联剂

对过氧化物硫化体系，采用助交联剂来增加体系的不饱和性，可以提高胶料的交联密度。这是因为在饱和聚合物中是氢取代交联，而在不饱和体系中是自由基交联，后者更容易更有效。助交联剂可以引入不同类型的交联网络，进而提高热撕裂强度。RT: 第17章，Peroxide Cure Systems, L. Palys, p. 431-432.

GEN: A. H. Johansson (Rhein Chemie Corp.), "Peroxide Curing Treads Cure Characteristics of Peroxides," Paper No. 10 presented at the Fall Meeting of the Rubber Division, ACS, Oct. 14, 2003, Cleveland, OH.

14. 白炭黑的影响

加入10~20份（质量份）的沉淀法白炭黑有时可以提高胶料的抗热撕裂性能和高温下的拉伸强度。RP: J. R. Hallday。

15. 氟橡胶 FKM 的配合

用N330替代N990，调整氢氧化钙和氢氧化镁的用量以及过氧化物和助交联剂的用量，可以使氟橡胶胶料的抗热撕裂性能提高。GEN: J. Sommer, Elastomer Molding Technology, Elastech, Hudson, OH, 2003, p. 179.

RT: 2001年由Hanser出版社出版的John S. Dick编写的著作: Rubber Technology, Compounding and Testing for Performance; GEN: 来自各种期刊或会议的一般参考文献; RP: 来自本书顾问-编审委员会成员的建议。

2.9   改善低温性能

橡胶制品一般会在较宽的温度范围内并且是动态条件下使用。在低温下，硫化胶会变得坚硬，在极低温度下，硫化胶会变得像玻璃一样脆。因此，使橡胶在低温下仍具有较好的性能，是橡胶配方人员的一种挑战。

以下的实验方案或想法可能会改善胶料的低温性能。对书中的相关文献来源、包括后面引用的文献，读者都应该自己研究和阅读。注意：这些通用的实验方案不一定适用于每一个具体情况。能改善低温性能的任何一个变量都一定会影响其他性能，或好或坏，但本书不对其他性能的改变加以阐述。本书也不对安全和健康问题加以解释。

1. 基体橡胶的选择

要想使胶料具有较好的低温性能，首先要考虑选择那些具有较低玻璃化转变温度的橡胶。以下是各种橡胶玻璃化转变温度的简单比较：

橡胶英文缩写	中文名称	玻璃化转变温度
VMQ	乙烯基甲基硅橡胶	-120℃
BR	聚丁二烯橡胶	-112℃
NR/IR	天然胶/合成聚异戊二烯橡胶	-72℃
FVMQ	氟硅橡胶	-70℃
IIR	丁基橡胶	-66℃
PNF	磷腈氟橡胶	-66℃
EPDM	乙丙橡胶	-55℃
EU	聚醚型聚氨酯	-55℃
SBR	丁苯橡胶	-50℃
ECO	氯醚橡胶（环氧氯丙烷与环氧乙烷共聚物）	-45℃
NBR	低丙烯腈含量的丁腈橡胶	-45℃
CR	聚氯丁二烯橡胶	-45℃
AEM	乙烯-丙烯酸酯橡胶	-40℃
AU	聚酯型聚氨酯	-35℃
NBR	中丙烯腈含量的丁腈橡胶	-34℃
EVM	乙烯-醋酸乙烯酯橡胶	-30℃
HNBR	氢化丁腈橡胶	-30℃
XNBR	羧基丁腈橡胶	-30℃
CO	表氯醇橡胶（聚环氧氯丙烷橡胶）	-26℃
CM	氯化聚乙烯	-25℃
CSM	氯磺化聚乙烯	-25℃
NBR	高丙烯腈含量的丁腈橡胶	-20℃

RT：2001年由 Hanser 出版社出版的 John S. Dick 编写的著作：Rubber Technology, Compounding and Testing for Performance；GEN：来自各种期刊或会议的一般参考文献；RP：来自本书顾问-编审委员会成员的建议。

（续）

橡胶英文缩写	中文名称	玻璃化转变温度
ACM	聚甲基丙烯酸酯橡胶	$-20 \sim 40℃$
FKM	氟橡胶	$-18 \sim 50℃$
PNR	聚降冰片烯	$+25℃$

当然，这些胶种在与其他组分配合后，会影响它们的玻璃化转变温度和低温性能。GEN：W. Hofmann, Rubber Technology Handbook, Hanser, Munich, 1989, p. 162.

2. 结晶型弹性体

以氯丁胶或天然胶这类结晶型橡胶为基体的胶料在低温下会因结晶而变得坚硬，然而它们可以通过和其他组分配合后，对其低温性能加以改善。RT：第 3 章, Vulcanizate Physical Properties, Performance Characteristics, and Testing, J. S. Dick, p. 54.

3. NR/BR 共混物

要想改善天然胶的低温性能，可以考虑与 BR 共混，通常情况下，NR/BR 共混物的低温性能随 BR 含量的增加而成线性增加。RP：J. R. Halladay。

4. CR 与油酸丁酯

氯丁胶胶料若要在 $-40℃$ 仍具有较好的低温性能，加入一种成本不高的增塑剂油酸丁酯是一种有效的方法。RP：L. L. Outzs。

5. 硅橡胶

硅橡胶（MQ）可以赋予胶料极好的低温性能。RT：第 6 章, Elastomer Selection, R. School, p. 128, 137.

硅橡胶 VMQ 在 $-45℃$ 以下会结晶。然而，在聚合过程中引入 5% ~ 7%（摩尔分数）的苯基（即 PVMQ）可以抑制结晶，因此可以使其使用温度达到 $-90℃$。RT：第 8 章, Specialty Elastomers, J. R. Halladay, p. 235.

6. BR

聚丁二烯橡胶胶料具有很好的低温性能。RT：第 6 章, Elastomer Selection, R. School, p. 128, 129.

7. AEM

作为耐油性好的乙烯-丙烯酸酯橡胶，与其他耐油弹性体如聚丙烯酸酯橡胶相比，还能赋予胶料优良的低温性能。RT：第 6 章, Elastomer Selection, R. School, p. 137.

RT：2001 年由 Hanser 出版社出版的 John S. Dick 编写的著作：Rubber Technology, Compounding and Testing for Performance；GEN：来自各种期刊或会议的一般参考文献；RP：来自本书顾问-编审委员会成员的建议。

8. EPDM

乙烯含量低的无定型 EPDM 可以赋予胶料较好的低温性能。RT：第 8 章，Specialty Elastomers，R. Vara，J. Laird，p. 191.

单活性中心限制几何构型茂金属催化剂技术使得高乙烯含量 EPDM 的规模化生产成为可能。这种技术能够通过调控乙烯含量来影响熔融吸热的分布，因此改善了低温性能。GEN：D. Parikh, M. Hughes, M. Laughner, L. Meiske, R. Vara, "Next Generation of Ethylene Elastomers," Presented at ACS Rubber Division Meeting, Fall, 2000. Paper No. 158.

对于 EPDM 胶料，选用二烯单体含量高的 EPDM，可以改善胶料的低温性能，因为二烯能够扰乱乙烯链段的结晶。GEN：John Dewar, Don Tsou (Lanxess), "Factors Influence Low Temperature Performance of EPDM Compounds," Paper No. 66 presented at the Fall Meeting of the Rubber Division, ACS, Oct. 5, 2004, Columbus, OH.

9. NBR

丙烯腈 ACN 含量低的 NBR 可以赋予胶料较好的低温性能。RT：第 8 章，"Specialty Elastomers," M. Gozdiff, p. 194.

10. SBR

苯乙烯含量低的 SBR 胶料具有更好的低温性能。RP：J. M. Long，J. R. Halladay.

11. NBR/PVC 共混物

据报道，在 NBR/PVC 共混物中逐步加入混炼型聚氨酯可以提高胶料的低温性能。GEN：T. Jablonowski, "Blends of PU with Conventional Rubbers," Rubber World, October, 2000, p. 41.

12. CPE

低氯含量的氯化聚乙烯胶料具有更好的低温性能。RT：第 8 章，Specialty Elastomers，L. Weaver，p. 213.

13. CSM

低氯含量的氯磺化聚乙烯胶料可以具有更好的低温性能。RT：第 8 章，Specialty Elastomers，C. Baddorf，p. 215.

14. 烷基化 CSM

烷基化的 CSM（Acsium®）比普通 CSM（Hypalon®）具有更好的低温性能。这种侧烷基可以破坏结晶性能进而改善胶料的低温性能。GEN：R. Fuller, "Alkylated Chlorosulfonated Polyethylene," DuPont Dow Elastomers,

RT：2001 年由 Hanser 出版社出版的 John S. Dick 编写的著作：Rubber Technology, Compounding and Testing for Performance；GEN：来自各种期刊或会议的一般参考文献；RP：来自本书顾问-编审委员会成员的建议。

September, 1997.

15. 聚降冰片烯

对于聚降冰片烯胶料来说，加入环烷油相比芳烃油能赋予胶料更好的低温性能。同时低黏度的环烷油相比高黏度的环烷油能赋予胶料更好的低温性能。RT：第 8 章，Specialty Elastomers, C. Cable, p. 225, 226.

16. FKM

全氟甲基乙烯基醚（PMVE）氟橡胶比六氟丙烯（HFP）氟橡胶具有更好的低温性能。杜邦公司这类产品的牌号为 Viton GLT 和 GFLT，需要用过氧化物硫化。RT：第 8 章，Specialty Elastomers, R. D. Stevens, p. 229-231.

一般来讲，氟橡胶 FKM 比四丙氟橡胶 FEPM 有更好的低温性能。GEN：R. Campbell（Greene Tweed Co.），"History of Sealing Products and Future Challenges in the Oil Field," Presented at a meeting of the Energy Rubber Group, September 13, 2011, Galveston, TX.

17. 聚氨酯

以 MDI 为预聚物的聚醚型聚氨酯相比聚酯型聚氨酯具有更好的低温性能。RT：第 9 章，Polyurethane Elastomers, R. W. Fuest, p. 257.

18. TPV

热塑性硫化胶的低温性能主要取决于橡胶相的玻璃化转变温度，因此选择 EPDM/PP 替代 NBR/PP 可以使胶料具有更好的低温性能。RT：第 10 章，Thermoplastic Elastomers, C. P. Rader, p. 276.

19. HNBR

低温牌号的 HNBR（LT-HNBR）中丙烯腈含量较低，且还有一种第三单体，该单体有大的柔性侧基，能够破坏结晶，使胶料具有较好的低温性能。GEN：J. N. Gamlin, S. X. Guo, D. Achten（Bayer AG），"Stretching the Temperature Limits of HNBR Elastomers," Paper No. 54 presented at the Fall Meeting of the Rubber Division, ACS, Oct. 8, 2002, Pittsburgh, PA.

20. 油

在选择加工油时，尽量选择芳烃油比例低的油，这样才能使胶料保持较好的低温性能。RT：第 12 章，Compounding with Carbon Black and Oil, S. Laube, S. Monthey, M-J. Wang, p. 312.

21. 增塑剂

在卤化丁基胶料中选用己二酸酯或癸二酸酯类增塑剂可以使胶料具有较好的低温性能。RT：第 8 章，Specialty Elastomers, G. Jones, D. Tracey, A.

RT：2001 年由 Hanser 出版社出版的 John S. Dick 编写的著作：Rubber Technology, Compounding and Testing for Performance；GEN：来自各种期刊或会议的一般参考文献；RP：来自本书顾问-编审委员会成员的建议。

Tisler, p. 180.

据报道，壬二酸盐聚合物增塑剂可以赋予胶料较好的低温性能。GEN：Stephen O'Rourke（C. P. Hall Co.），"High Performance Ester Plasticizers," Paper No. 61 presented at the Fall Meeting of the Rubber Division, ACS, Oct. 16, 2001, Cleveland, OH.

对 NBR 和 CR 胶料，考虑使用己二酸二辛酯（DOA）作为增塑剂，可以使胶料具有较好的低温性能。对 NBR 胶料，有时用非常规的含 7、9 或 11 个碳的邻苯二甲酸酯甚至相比 DOA 能赋予胶料更好的低温性能。要避免使用高黏度的聚合物增塑剂，要使用低黏度的单体型增塑剂，这样才可以使胶料具有更好的低温柔顺性能。RT：第 14 章，Ester Plasticizers and Processing Additives, W. Whittington, p. 350-362.

据报道，对于 HNBR 胶料来说，DOA、DMBTG（甲基二丁基双巯基乙酸酯）和 DBEEA（己二酸双丁氧基乙氧基乙酯）与其他增塑剂相比，能赋予胶料更好的低温性能。另外，对于 HNBR 胶料来说，最好选用 DBEEA，因为它能较好地平衡胶料的低温性能与生热。GEN：S. Hayashi, H. Sakakida, M. Oyama, T. Nakagawa, "Low Temperature Properties of Hydrogenated Nitrile Rubber（HNBR），" Rubber Chemistry and Technology, September-October, 1991（64）：534.

在天然胶胶料中，加入少量的酯类增塑剂就能显著改善其低温性能（少量的合成酯类增塑剂和天然胶有一定的相容性）。RP：J. R. Halladay.

对于 EPDM、SBR、NR 或 CR 胶料，考虑选用"低极性聚合物改性剂"（LPPM）来改善胶料的低温性能。LPPM 是一种相对分子质量极高的酯类物质，其中氧碳比较低，具有较低的溶解度参数，其作用相当于增塑剂。加入 LPPM 的胶料具有较好的低温性能，且不会像一般的增塑剂那样迁移到表面。LPPM 还能增塑半结晶聚合物，赋予其较好的低温性能。LPPM 只对无定形部分有增塑作用，而使结晶部分保持完好无损，因此可以同时赋予这些低极性胶料较高的强度和较好的高温性能。GEN：Stephen O'Rourke（CPH Innovation Corp., Chicago, IL），"New Line of Modifiers for Low Polarity Elastomers and Plastics," Paper No. 4 presented at the Fall Meeting of the Rubber Division, ACS, October, 2004.

22. 交联密度

提高天然胶硫化胶料的交联密度可以降低其在低温下的结晶性能，因此改善其低温性能。GEN：D. Campbell, A. Chapman, "Relationships Between Vulcanizate Structure and Vulcanizate Performance," Malaysian Rubber Producers Research Association, Brickendonbury, Hertford, UK.

RT：2001 年由 Hanser 出版社出版的 John S. Dick 编写的著作：Rubber Technology, Compounding and Testing for Performance；GEN：来自各种期刊或会议的一般参考文献；RP：来自本书顾问-编审委员会成员的建议。

23. 过氧化物助交联剂

低相对分子质量（液体）高乙烯基 1，2 聚丁二烯树脂（Ricon®）作为过氧化物硫化 EPDM 胶的助交联剂，相比其他助交联剂能赋予胶料更好的低温性能。GEN：R. Drake，"Using Liquid Polybutadiene Resin to Modify Elastomeric Properties," Rubber & Plastics News, February 28 and March 14, 1983.

RT：2001 年由 Hanser 出版社出版的 John S. Dick 编写的著作：Rubber Technology, Compounding and Testing for Performance；GEN：来自各种期刊或会议的一般参考文献；RP：来自本书顾问-编审委员会成员的建议。

2.10 提高导电性能

硫化胶的导电性能是比较难以测定的，试样的制备非常关键，不同的实验方法会给出不同的实验结果。

以下的实验方案可能会提高胶料的导电性能。对书中的相关文献来源、包括后面引用的文献，读者都应该自己研究和阅读。注意：这些通用的实验方案不一定适用于每一个具体情况。能改善低温性能的任何一个变量都一定会影响其他性能，或好或坏，但本书不对其他性能的改变加以阐述。本书也不对安全和健康问题加以解释。

1. 表氯醇橡胶

表氯醇橡胶比其他合成胶具有更好的导电性能。用高结构度的 N472 填充表氯醇橡胶，可以使胶料具有更高的导电性能。RT：第 8 章，Specialty Elastomers，C. Cable，p. 217.

2. CR 共混物

Sircar 研究发现，以 CR 为基体的非均质共混物胶料可以具有更高的导电性能。炭黑理论上在相界面处形成"导电通路"。CIIR/CR、NBR/CR 和 NR/CR 三种共混物相比，CIIR/CR 具有最好的导电性能，而后两者导电性能相对较弱。通常最好的导电性能是在共混比接近 50：50（质量比）时达到的。另外，60 份（质量份）的 N472 并用 20 份（质量份）的油是得到较好导电性能胶料的一个必要条件。GEN：W. Hess，C. Herd，P. Vegvari，"Characterization of Immiscible Elastomer Blends," Rubber Chemistry and Technology，July-August，1993（66）：329.

将天然胶炭黑母炼胶与氯丁胶共混，炭黑会迁移到两相界面处进而提高胶料的导电性能。GEN：J. Pyne，"Processing Report，Conductive Rubbers Advance with New Blacks," European Rubber Journal，November，1981，p. 17.

3. 低相对分子质量橡胶

在炭黑给定的情况下，考虑选择相对分子质量低的橡胶，这样可改善胶料的导电性能。因为低黏度的橡胶在混炼过程中会因剪切力下降而不会对炭黑的结构造成较大破坏，进而改善胶料的导电性能。GEN：J. Pyne，"Processing Report，Conductive Rubbers Advance with New Blacks," European Rubber Journal，November，1981，p. 17.

4. 导电硅橡胶

目前市面上已出现了特种牌号的"导电型硅橡胶"。GEN：R. Norman，

RT：2001 年由 Hanser 出版社出版的 John S. Dick 编写的著作：Rubber Technology，Compounding and Testing for Performance；GEN：来自各种期刊或会议的一般参考文献；RP：来自本书顾问-编审委员会成员的建议。

"Conductive Rubber's Growing Applications," European Rubber Journal, November 1981; SWS Silicone Corporation Brochure, "Electrically Conductive Silicones for EMI/RFI Shielding."

5. 炭黑填充量

提高炭黑填充量，可以降低胶料电阻率，因而提高胶料的导电性能。RT：第 12 章，Compounding with Carbon Black and Oil, S. Laube, S. Monthey, M-J. Wang, p. 308；GEN：R. Juengel, "Carbon Black Selection for Conductive Rubber Compounds," Rubber World, September, 1985, p. 30.

随着炭黑填充量的增加，有一个最低的填充量值称为"逾渗阈值"，这时胶料的电阻率突然迅速下降，导电性能迅速提高。不同种类炭黑填充分数的逾渗阈值是不同的，高比表面积炭黑填充分数的逾渗阈值要比低比表面积炭黑的低。然而，结构度不同炭黑的逾渗阈值却不存在这样的关系。逾渗阈值的大小在某种程度上还依赖于橡胶的品种以及橡胶与炭黑的浸润性。GEN：C. O'Farrell, M. Gerspacher, L. Nikiel, "Electrical Resistivity of Rubber Compounds Role of Carbon Black," ITEC' 98 Select, p. 71；Carbon Black，第 8 章，Conducting Carbon Black, N. Probst, p. 271

6. 炭黑比表面积

提高炭黑的比表面积，可以提高胶料的导电性能。这很可能是因为颗粒更小的炭黑的一次结构粒子也更小，分散在橡胶基体中，更小的一次结构粒子之间的距离就变得更小，因此更有利于电子从一次结构粒子之间传递，从而产生更好的导电性能。RT：第 12 章，Compounding with Carbon Black and Oil, S. Laube, S. Monthey, M-J. Wang, p. 308；RP：M-J. Wang.

7. 炭黑结构度

提高炭黑的结构度，可以提高填充胶料的导电性能。这是因为炭黑结构度越高，其一次结构粒子就越不规则，就为电子的传递提供了很多潜在的路径。GEN：R. Mastromatteo, E. Morrisey, M. Mastromatteo, H. Day, "Matching Material Properties to Application Requirements," Rubber World, February, 1983: 26；Carbon Black，第 8 章，Conducting Carbon Black, N. Probst, p. 276；RP：M-J. Wang.

据报道，一些专用于提高胶料导电性能的炭黑往往具有更高的结构度和更宽的粒径分布。GEN：J. Pyne, "Processing Report, Conductive Rubbers Advance with New Blacks," European Rubber Journal, November, 1981.

8. 炭黑颗粒表面

炭黑颗粒因存在一些可挥发的或氧化的表面，而影响胶料的导电性能。据报道，炭黑表面挥发性物质含量高，阻碍电子的传递，因此炭黑表面的氧

RT：2001 年由 Hanser 出版社出版的 John S. Dick 编写的著作：Rubber Technology, Compounding and Testing for Performance；GEN：来自各种期刊或会议的一般参考文献；RP：来自本书顾问-编审委员会成员的建议。

化物质越多，胶料的导电性能就越差，因此往往要选择表面上挥发物低的炭黑颗粒来改善胶料的导电性能。GEN：N. Probst, "Conductive Carbon Blacks," Rubber Technology'97；J. Accorsi, E. Romero, Plastics Engineering, April, 1995；RP：M-J. Wang.

在炭黑填充胶料中，要避免使用炭黑-橡胶偶联剂（或叫化学改进剂），因为这些化合物往往会减少炭黑粒子之间的接触机会，进而降低了胶料的导电性能。GEN：L. Gonzalez, A. Rodriguez, J. deBenito, A. Marcos, "A New Carbon Black-Rubber Coupling Agent to Improve Wet Grip and Rolling Resistance of Tires," Rubber Chemistry and Technology, May-June, 1996（69）：266.

9. 炭黑种类

一般来讲，专用于提高胶料导电性能的炭黑种类往往具备粒径小、结构度高、挥发份低、孔隙率高等特点。在同一种胶料中，几种炭黑的导电性能比较如下：

超导电炉法炭黑 < 乙炔炭黑 < N294 < N293 < N471

GEN：Carbon Black, Chapter 8, "Conducting Carbon Black", N. Probst, p. 271；RP：M-J. Wang；GEN：R. Juengel, "Carbon Black Selection for Conductive Rubber Compounds," Rubber World, September, 1985, p. 30.

10. 石墨

石墨化炭黑对胶料的补强较差，因为炭黑与橡胶基体的相互作用减弱，但增强了炭黑与炭黑之间的相互作用，而这点有可能提高了胶料的导电性。炭黑粒子中的孔洞也能提高胶料的导电性。GEN：Joel G. Neilsen, Sed Richardson（Carbon Black Co.）, "How Carbon Black Affects Electrical Properties of Rubber Compounds," Presented at a meeting of the Southern Rubber Group, July 13, 2011, Charleston, SC.

将膨胀石墨与其他传统填料并用，可以改善胶料的导电性。GEN：Thomas Gruenberger, Nicolas Probst（Timcal Belgium SA）, "Graphite in Rubber Compounds: New Opportunities with Graphite Products in the Development of Rubber Compounds," Paper No. 102 presented at the Fall Meeting of the Rubber Division, ACS, November 1-3, 2005, Pittsburgh, PA.

11. 纳米技术

合理利用纳米技术，石墨烯和碳纳米管能够赋予胶料良好的导电性。GEN：Edmee Files, "The Good, The Bad and the Ugly: Challenges Down Under," Presented at the Winter Meeting of the Energy Rubber Group, January 15, 2009, Houston, TX.

RT：2001 年由 Hanser 出版社出版的 John S. Dick 编写的著作：Rubber Technology, Compounding and Testing for Performance；GEN：来自各种期刊或会议的一般参考文献；RP：来自本书顾问-编审委员会成员的建议。

12. 炭黑 N472

N472 一直被作为导电炭黑，可能是因为它既能赋予胶料较好的导电性能又能使胶料具有较好的力学性能。GEN：R. Juengel, "Carbon Black Selection for Conductive Rubber Compounds," Rubber World, September, 1985, p. 30.

13. 导电炭黑

一些炭黑之所以被称为导电炭黑，主要是因为它们在填充量很低的情况下就能形成炭黑导电网络。这些炭黑的结构往往非常重要。GEN：N. Probst, "Conductive Carbon Blacks," Rubber Technology'1997.

14. 炭黑粒径分布

选择粒径分布宽的炭黑，可以提高胶料的导电性能。因为不同粒径的炭黑会形成不同粒径的附聚体，这样就降低了每个附聚体粒径之间的差距，更利于电子的传递。GEN：A. Sircar, T. Lamond, "Effect of Carbon Black Particle Size Distribution on Electrical Conductivity," Rubber Chemistry and Technology, March-April, 1978, No. 51, p. 126.

15. 科琴导电炭黑 （Ketjenblack）

据报道，填充牌号 EC 的荷兰科琴导电炭黑胶料的导电性能超过了其他任何导电炭黑。这种科琴导电炭黑的 DBP 吸油值为 320mL/100g，比表面积是 950m^2/g，粒径大小为 30nm。这些高比表面的炭黑实际形成了一些中空的球颗粒而非实心球颗粒。GEN：J. Pyne, "Processing Report, Conductive Rubbers Advance with New Blacks," European Rubber Journal, November, 1981.

16. 其他导电炭黑

据报道，填充大约 50 份（质量份）的 XC-72 或乙炔炭黑可以使胶料的电阻率达到 10 ~ 1000Ω·cm（半导体），这样的填充量也不会对胶料的力学性能产生较大的损害。RP：R. J. Del Vecchio.

17. 白炭黑填充胶料

白炭黑是唯一能使胶料在动态条件下使用时（如轮胎或胶带）产生静电堆积的填料，这是因为白炭黑的导电性能很差。然而，在白炭黑填充胶料中并用少量的导电炭黑就可以降低胶料中静电堆积的产生。RP：T. D. Powell.

18. 混炼

炭黑分散程度（也就是混炼程度）会影响胶料的导电性能，或者改善或者损害导电性能。GEN：R. Juengel, "Carbon Black Selection for Conductive Rubber Compounds," Rubber World, September, 1985, p. 30.

通过延长混炼时间来提高炭黑分散度，有时会提高胶料的导电性能，有

RT：2001 年由 Hanser 出版社出版的 John S. Dick 编写的著作：Rubber Technology, Compounding and Testing for Performance；GEN：来自各种期刊或会议的一般参考文献；RP：来自本书顾问-编审委员会成员的建议。

时会降低导电性能，这主要取决于炭黑的种类和炭黑填充量的逾渗阈值。GEN：C. O'Farrell, M. Gerspacher, L. Nikiel, "Electrical Resistivity of Rubber Compounds Role of Carbon Black," ITEC' 98 Select, p. 71.

要想改善胶料的导电性能，应该尽量让炭黑在胶料中的分散接近均质。然而，炭黑在经历了高度剪切混炼后，其二次结构附聚体粒子会被破坏，进而引起导电性能的下降。因此，就有可能存在一个最佳的混炼时间，即在炭黑分散均质与二次结构破坏之间达到一个最佳平衡状态。GEN：Carbon Black, Chapter 8, "Conducting Carbon Black," N. Probst, p. 279. RP：M-J. Wang.

19. 曲挠硫化胶

硫化胶料变形后，可能会影响其导电性能。有时，硫化胶料曲挠后，与之前未受任何应力作用相比，其导电性能提高。GEN：R. Juengel, "Carbon Black Selection for Conductive Rubber Compounds," Rubber World, September, 1985, p. 30.

根据相关研究，将炭黑填充的各种胶料经过曲挠作用之后，它们导电性能下降程度的排序如下：

IIR < CR < NR < EPDM < SBR < NBR

GEN：J. Pyne, "Processing Report, Conductive Rubbers Advance with New Blacks," European Rubber Journal, November, 1981, p. 17.

20. 压缩硫化胶

将硫化胶施加一定压力作用后，会使胶料的导电性能或提高或降低，这主要取决于胶料的种类和黏度等因素。例如，对高黏度硬 EPDM 胶料施加压力作用，随着压力的增大，胶料的导电性能下降。但是，对于低黏度 NBR 胶料来说，却是随着压力的增大，导电性能提高。因此，在压力作用下，胶料导电性能变好或变坏非常依赖于压缩形变、填料用量、填料种类、橡胶种类等因素，很难有一个总结论。GEN：K. Sau, T. Chaki, D. Khastgir, "The Effect of Compressive Strain and Stress on Electrical Conductivity of Conductive Rubber Composites," Rubber Chemistry and Technology, May-June, 2000 (73)：310.

根据 1994 年 Thompson 和 Allen 的研究，用较高压力成型一定炭黑填充橡胶制品时，会提高胶料的导电性能。但是，早在 1988 年 Thompson 的研究中，就报道了对另一种胶料相反的影响。因此，成型压力会影响橡胶制品的导电性能，但是却很难预测是好的还是坏的影响。GEN：C. Thompson, J. Allen, "The Effect of Mold Pressure on the Electrical Resistivity of Elastomers," Rubber Chemistry and Technology, March-April, 1994 (67)：107；C. Thompson, T Besuden, L. Beumel, "Resistivity of Rubber as a Function of Mold Pressure,"

Rubber Chemistry and Technology, November-December, 1988 (61): 828.

21. 金属粉填充胶料

金属粉会被用来提高胶料的导电性能，虽然它会降低胶料的其他力学性能。GEN: J. Pyne, "Processing Report, Conductive Rubbers Advance with New Blacks," European Rubber Journal, November, 1981, p. 17.

金属粉往往被用来同时提高胶料的导热性能和导电性能。在众多的金属粉中，银粉、铜粉和铝粉是最好的选择。银粉太贵，铜粉能促进天然胶的氧化和降解，铝粉往往被用来同时提高导热性能和导电性能，但同时又会引起火灾等安全问题。事实上，将铝粉等金属粉用到橡胶中，大大提高了胶料的可燃性。另据报道，钢丝绒被用在聚氨酯泡沫材料中以改善其抗静电性。GEN: V. Vinod, S. Varghese, R. Alex, B. Kuriakose, "Effect of Aluminum Powder on Filled Natural Rubber Composites," Rubber Chemistry and Technology, May-June, 2001 (74): 236.

22. 镀银玻璃微球

在胶料中添加镀银玻璃微球，可以提高胶料的导电性能。RP: R. J. Del Vecchio.

23. 硫化胶纹理方向

硫化胶纹理方向也能影响胶料的导电性能。GEN: J. Pyne, "Processing Report, Conductive Rubbers Advance with New Blacks", European Rubber Journal, November, 1981, p. 17.

24. 抗静电剂和湿度

一些抗静电剂对湿度的变化非常敏感。GEN: R Norman, "Conductive Rubber's Growing Applications," European Rubber Journal, November, 1981, p. 21.

25. 氧化炭黑填充 EPDM

通过对炭黑表面进行氧化处理，可以控制炭黑在 EPDM 胶料中的热氧化性和降解性，因此可以提高胶料的导电性能。GEN: B. Mattson, B. Stenberg, "Electrical Conductivity of Thermo-oxidative Degraded EPDM Rubber," Rubber Chemistry and Technology, May-June, 1992 (65): 315.

26. 温度

胶料的温度会对其导电性能有一定的影响。然而，不同胶料导电性能随温度变化而变化的结果是不同的，目前还未形成确定的理论来解释这种影响。GEN: A. Voet, "Temperature Effect of Electrical Resistivity of Carbon Black Filled Polymers," Rubber Chemistry and Technology, March-April, 1981 (54): 42.

RT: 2001 年由 Hanser 出版社出版的 John S. Dick 编写的著作: Rubber Technology, Compounding and Testing for Performance; GEN: 来自各种期刊或会议的一般参考文献; RP: 来自本书顾问-编审委员会成员的建议。

2.11   提高导热性能

胶料的导热性能是很重要的，尤其是对于在动态条件下使用并且横截面较大的制品。这一性能实际上反映了橡胶制品在动态条件下使用时其内部生热消散出去的速度。对于硫化胶囊这样的产品来说，这一性能直接反映其性能的优劣。导热性能甚至能影响胶料加工过程中或硫化过程中的热历史。

以下实验方案可能会改善胶料的导热性能。对书中的相关文献来源、包括后面引用的文献，读者都应该自己研究和阅读。注意：这些通用的实验方案不一定适用于每一个具体情况。能改善导热性能的任何一个变量都一定会影响其他性能，或好或坏，但本书不对其他性能的改变加以阐述。本书也不对安全和健康问题加以解释。

1.   高填充量的低结构度炭黑

研究发现，炭黑的填充量越高，胶料的导热性能就越好。选用一种超低结构度半补强炭黑提高其填充量，可以改善胶料的导热性能。GEN：Carbon Black, Chapter 8, "Conducting Carbon Black," N. Probst, p. 285；RP：M-J. Wang；GEN：S. Bussolari, S. Laube, "A New Cabot Carbon Black for Improved Performance in Peroxide Cured Injection Molded Compounds," Presented at ACS Rubber Division Meeting, Fall, 2000, Paper No. 98.

2.   炭黑的种类

乙炔法炭黑因其表面的石墨化作用比炉法炭黑能赋予胶料更高的导热性能。GEN：Carbon Black, Chapter 8, "Conducting Carbon Black," N. Probst, p. 285；RP：M-J. Wang.

3.   炭黑/白炭黑比例

一些胶料中要采用炭黑与白炭黑并用来平衡胶料的动态性能。如果提高其中炭黑的比例，可以改善胶料的导热性。GEN：J. Dick, H. Pawlowski, "Applications of the Rubber Process Analyzer in Characterizing the Effects of Silica on Uncured and Cured Compound Properties," Paper No. 34 presented at the Spring Meeting of the Rubber Division, ACS, May 4-8, 1996, Montreal, Canada.

4.   改性导热炭黑

改性导热炭黑与传统炭黑相比，石墨化程度不同，这样可以改善胶料的导热性，这种炭黑已经用在轮胎硫化胶囊的丁基胶料中，可以提高胶料的导热性。GEN：W. Wang, R. Lamba, C. Herd, D. Tandon, C. Edwards (Columbian Chemical), "A New Class of High Performance Carbons for Improved

Thermal Conductivity and Service Life in Bladder Compounds," Paper No. 15 presented at the Spring Meeting of the Rubber Division, ACS, May 16-18, 2005, San Antonio, TX.

5. 金属粉

将金属粉加到胶料中，也是提高胶料导热性能的一种有效方法。常用的金属粉有银粉、铜粉和铝粉。银粉较贵，铜粉在天然胶中易氧化和降解，铝粉常用来提高胶料的导电性能和导热性能，然而，铝粉又会使胶料的火灾隐患增加。事实上，将铝粉等金属粉加到胶料中，大大提高了胶料的可燃性。GEN：V. Vinod, S. Varghese, R. Alex, B. Kuriakose, "Effect of Aluminum Powder on Filled Natural Rubber Composites," Rubber Chemistry and Technology, May-June, 2001 (74)：236.

6. 石墨

将膨胀石墨与其他传统填料并用，可以赋予胶料较好的导热性。GEN：Thomas Gruenberger, Nicolas Probst (Timcal Belgium SA), "Graphite in Rubber Compounds: New Opportunities with Graphite Products in the Development of Rubber Compounds," Paper No. 102, presented at the Fall Meeting of the Rubber Division, ACS, November 1-3, 2005, Pittsburgh, PA.

7. 热分解石墨纤维

热分解石墨纤维可以用来提高胶料的导热性能。GEN：C. Ettles, J. Shen, "The Influence of Frictional Heating on the Sliding Friction of Elastomers and Polymers," Rubber Chemistry and Technology, March-April, 1988 (61)：119.

8. 聚四氟乙烯（PTFE）助剂

选择一种聚四氟乙烯助剂 Alphaflex®，可以用来提高胶料的导热性能。GEN：J. Menough, "A Special Additive," Rubber World, May, 1987, p. 12.

9. 纳米技术

合理利用纳米技术，石墨烯和碳纳米管能够赋予胶料良好的导热性。GEN：Edmee Files, "The Good, The Bad and the Ugly: Challenges Down Under," Presented at the Winter Meeting of the Energy Rubber Group, January 15, 2009, Houston, TX.

RT：2001 年由 Hanser 出版社出版的 John S. Dick 编写的著作：Rubber Technology, Compounding and Testing for Performance；GEN：来自各种期刊或会议的一般参考文献；RP：来自本书顾问-编审委员会成员的建议。

2.12　降低摩擦系数

对于某些橡胶制品来说，摩擦系数是很重要的。

以下的实验方案可能会降低橡胶制品的摩擦系数。对书中的相关文献来源、包括后面引用的文献，读者都应该自己研究和阅读。注意：这些通用的实验方案不一定适用于每一个具体情况。能降低摩擦系数的任何一个变量都一定会影响其他性能，或好或坏，但本书不对其他性能的改变加以阐述。本书也不对安全和健康问题加以解释。

1. 聚氨酯配方中使用二硫化钼、聚四氟乙烯或硅油

在聚氨酯胶料配方中，加入二硫化钼、聚四氟乙烯（Teflon®）或硅油可以降低胶料的摩擦系数。RT：第 9 章，Polyurethane Elastomers，R. W. Fuest，p. 252.

2. 热塑性聚氨酯（TPU）

如果要使用热塑性聚氨酯弹性体，那么就选摩擦系数低的牌号。RT：第 10 章，Thermoplastic Elastomers，C. P. Rader，p. 271.

3. 天然胶的氯化

将天然胶硫化胶表面进行氯化处理，可以显著降低表面摩擦性和自黏性。这种氯化作用对其他胶种也同样适用。氯化作用通常通过浸渍在次氯酸钠稀溶液中获得，氯化过程中始终要保证各种安全措施到位。GEN：C. Extrand, A. Gent，"Contact Angle and Spectroscopic Studies of Chlorinated and Unchlorinated Natural Rubber Surfaces," Rubber Chemistry and Technology，September-October，1988（61）：688；GEN：J. Sommer, Elastomer Molding Technology, Elastech, Hudson, OH, 2003.

4. 填料

提高补强填料的填充量，可以提高胶料的硬度，进而有效地降低胶料的摩擦系数。RP：J. R. Halladay.

RT：2001 年由 Hanser 出版社出版的 John S. Dick 编写的著作：Rubber Technology, Compounding and Testing for Performance；GEN：来自各种期刊或会议的一般参考文献；RP：来自本书顾问-编审委员会成员的建议。

2.13 降低气体渗透性（提高气密性）

对于一些橡胶制品，如充气轮胎等来说，胶料的气密性是很重要的。在这些应用中，阻隔已存有气体外泄的能力是很重要的。

以下实验方案可能会降低胶料的气体渗透性。对书中的相关文献来源、包括后面引用的文献，读者都应该自己研究和阅读。注意：这些通用的实验方案不一定适用于每一个具体情况。能降低气体渗透性的任何一个变量都一定会影响其他性能，或好或坏，但本书不对其他性能的改变加以阐述。本书也不对安全和健康问题加以解释。

1. 丁基胶

丁基胶或者是卤化丁基胶是所有胶种中气密性最好的。RT：第 3 章，Vulcanizate Physical Properties，Performance Characteristics，and Testing，J. S. Dick，p. 57；RT：第 6 章，Elastomer Selection，R. School，p. 132；RT：第 8 章，Specialty Elastomers，G. Jones，D. Tracey，A. Tisler，p. 175.

2. 环氧化天然胶 ENR

使用更多的环氧化天然胶，可以提高胶料的极性，进而降低胶料的气体渗透性。RT：第 7 章，General Purpose Elastomers and Blends，G. Day，p. 144.

3. NBR

丙烯腈含量高的丁腈胶，其胶料的气密性好。研究发现，丙烯腈含量为40%（质量分数）的 NBR，其胶料的气密性可以和丁基胶相媲美。当丙烯腈含量超过 40% 时，NBR 胶料的气密性甚至优于一些丁基胶。RT：第 8 章，Specialty Elastomers，M. Gozdiff，p. 194；GEN："A Comparative Evaluation of Hycar Nitrile Polymers，" Manual HM-1，Revised，B. F. Goodrich Chemical Co.

4. 表氯醇橡胶（ECO）

ECO 橡胶具有较高的极性，因此胶料具有较好的气密性。表氯醇橡胶 Hydrin 100 的气密性甚至优于丁基胶。RT：第 8 章，Specialty Elastomers，M. Gozdiff，p. 199；GEN："Designing with Elastomers，" B. F. Goodrich Chemical Co.

5. 溴化异丁烯-对甲基苯乙烯共聚物（BIMSM）

溴化异丁烯-对甲基苯乙烯共聚物是一种最新的异丁烯共聚物，可以用来提高胶料的气密性。GEN：W. Waddell，R. Napier（Exxon Mobil Chemical Co.），"Polymers for Innerliner Applications：New Developments，" Paper No. 122

RT：2001 年由 Hanser 出版社出版的 John S. Dick 编写的著作：Rubber Technology，Compounding and Testing for Performance；GEN：来自各种期刊或会议的一般参考文献；RP：来自本书顾问-编审委员会成员的建议。

presented at the Fall Meeting of the Rubber Division, ACS, Oct. 13-15, 2009, Pittsburgh, PA.

6. 轮胎内衬层专用 TPE

埃克森美孚开发了一种新型热塑性硫化胶（TPV），是溴化异丁烯-对甲基苯乙烯共聚物与尼龙的共混物，这种 TPV 能够直接被吹塑到轮胎上成型，形成更有效的内衬层，且重量轻，气密性更好。GEN：D. Teacey, A. Tsou (ExxonMobil Chemical Co.), "DVA Innerliners," Paper No. 41 presented at the Fall Meeting of the Rubber Division, ACS, Oct. 10-12, 2006, Cincinnati, OH.

7. 可开炼聚氨酯弹性体

据报道，一些聚酯型可开炼聚氨酯弹性体具有与丁基胶相近的气密性。GEN：Thomas Jablonowski (TSE), "Millable Polyurethane Rubber," Presented at the Southern Rubber Group, February 28, 2012, Asheville, NC.

8. 滑石粉

选用滑石粉作为填料，可以提高胶料的气密性。RT：第 13 章, Precipitated Silica and Non-black Fillers, W. Waddell, L. Evans, p. 328；RP：O. Noel.

9. 特种玻璃片

在胶料中，添加少量的特种玻璃片，掌握合适的混炼时间，以免将玻璃片切得过碎，同时保证在排料时，玻璃片沿着压延方向有序排列，这样可以提高胶料的气体阻隔性（目前对动态性能的影响还不确定）。GEN：S. Fulton, D. Mason (NGF Europe, Ltd.), "Improved Barrier Properties of Tires by the Incorporation of Glass Platelets," Presented as Paper No. 9B at the International Tire Expo and Conference (ITEC), September 16, 2008, Akron, OH.

10. 膨胀石墨

在一些胶料中加入石墨与膨胀石墨，可以有效改善气密性。GEN：R. Faulkner, K. Mumby, "Comparison of Graphite and Graphene Precursors in HNBR," Paper No. 33 presented at the Fall Meeting of the Rubber Division, ACS, Oct. 13-15, 2009, Pittsburgh, PA.

据报道，纳米黏土填充的 BIMSM 胶料比传统的内衬层有更好的气密性。GEN：J. Soisson, B. Rodgers, W. Weng, R. Webb, S. Jacob (ExxonMobil Chemical Company), "Vulcanization of Nanocomposite Tire Innerliner Compounds and Permeability," Paper No. 112 presented at the Fall Meeting of the Rubber Division, ACS, Oct. 13-15, 2009, Pittsburgh, PA.

RT：2001 年由 Hanser 出版社出版的 John S. Dick 编写的著作：Rubber Technology, Compounding and Testing for Performance；GEN：来自各种期刊或会议的一般参考文献；RP：来自本书顾问-编审委员会成员的建议。

11. 炭黑

提高炭黑的填充量或者降低炭黑的比表面积（增大粒径）通常可以提高胶料的气密性。有时，选用大粒径低结构度的热裂法炭黑可以提高胶料的气密性，可能是因为这种炭黑的填充量可以较大。用超低结构度的半补强炭黑，并且提高其填充量，可以提高胶料的气密性。RT：第 12 章，Compounding with Carbon Black and Oil, S. Laube, S. Monthey, M-J. Wang, p. 308；GEN：R. R. Juengel, D. C. Novakoski, S. G. Laube, ITEC, October, 1994；RP：M-J. Wang；RP：M-J. Wang.

细粒径低结构度炭黑填充天然胶成本可能比较高，但可以和 Flexsys 公司的醌二亚胺（QDI）快速混合来降低成本，同时提高胶料的气密性。GEN：GEN：S. Bussolari, S. Laube, "A New Cabot Carbon Black for Improved Performance in Peroxide Cured Injection Molded Compounds," Presented at ACS Rubber Division Meeting, Fall, 2000, Paper No. 98；GEN：F. Ignatz-Hoover, Presented at ACS Rubber Division Meeting, Fall, 2002, Paper No. 106；ACS Rubber Division Meeting, Fall 2003, Paper No. 98；RP：F. Ignatz-Hoover.

12. 填充油

要避免高填充油含量，因为填充油用量高，会使胶料的气密性明显下降。RP：R. Schaefer.

RT：2001 年由 Hanser 出版社出版的 John S. Dick 编写的著作：Rubber Technology, Compounding and Testing for Performance；GEN：来自各种期刊或会议的一般参考文献；RP：来自本书顾问-编审委员会成员的建议。

2.14　提高橡胶与金属之间的粘合性

提高硫化橡胶与金属之间的粘合性是一门比较独立的科学，有时是很难达到较好的粘合效果的。即使有时初始粘合效果不错，老化后的粘合、抗腐蚀性以及抗湿气老化性等也都有可能较差。最初的粘合性能不能准确预测其老化后的粘合效果。另外，实验室中的标准粘合测试也不能完全准确反映实际生产中橡胶制品中的橡胶与金属之间的粘合。RP：R. J. Del Vecchio.

最常见的橡胶与金属之间的粘合是橡胶与铜丝的粘合，这里的铜丝实际是镀黄铜钢丝，以下还会介绍一些橡胶与其他金属的粘合。

以下的实验方案或想法可能会提高橡胶与金属之间的粘合性能。对书中的相关文献来源、包括后面引用的文献，读者都应该自己研究和阅读。注意：这些通用的实验方案不一定适用于每一个具体情况。能改善粘合性能的任何一个变量都一定会影响其他性能，或好或坏，但本书不对其他性能的改变加以阐述。本书也不对安全和健康问题加以解释。

1. NR

通常天然胶与镀黄铜钢丝的粘合性能较好。RT：第 20 章，Compounding for Brass Wire Adhesion[⊖]，A. Peterson，p. 473；RT：第 12 章，Compounding with Carbon Black and Oil，S. Laube，S. Monthey，M-J. Wang，p. 319.

2. 钴盐

通常胶料配方可加入钴盐来提高橡胶与镀铜钢丝帘线的粘合。研究发现，钴盐能够影响在钢丝表面生成硫化铜，这样就能够帮助橡胶"锚在"在钢丝上，钴盐能够提高橡胶与镀黄铜钢丝的初始粘合和老化粘合。加大钴盐用量可以降低湿气老化性能和加速硫黄硫化。事实上，各种数据显示，加大钴盐用量能提高初始粘合但降低湿气老化后的粘合。因此为了平衡各种性能，必须选择合适的钴盐量、硫黄用量以及促进剂的用量。钴盐通常被用在轮胎胶料中，主要包括环烷酸钴盐、新癸酸钴盐、硬脂酸钴盐和其他有机钴盐。如果要对它们进行对比，应该保证钴含量是相等的。RT：第 20 章，Compounding for Brass Wire Adhesion，A. Peterson，p. 464-471.

在胶料中加入少量的硼酰化钴，可以有效提高胶料与镀铜钢丝帘线的粘合性能。GEN：W. Stephen Fulton（OMG UK Ltd.），"Source of Zinc Can Influence the Structure of the Bonding Interface，" Paper No. 84 presented at the Fall

---

⊖　Compounding for Brass Wire Adhesion：镀黄铜钢丝粘合的胶料。——译者注

RT：2001 年由 Hanser 出版社出版的 John S. Dick 编写的著作：Rubber Technology，Compounding and Testing for Performance；GEN：来自各种期刊或会议的一般参考文献；RP：来自本书顾问-编审委员会成员的建议。

Meeting of the Rubber Division, ACS, Oct. 5-8, 2004, Columbus, OH.

3. 间苯二酚甲醛树脂（RF）和六甲氧基三聚氰胺（HMMM）

通常间苯二酚甲醛树脂（RF）和六甲氧基三聚氰胺（HMMM）会和钴盐并用，以提高初始粘合和老化粘合性能，因为 HMMM 和 RF 在硫化过程中会就地交联，保护体系免受湿气侵蚀。RT：第 20 章，Compounding for Brass Wire Adhesion, A. Peterson, p. 466, 471-472.

4. 高硫低促

要想使橡胶与镀铜钢丝具有较好的粘合性，硫化体系中的不溶性硫黄含量要高而促进剂含量要相对低，因为这样可以保证在钢丝表面形成较多的 Cu_xS。RT：第 20 章，Compounding for Brass Wire Adhesion, A. Peterson, p. 464.

5. N, N′二环己基-2-苯并噻唑次磺酰胺（DCBS）

在粘合体系胶料中，DCBS 是一种常用的促进剂，它比其他的次磺酰胺类促进剂能更好地降低硫化速度，因而有利于提高粘合性能。提高硫黄/DCBS 用量比例，能同时提高胶料的初始粘合性能和湿气老化后的粘合性能。RT：第 20 章，Compounding for Brass Wire Adhesion, A. Peterson, p. 466, 469-470；GEN：T. Kleiner, L. Ruetz, "DCBS: an Accelerator for Adhesion Compounds and Other Tire Applications," Rubber World, November, 1996, p. 34.

6. 白炭黑

在钢丝粘合胶料中，常用白炭黑替代一部分炭黑，因为白炭黑能够促进界面处生成 ZnO，进而提高初始粘合性能和老化后的粘合性能。RT：第 20 章，Compounding for Brass Wire Adhesion, A. Peterson, p. 466, 472.

7. 炭黑 N326

在钢丝粘合胶料中，N326 是被经常选用的一种炭黑，因为这种炭黑能赋予胶料很好的格林强度，即使在低用量时仍能有较好的补强性，并且容易渗透到钢丝上而起到促进粘合的作用。RT：第 12 章，Compounding with Carbon Black and Oil, S. Laube, S. Monthey, M-J. Wang, p. 319；RP：J. M. Long, M-J. Wang；RT：第 20 章，Compounding for Brass Wire Adhesion, A. Peterson, p. 473.

8. 硬脂酸和氧化锌的影响

在粘合胶料中，过多的硬脂酸会降低胶料的湿气老化后粘合性能，尤其是在环烷酸钴用量较高的情况下。GEN：Y. Ishikawa, "Effects of Compound Formulation on the Adhesion of Rubber to Brass-Plated Steel Cord," Rubber

RT：2001 年由 Hanser 出版社出版的 John S. Dick 编写的著作：Rubber Technology, Compounding and Testing for Performance；GEN：来自各种期刊或会议的一般参考文献；RP：来自本书顾问-编审委员会成员的建议。

Chemistry and Technology，1984（57）：855-878；RP：M. A. Lawrence.

过多的硬脂酸会对黄铜产生腐蚀性，因此对钢丝粘合有负面影响。通常在黄铜表面形成的氧化锌膜会被硬脂酸融掉。为了避免这点，硬脂酸应该在硫化中被迅速消耗掉，选用的氧化锌也应该具有高反应活性，以便与硬脂酸能够迅速反应。另外，氧化锌/硬脂酸的比例应该偏高一些才好。GEN：W. J, van Ooij，"Mechanism and Theories Rubber Adhesion to Steel Tire Cords-An Overview"，Rubber Chemistry and Technology，1984（57）：451.

9. 硫化条件的影响

研究发现，将硫化温度从 130℃升到 190℃后，橡胶/钢丝的抽出力线性下降。GEN：G. S. Jeon, G. Seo，"Influence of Cure Conditions on the Adhesion of Rubber Compound to Brass-plated Steel Cord-Part I，Cure Temperatures，" Journal of Adhesion，（76）：201-221；RP：M. A Lawrence.

10. 铜/锌镀层

为了提高橡胶与钢丝粘合性能，镀黄铜钢丝同时也镀有 0.1 ~ 0.5μm 的铜/锌镀层，其中铜的含量为 60% ~ 70%（质量分数）。RT：第 20 章，Compounding for Brass Wire Adhesion，A. Peterson，p. 464-465.

11. 平衡硫黄、钴、间苯二酚树脂、HMMM、白炭黑和促进剂的含量

可以通过优化硫黄、钴、间苯二酚树脂、HMMM、白炭黑和促进剂的含量来使初始粘合与老化粘合性能达到最优。以下是获得最佳粘合性能的一个实验配方（质量份）：4.0 份的间苯二酚树脂，牌号是 Penacolite® B20-S，0.45 份的 Manobond® 680C（含 0.1 份活性钴），7.1 份硫黄，2.66 份 HMMM。GEN：M. A. Lawrence，J. de Almeida，"Maximize Steel Cord Adhesion with Resorcinol Formaldehyde Resins，" Tire Technology International，2001：58-61；RP：M. A. Lawrence.

另外，用白炭黑替代一部分炭黑可以提高粘合性能。以下是一个优化粘合性能的白炭黑配方（质量份）：白炭黑 25 份，炭黑 42.6 份，新癸酸钴 1.2 份，硫黄 4 份，TBBS 促进剂 0.5 份。GEN：L. R. Evan，W. H. Waddell，Rubber World，June，1997：22-28；RP：M. A. Lawrence.

12. 空气扩散

在子午线轮胎使用过程中，要进行充气，这些有较大压力的空气会渗透到胎冠区，直接导致带束层隔离胶的氧化，这些空气的渗入以及较高的使用温度会改变带束层隔离胶料的物理性能。选择合适的胶料配方以及结构设计，可以尽量减少这种降解。GEN：H. Kaidou，A. Ahagon，"Aging of Tire Parts During Service. II. Aging of Belf-skim Rubbers in Passenger Tires，" Rubber

---

RT：2001 年由 Hanser 出版社出版的 John S. Dick 编写的著作：Rubber Technology，Compounding and Testing for Performance；GEN：来自各种期刊或会议的一般参考文献；RP：来自本书顾问-编审委员会成员的建议。

Chemistry and Technology，November- December，p. 698.

13. 过氧化物硫化与助交联剂

使用助交联剂，会改善过氧化物硫化胶料的粘合性能。GEN：P. Dluzneski，"Peroxide Vulcanization of Elastomers," Rubber Chemistry and Technology，July- August，2001（74）：451.

在一些情况下，提高助交联剂甲基丙烯酸锌（Saret® 633）的用量，可以改善表面镀铝、锌、黄铜的钢丝与胶料的粘合性能。GEN：R. Costin，W. Nagel，"Coagents for Rubber- to- metal Adhesion," Rubber & Plastics News，March 11，1996，p. 14.

14. 氯丁胶

在氯丁胶与镀黄铜钢丝粘合胶料中，要尽量减少硫黄的用量，一般为 0.5 份（质量份），天然胶料中硫黄的用量一般至少为 3.0 份（质量份）。GEN：G. Hamed，F. Liu，"The Bonding of Polychloroprene to Brass：Rate and Temperature Effects"，Rubber Chemistry and Technology，November- December，1984（57）：1036.

15. 抗臭氧剂的适量使用

过量的抗臭氧剂，或者是抗臭氧剂的选择，如 IPPD、77PD、6PPD 都有可能使粘合变好或者变差。GEN：S. Chaudhuri，J. Halladay，P. Warren（Lord Corp.），"The Effects of Antiozonants on Rubber- to- Metal Adhesion," Presented at the India Rubber Expo，January 19-22，2011，Chennai，India；J. Halladay，P. Warren（Lord，Corp.），"The Impact of Antiozonants on Rubber- to- Metal Adhesion，Part 2," Paper No. 50 presented at the Fall Meeting of the Rubber Division，ACS，Oct. 11-13，2011，Cleveland，OH.

16. 钢丝帘线的预处理

将钢丝帘线表面用 2- 氨基-4，6- 二甲氧基嘧啶预处理一下，可以提高粘合性。GEN：M. Kim，Y. Kim，B. Sohn，M. Han（Hyosung Co. and Kumho Industrial Co.），"8C：Adhesion Improvement between Brass Plated Steel Cord and Rubber Compounds by Coating the Organic Adhesion Promoter," Paper No. 8C presented at ITEC 2002，September，2002，Akron，OH.

17. 金属表面处理

为了得到较好的橡胶与金属粘合性能，金属表面要保持清洁并且经过适当的处理后才可使用。RP：R. L. Del Vecchio.

RT：2001 年由 Hanser 出版社出版的 John S. Dick 编写的著作：Rubber Technology，Compounding and Testing for Performance；GEN：来自各种期刊或会议的一般参考文献；RP：来自本书顾问- 编审委员会成员的建议。

2.15　改善橡胶与织物之间的粘合性

橡胶与织物之间的粘合对防止橡胶制品在使用过程中失效是非常重要的。

以下的实验方案可能会帮助橡胶技术人员获得较好的橡胶与织物之间的粘合性。对书中的相关文献来源、包括后面引用的文献，读者都应该自己研究和阅读。注意：这些通用的实验方案不一定适用于每一个具体情况。能改善橡胶与织物粘合性能的任何一个变量都一定会影响其他性能，或好或坏，但本书不对其他性能的改变加以阐述。本书也不对安全和健康问题加以解释。

1. 聚酯纤维与橡胶粘合

要想使聚酯纤维与橡胶间的粘合性好，最好胶料中不含硫化剂和其他组分，因为这些组分会让聚酯帘线中的酯基发生氨解和水解。GEN：Y. Shindada, D. Hazelton, "Polyester in Reinforced EPDM-Factors Affecting Thermal Degradation," Rubber Chemistry and Technology, May-June, 1978 (51)：253.

2. 酚醛树脂（亚甲基给体）

将含有亚甲基的酚醛树脂加到胶料中，可以显著地改善尼龙或聚酯帘线与橡胶的粘合。GEN："Penacolite Resins Dry Bonding Systems for Adhesion to Organic Fibers," Technical Literature, INDSPEC Chemical Corp；RP：M. A. Lawrence.

3. 酚醛树脂胶乳处理织物

要想使酚醛树脂胶乳处理的织物与橡胶之间具有较好的粘合性，应尽力避免将处理过的织物暴露在氧、臭氧、氧化氮或紫外线等环境下，因为这些因素会显著降低粘合性能。GEN：T. S. Solomon, "An Overview of Tire Cord Adhesion," Presented at ACS Rubber Division Meeting, Fall, 1983, Paper No. 57.

羧基丁腈胶 XNBR 与尼龙纤维有较好的粘合性能，将 XNBR 氢化后，可以用于石油钻井领域。GEN：John E. Dato（Lanxess），"Hydrogenated Nitrile Rubber for Use in Oilfield Application," Paper No. 57 presented at the Fall Meeting of the Rubber Division, ACS, Cincinnati, OH, October 10, 2006, Pittsburgh, PA.

RT：2001 年由 Hanser 出版社出版的 John S. Dick 编写的著作：Rubber Technology, Compounding and Testing for Performance；GEN：来自各种期刊或会议的一般参考文献；RP：来自本书顾问-编审委员会成员的建议。

2.16 提高阻燃性

硫化胶料的阻燃性有几种标准测试方法，测试结果是不同的，有时甚至相关性都不太大。所以橡胶配方人员应该慎重对待这些测试结果，仔细考虑它们与橡胶制品在使用过程中阻燃性的相关性。其实，很多实验室测试结果是不能完全正确地预测橡胶制品在使用中的阻燃性的。

以下的实验方案可能会改善胶料的阻燃性。对书中的相关文献来源、包括后面引用的文献，读者都应该自己研究和阅读。注意：这些通用的实验方案不一定适用于每一个具体情况。能改善阻燃性能的任何一个变量都一定会影响其他性能，或好或坏，但本书不对其他性能的改变加以阐述。本书也不对安全和健康问题加以解释。

1. 硅橡胶

硅橡胶和氟橡胶的阻燃性较好。要想改善硅橡胶的阻燃性，最好选用带有苯基或乙烯基的而不是带甲基的品种，并且用铂做硫化剂以及用硼酸锌和氢氧化铝做阻燃助剂。RT：第 6 章，Elastomer Selection，R. School，p. 136；第 22 章，Flame Retardants$^{\ominus}$，K. K. Shen，D. Schultz，p. 500。

2. 氯磺化聚乙烯（CSM）

通常以 CSM 为基体的胶料阻燃性较好。选择含氯量较高的 CSM 或者并用氧化锑，可以改善胶料的阻燃性。RT：第 8 章，Specialty Elastomers，C. Baddorf，p. 213；RP：K. K. Shen。

3. 氯化聚乙烯 CPE（CM）

氯化聚乙烯胶料的阻燃性较好。选择含氯量较高的 CM 或者并用氧化锑/硼酸锌作为阻燃协效剂，可以改善胶料的阻燃性。RT：第 22 章，Flame Retardants，K. K. Shen，D. Schultz，p. 495；RP：K. K. Shen。

4. NBR/PVC

对于 NBR/PVC 共混物来说，因 PVC 的存在而使胶料的阻燃性得以提高，当然，也可以加入其他阻燃剂来提高阻燃性。RT：第 22 章，Flame Retardants，K. K. Shen，D. Schultz，p. 500。

5. 氯丁胶（CR）

填充 40 份（质量份）硬陶土的氯丁胶胶料具有较好的阻燃性。氯化后的

$\ominus$　Flame Retardants：阻燃剂。——译者注

RT：2001 年由 Hanser 出版社出版的 John S. Dick 编写的著作：Rubber Technology，Compounding and Testing for Performance；GEN：来自各种期刊或会议的一般参考文献；RP：来自本书顾问-编审委员会成员的建议。

增塑剂可以提高胶料的阻燃性，但会增加烟雾量。RP：L. L. Outzs.

6. 氯给体

氯化石蜡 ［40% ~ 70% 的氯（质量分数）］有时起到增塑剂的作用，有时还可以作为氯的给体，赋予胶料一定的阻燃性能。

氯化石蜡稳定性不如氯化芳烃类材料，因此如果胶料的加工温度较高，需要用氯化脂环族材料来代替氯化石蜡。

氯化石蜡通常和氧化锑、硼酸锌或者氢氧化铝并用来提高胶料的阻燃性，其协效作用是较明显的。

氯化石蜡和溴给体一起并用，可以通过协效作用明显改善胶料的阻燃性。RT：第 22 章，Flame Retardants，K. K. Shen，D. Schultz，p. 491，499.

7. 溴给体

溴比氯的阻燃效果更明显。在过去使用 3 份（质量份）的含有 83%（质量分数）溴的十溴二苯醚（DBDPO）并用 1 份（质量份）的氧化锑来提高胶料的阻燃性，因为它是芳香类溴给体，稳定性好。但是，近几年来随着对环境保护的要求，考虑到它的毒性，改用十溴二苯乙烷来代替。如果要求胶料既耐紫外线又不喷霜，可以选用乙烯双四溴邻苯二甲酰亚胺来做阻燃剂。RT：第 22 章，Flame Retardants，K. K. Shen，D. Schultz，p. 500.

8. 阻燃剂

氢氧化镁和氢氧化铝可以作为阻燃剂，但是如果胶料中无卤素，其填充量需要高达 100 ~ 250 份（质量份）。协同阻燃剂如聚二甲硅氧烷、硼酸锌和三聚氰胺聚磷酸盐等和阻燃剂一起使用，也可以显著改善胶料的阻燃性。RP：K. K. Shen.

炭黑是用来补强胶料的，但它也的确带来了另一个问题，那就是会延长燃烧时间。因此，需要与其他阻燃剂如硼酸锌或者磷酸锌等一起使用，才能弥补这一缺陷。

磷酸酯类增塑剂或者氯化石蜡用在胶料中可以显著改善胶料的阻燃性。其他传统的加工油和合成树脂都是"燃料类的"，很明显是不利于改善阻燃性的。

有研究发现，无机物磷酸铵可以用在无卤素胶料中来改善阻燃性，但未说明其阻燃有效性的大小。RT：第 22 章，Flame Retardants，K. K. Shen，D. Schultz，p. 492-493.

9. 填料

高填充量的非炭黑填料，如碳酸钙、陶土、滑石粉和白炭黑等，可以在一定程度上改善胶料的阻燃性，这很可能是因为它们置换了一部分橡胶基体

RT：2001 年由 Hanser 出版社出版的 John S. Dick 编写的著作：Rubber Technology, Compounding and Testing for Performance；GEN：来自各种期刊或会议的一般参考文献；RP：来自本书顾问-编审委员会成员的建议。

的缘故。但一定要注意，这些矿物质填料（如碳酸钙等）会降低含卤素阻燃剂的有效性，因为它们置换了卤化氢。这些填料不贵，但阻燃效率也较低。如果这些填料要和卤素阻燃剂一起使用，那么就要适当地调高卤素阻燃剂的用量才能达到要求的阻燃性。RT：第22章，Flame Retardants，K. K. Shen，D. Schultz，p. 493.

10. 混炼

要想使胶料具有较好的阻燃性，需要通过混炼过程将所有阻燃剂均匀地分散在胶料中。有时在无卤素胶料中阻燃剂氢氧化铝或者氢氧化镁的填充量是很高的，需要通过硬脂酸、硅烷或钛酸盐偶联剂处理，以使它们分散得更均匀。有时，也可加入聚烯烃接枝马来酸酐作为增容剂来提高它们的分散性。RT：第22章，Flame Retardants，K. K. Shen，D. Schultz，p. 493-494；RP：K. K. Shen.

11. 交联密度

有研究发现，提高含有阻燃剂胶料的交联密度，可以改善胶料的阻燃性。GEN：H. Kato，H. Adachi，H. Fujita，"Innovation in Flame and Heat Resistant EPDM Formulations，" Rubber Chemistry and Technology，May-June，1983（56）：287.

一些氟橡胶被认为自身具有阻燃性。GEN：Jim Denham（Dyneon 3M），"Solutions for the Oil and Gas Industry，" Presented at a meeting of the Energy Rubber Group，May 27，2009，Dallas，TX.

RT：2001年由Hanser出版社出版的John S. Dick编写的著作：Rubber Technology, Compounding and Testing for Performance；GEN：来自各种期刊或会议的一般参考文献；RP：来自本书顾问-编审委员会成员的建议。

2.17   降低胶料成本

在竞争激烈的橡胶工业界，胶料成本对制品在经济效益上的成功是至关重要的。可能开发了一种胶料配方，在性能上都能满足客户的需求，但是因为太贵，而被客户拒绝。

另外，橡胶制品一般以体积而不是以重量为单位出售（模塑成型的一般按尺寸来计算），因此比较胶料的"单位体积成本"而不是"单位重量成本"就变得非常有意义。

以下实验方案可能会降低胶料的经济成本。对书中的相关文献来源、包括后面引用的文献，读者都应该自己研究和阅读。注意：这些通用的实验方案不一定适用于每一个具体情况。能降低成本的任何一个变量都一定会影响其他性能，或好或坏，但本书不对其他性能的改变加以阐述。本书也不对安全和健康问题加以解释。

1. 炭黑/油

选用高结构度炭黑并使用高填充油（假设油与胶料是相容的），可以保持胶料模量不变而成本下降。RT：第 4 章，Rubber Compound Economics⊖，J. Long，p. 76.

2. 炭黑填充量

考虑选用低结构度和低比表面积炭黑，因为这种炭黑不仅便宜，而且填充量也大，这样就可以有效地降低胶料成本（假设这些炭黑能均匀分散）。GEN S. Monthey，"The Influence of Carbon Black on the Extrusion Operation for Hose Production，" Rubber World，May，2000，p. 38.

选用超低结构度半补强炭黑，因其可以大量填充，能有效降低胶料成本。GEN：S. Bussolari，S. Laube，"A New Cabot Carbon Black for Improved Performance in Peroxide Cured Injection Molded Compounds，" Presented at ACS Rubber Division Meeting，Fall，2000，Paper No. 98.

选用低比表面积和低结构度炭黑填充高成本橡胶，并且保持胶料黏度不至于过高，这样，胶料就可以仍然采用注射成型或用其他方法硫化，成本就会适度下降。RT：第 12 章，Compounding with Carbon Black and Oil，S. Laube，S. Monthey，M-J. Wang，p. 308，317；RP：J. M，Long，M-J. Wang.

⊖ Rubber Compound Economics：橡胶配方的经济性。——译者注

RT：2001 年由 Hanser 出版社出版的 John S. Dick 编写的著作：Rubber Technology，Compounding and Testing for Performance；GEN：来自各种期刊或会议的一般参考文献；RP：来自本书顾问-编审委员会成员的建议。

3. 白炭黑

要想使胶料具有低的滚动阻力和好的抗湿滑性，通常会采用白炭黑填充且并用有机硅烷偶联剂。硅烷偶联剂很贵，如果能使用很少量的硅烷偶联剂并且保持胶料性能不变，就会极大地降低胶料成本。通常的一种做法就是选用表面羟基含量高的白炭黑，尤其是孪位羟基，因为据研究它更容易被偶联。这样，胶料中有了更多的羟基，尤其是偶联效率更高的孪位羟基，就只需要较少的硅烷偶联剂了，仍能使胶料保持相同的力学性能，而成本却下降了。GEN：L. Gatti，"Reduced Silane Usage in Wet Traction Oriented Compounds Through High Surface Activity-Reduced Surface Area Highly Disperible Silica or Through High Density Filler Blends," Presented at ACS Rubber Division Meeting, Spring, 2001, Paper No. 57.

乳聚丁苯胶（ESBR）可在聚合过程中采用甲基丙烯酸羟基丙酯（HPMA）进行羟基官能化改性，采用这种改性后的乳聚丁苯胶用在低滚动阻力的胎面胶配方中，可以将硅烷偶联剂的用量降低 25%，因为硅烷偶联剂是一种很贵的橡胶助剂，降低它的用量，可以显著降低胶料成本。GEN：V. Monroy, S. Hofmann, R. Tietz (Dow Chemical)，"Effects of Chemical Functionalization of Polymers on Tire Silica Compounds: Emulsion Polymers," Paper No. 63, A presented at the Fall Meeting of the Rubber Division, ACS, Oct. 16-19, 2001, Cleveland, OH.

4. 填料

在用二氧化钛填充的白色胶料中，可以考虑用其他成本低的白色填料（如水冲洗过的陶土、碳酸钙、增白剂等）替代部分 TiO_2，胶料仍具有一定的遮盖能力和白度。RT：第 4 章，Rubber Compound Economics, J. Long, p. 76.

在白炭黑填充的胎面胶料中，用炭黑-白炭黑双相填料替代部分白炭黑，也可起到降低胶料成本的作用，因为这样可以减少硅烷偶联剂的用量，另外混炼过程中也可以减少热处理步骤。不过，成本较高的炭黑-白炭黑双相填料有可能会抵消上面提到的成本优势。RT：第 12 章，Compounding with Carbon Black and Oil, S. Laube, S. Monthey, M-J. Wang, p. 308, 317; RP: J. M, Long, M-J. Wang.

用碳酸钙填充胶料，会明显降低胶料的成本。同样，陶土也会显著降低胶料成本，通常填充量为 20～150 份（质量份）。RT：第 13 章，Precipitated Silica and Non-black Fillers, W. Waddell, L. Evans, p. 327.

海泡石是从西班牙引进的一种由硅酸镁组成的矿物填料，在胎面胶料中，可以替代 30% 的炭黑，用以降低胶料成本，并且有研究发现它还能改善胶料

RT：2001 年由 Hanser 出版社出版的 John S. Dick 编写的著作：Rubber Technology, Compounding and Testing for Performance；GEN：来自各种期刊或会议的一般参考文献；RP：来自本书顾问-编审委员会成员的建议。

的湿滑抓着性；如果和硅烷偶联剂一起使用，还可以降低滚动阻力。GEN：L. Hernandez, L. Rueda, C. Anton, "Magnesium Silicate Filler in Rubber Tread Compounds," Rubber Chemistry and Technology, September-October, 1987 (60)：606.

虽然滑石粉的密度（2.7g/cm³）比炭黑（1.8g/cm³）大，但如果用 1.5 份（质量份）的滑石粉替代 1 份（质量份）的炭黑，胶料的成本仍然能够得到降低。另外，滑石粉会提高胶料挤出速度，提高产量，又间接地降低了成本。RP：O. Noel.

胶料中可选用稻壳炭作为填料，以降低成本。GEN：Y. Yamshita, A. Tanaka (Univ. of Shiga Prefecture Hassaka, Hikone, Japan), "Mechanical Property of Rubber Reinforced with Rice Husk Charcoal," Paper No. 18 presented at the Spring Meeting of the Rubber Division, ACS, April 29-May 1, 2002, Savannah, GA.

在橡胶管胶料配方中，用能够取向的片层硅酸盐或者是处理过的纤维素短纤维来替代传统的长纤维，可以降低胶料的成本。GEN：L. Goettler, M. Benes, F. Al-Yamani (University of Akron), "Discontinuous Reinforcement in Rubber Hose Construction and Performance," Presented at the Hose Manufacturer's Conference, August 19, 2008, Independence, OH.

5. DBP 加权平均技术

用炉法炭黑或低成本的非炭黑填料替代热裂炭黑，替代原则是采用吸油值 DBP 加权平均法，一些常用的非炭黑填料是指硬或软的陶土。GEN：B. Topcik, "MT Black Replacemnt Compounding," Rubber World, March, 1977, p. 51; B. H. Topcik, "Compounding Neoprene to Replace Medium Thermal Black Low Compression Set Development," Rubber World, May, 1974, p. 84.

6. 降低密度

通常橡胶制品是按体积而不是按重量计算价格的。如果改变胶料配方，使其密度降低，而保持单位体积的价格不变，那么就能间接地降低成本。例如，用 NBR 替代 CR，单位体积的胶料成本就下降，前提是胶料的其他变化不会抵消这种成本优势。RT：第 4 章, Rubber Compound Economics, J. Long, p. 77.

7. 一步法混炼替代两步法混炼

如果可能，通过能量控制技术和有效的加工能力测试将两步法混炼用一步法替代，这样也可以降低成本。GEN：J. S. Dick, M. Ferraco, K. Immel, T. Mlinar, M. Senskey, J. Sezna, "Utilization fo the Rubber Process Analyzer in

RT：2001 年由 Hanser 出版社出版的 John S. Dick 编写的著作：Rubber Technology, Compounding and Testing for Performance；GEN：来自各种期刊或会议的一般参考文献；RP：来自本书顾问-编审委员会成员的建议。

Six Sigma Programs to Improve Quality and Reduce Production Costs. " Presented at ACS Rubber Division Meeting, Fall, 2001, Paper No. 15; F. Myers, S. Newell, "Use of Power Integrator and Dynamic Stress Relaxometer to Shorten Mixing Cycles and Establish Scale-up Criteria for Internal Mixers," Rubber Chemistry and Technology, May-June, 1978 (51): 180.

环己基硫代邻苯二甲酰亚胺（CTP）是一种硫化抑制剂，用来延长含有次磺酰胺硫化体系的胶料的焦烧安全期。合理地使用这种防焦剂，可以将硫化体系与其他配合助剂一起放入密炼机，用一步法完成混炼，降低混炼周期，进而降低混炼成本。如果不加 CTP，那么胶料很可能会因为混炼温度过高而导致焦烧。RT：第 15 章，Sulfur Cure Systems[⊖]，B. H. To, p. 387.

一步法混炼所选用的密炼机要有冷却系统，这样胶料就不会因混炼过程中产生大量的热而使温度迅速上升。如果胶料温度很高，黏度就会迅速下降，这样就会导致剪切力下降，不利于胶料混炼均匀。因此，保证密炼中的胶料在较长时间内都保持较低的温度，有利于胶料的分散和混炼均匀。除了确保最佳投料量和冷却系统以外，也可通过调整上顶栓压力或者是转子转速来调整胶料的温度。如果密炼过程中胶料的温度没有控制好，那么混炼的效果就会较差，就会产生废料或者需要重新混炼等，这都会引起成本的增加。RT：第 23 章，Rubber Mixing[⊖]，W. Hacker, p. 14.

8. 母炼胶

用油填充的高相对分子质量聚合物替代未填充油的低相对分子质量聚合物，例如用 SBR1712 替代 SBR1500，并且调整填充油的含量。用炭黑/油填充母胶（如 SBR1606）替代炭黑与纯胶（如 SBR1500），就可以只需一步密炼而达到混炼效果，因而降低了成本。RT：第 4 章，Rubber Compound Economics, J. Long, p. 80; RT：第 23 章，Rubber Mixing, W. Hacker, p. 520-521.

9. 加工助剂

使用加工助剂可以提高胶料的挤出或压延速度，因而降低成本。RT：第 4 章，Rubber Compound Economics, J. Long, p. 80.

10. 硫化时间

将助促进剂与主促进剂并用，可以提高硫化速度，进而降低成本。RT：第 4 章，Rubber Compound Economics, J. Long, p. 82.

考虑选用有效硫化体系 EV（高促进剂低硫黄），在较高温度下硫化，可

⊖ Sulfur Cure Systems：硫黄硫化体系。——译者注
⊖ Rubber Mixing：橡胶混炼。——译者注

RT：2001 年由 Hanser 出版社出版的 John S. Dick 编写的著作：Rubber Technology, Compounding and Testing for Performance；GEN：来自各种期刊或会议的一般参考文献；RP：来自本书顾问-编审委员会成员的建议。

以缩短硫化时间或在模具中的停留时间，而保持胶料力学性能不变。GEN：A. Bhowmick，S，De，"Dithiodimorpholine-based Accelerator System in Tire Tread Compound for High-Temperature Vulcanization," Rubber Chemistry and Technology，November-December，1979（52）：985.

据报道，赢创公司（Evonik）生产了一种白炭黑包覆的氧化铁助剂，能够缩短橡胶厚制品的硫化时间，它是通过交变电磁场感应加热而实现的。GEN：O. Taikum，A. Korch，R. Friehmelt，F. Minister，M. Schotz，H. Herzog，S. Katusic（Evonik Degussa），"Novel Silica Coated Iron Oxide，'Magsilica'to Speed Up Crosslinking in Rubber," Paper No. 16 presented at the Fall Meeting of the Rubber Division，ACS，Oct. 11-13，2011，Cleveland，OH.

11. 硫化体系

对 EPDM 胶料，选择便宜的硫化体系。典型的低成本的硫化体系如（质量份）：硫黄 1.5 份，TMTD 1.5 份，MBT 0.5 份。RT：第 16 章，Cures for Specialty Elastomers，B. H. To，p. 395.

12. 橡胶基体

NR 和 SBR 属于比较便宜的橡胶品种。EPDM 可以填充大量的低成本填料（如陶土），可以和炭黑、白炭黑以及滑石粉并用。一般来说，填料量越大，胶料成本越低。RT：第 6 章，Elastomer Selection，R. School，p. 133.

高黏度级的 CSM 橡胶，如 Hypalon4085，可以填充大量配合助剂，因此胶料配方成本就可以降低。RT：第 8 章，Specialty Elastomers，C. Baddorf，p. 215.

有以聚丙烯乙二醇醚（PPG）为主的一种低成本级的聚氨酯，不是用来生产工程制件的，因此，也就不需要用高端的聚醚或聚酯级的聚氨酯。RT：第 9 章，Polyurethane Elastomers，R. W. Fuest，p. 248，259.

如果可能，尽量选用一般乳液聚合的 SBR，因为它比较便宜，当然前提是没有其他要求。GEN：M. Chase，"Roll Coverings Past，Present and Future," Presented at Rubber Roller Group Meeting New Orleans，May 15-17，1996，p. 7.

13. 气相法 EPDM

选用粉状超低穆尼黏度的气相法 EPDM，并填充炭黑 N650，可以使胶料的混炼周期缩短，因而提高产量，降低成本。GEN：A. Paeglis，"Very Low Mooney Granular Gas-phase EPDM," Presented at ACS Rubber Division Meeting，Fall，2000，Paper No. 12.

14. 液体 BR 与硅橡胶共混

在过氧化物硫化的硅橡胶中，加入少量的低相对分子质量（液体）高乙

RT：2001 年由 Hanser 出版社出版的 John S. Dick 编写的著作：Rubber Technology，Compounding and Testing for Performance；GEN：来自各种期刊或会议的一般参考文献；RP：来自本书顾问-编审委员会成员的建议。

烯基1，2聚丁二烯树脂（如 Ricon®，其中含有一定的抗氧剂用来提高 BR 的耐热性），可以提高炭黑的填充量，进而降低胶料成本。GEN：R. Drake, "Using Liquid Polybutadiene Resin to Modify Elastomeric Properties," Rubber & Plastics News, February 28 and March 14, 1983.

15. 混炼型聚氨酯橡胶 PU 与 SBR 共混

在混炼型聚氨酯橡胶弹性体中缓慢加入一定量的 SBR 胶料，可以降低胶料成本。GEN：T. Jablonowski, "Blends of PU with Conventional Rubbers," Rubber World, October, 2000, p. 41.

16. SBR 与 NBR/PVC 共混物

将 SBR 加入到 NBR/PVC 共混物中，可以在保持力学性能不变的情况下，使胶料成本下降。GEN：J. Zhao, G. Ghebremeskel, J. Peasley, "SBR/PVC Blends with NBR as a Compatibilizer," Rubber World, December, 1998, p. 37.

17. FKM/ACM 共混物

用过氧化物硫化的 FKM/ACM 共混物（Dai-El AG-1530）替代纯 FKM，可使胶料具有较好的耐热性能和耐油性能。GEN：M. Kishine, T. Noguchi, "New Heat-Resistance Elastomers," Rubber World, February, 1999, p. 40.

18. AEM

汽车中一些用到氟橡胶的制件，如果换成 AEM 作为原料，就能降低成本。GEN：E. McBride, K. Kammerer, L. Lefebvre（DuPont），"Testing of AEM and FKM Compounds in Acid Condensates for Turbo-charger System," Paper No. 7 presented at the Fall Meeting of the Rubber Division, ACS, Oct. 11-13, 2011, Cleveland, OH.

19. TPE

如果需要热塑性弹性体，那么苯乙烯类热塑性弹性体是成本最低的一类了。虽然已配合好的热塑性硫化胶成本比传统胶料的要高，但它会因为以下几点，而使总成本降低：不需要硫化，模塑成型周期短；废料可回收利用；二次加工时尺寸偏差小。RT：第 10 章，Thermoplastic Elastomers, C. P. Rader, p. 270, 276.

用轮胎胶料的下脚料制备出的热塑性硫化胶，可以用于一些非关键橡胶制件中。GEN：H. Chandra, K. Chandra, C. Pillai（Quantum Polymer Composites LLC, Cleveland），"Advances in Thermoplastic Rubbers and Vulcanizates made with Recycled Polymers," Paper presented at India Rubber Expo 2011, January 19-21, Chennai, India.

RT：2001 年由 Hanser 出版社出版的 John S. Dick 编写的著作：Rubber Technology, Compounding and Testing for Performance；GEN：来自各种期刊或会议的一般参考文献；RP：来自本书顾问-编审委员会成员的建议。

20. 胶粉

在没有苛刻要求的胶料中，考虑加入少量的轮胎或其他橡胶制品的回收胶粉，可以降低胶料成本。RT：第 11 章，Recycled Rubber，K. Baranwal，W. Klingensmith，p. 286. GEN：R. Swor，L. Jensen，M. Budzol，"Ultrafine Recycled Rubber，" Rubber Chemistry and Technology，November-December，1980（53）：1215.

21. 抗氧剂

用少量的抗臭氧剂 6PPD 并用 TMQ 和石蜡来替代 4 份（质量份）6PPD，可以使胶料达到相同的抗降解功效，但成本下降。RT：第 4 章，Rubber Compound Economics，J. Long，p. 76.

6-乙氧基-2，2，4-三甲基-1，2-二氢喹啉（ETMQ）是一种相对便宜的抗臭氧剂。通常 ETMQ 与 PPD 并用，在尽量保证胶料的抗臭氧性不变的前提下，有时用 ETMQ 来取代 PPD，可以降低胶料成本。RT：第 19 章，Antidegradants[注]，F. Ignatz-Hoover，p. 457.

22. 挤出成型

在挤出机上安装一个齿轮泵，以提高产量，降低成本。GEN：Olaf Skibba（VMI），"Extruder Gear Pump Systems for Improved Extrusion Output and Precision，" Paper presented at ITEC 2008，Akron，OH.

23. 连续混炼

采用环状挤出机这样的连续混炼系统，可以提高产量，降低成本。GEN：Gerard Nijman（Vredestein Banden BV），"Continuous Mixing, a Challenging Opportunity？" Paper No. 72 presented at the Fall Meeting of the Rubber Division，ACS，Oct. 8-11，2002，Pittsburgh，PA.

24. 共混

对 EPDM/NR 共混体系，可以少用些 EPDM，而多用些 NR，这样成本会下降。GEN：A. Ahmad，"NR/EPDM Blend for Automotive Rubber Component，" Rubber Research Institute of Malaysia.

注：降低生产成本更多的实验方案，请参考 5.3 节中缩短混炼时间的方法和 5.9 节中提高挤出速率的方法。

⊖ Antidegradants：抗降解剂。——译者注

RT：2001 年由 Hanser 出版社出版的 John S. Dick 编写的著作：Rubber Technology，Compounding and Testing for Performance；GEN：来自各种期刊或会议的一般参考文献；RP：来自本书顾问-编审委员会成员的建议。

第3章
提高硫化胶料的抗降解性

3.1 提高耐热空气老化或耐热老化性能

耐热空气老化或耐热老化性能正变得越来越重要，尤其是在汽车中的应用更是如此，因为汽车中橡胶制件大部分都是在被罩住的空间内使用的，环境温度很高。汽车制造商已感到压力越来越大，因为他们所需承诺的橡胶制件的使用寿命越来越长。无氧耐热老化性能和耐热空气老化性能是不同的。胶料有较好的耐热性能，但仍可能经受不住氧气的侵蚀。因此，这类性能在根据 SAE J200 /ASTM D2000 标准划定胶料应用在汽车中的种类时是很重要的。

以下实验方案可能会提高胶料的耐空气老化性能和耐热性能（不总是同时提高）。对书中的相关文献来源、包括后面引用的文献，读者都应该自己研究和阅读。注意：这些通用的实验方案不一定适用于每一个具体情况。能提高耐热空气老化性或耐热老化性的任何一个变量都一定会影响其他性能，或好或坏，但本书不对其他性能的改变加以阐述。本书也不对安全和健康问题加以解释。

1. 橡胶排序

对各种橡胶的耐热老化性，一种排序如下：

FKM（最好）> VMQ > 氟硅橡胶 > ACM > AEM > EPDM > CO/ECO ≈ CM > CSM ≈ NBR > CR > IIR ≈ NBR/PVC > SBR > NR

还有一种排序如下：

FKM（最好）≈ TFE > VMQ > PVMQ > MQ > FVMQ > AEM > EPM > EPDM ≈ ACM > CSM > CR > NR ≈ NBR > AU/EU > SBR/BR

以下是几种特种橡胶在相同连续使用时间下所对应的温度排序：

RT：2001 年由 Hanser 出版社出版的 John S. Dick 编写的著作：Rubber Technology，Compounding and Testing for Performance；GEN：来自各种期刊或会议的一般参考文献；RP：来自本书顾问-编审委员会成员的建议。

橡胶种类	连续使用温度
HNBR	145℃
ACM	150℃
AEM	160℃
AG（FKM/ACM 共混物）	175℃
FKM	230℃

GEN：J. Horvath，"Selection of Polymers for Automotive Hose and Tubing Applications，" Rubber World，December 1987，p. 21；GEN：R. Mastromatteo，E. Morrisey，M. Mastromatteo，H. Day，"Matching Material Properties to Application Requirements，" Rubber World，February，1983：28；GEN：M. Kishine，T. Noguchi，"New Heat-Resistance Elastomers，" Rubber World，February，1999，p. 40.

2. 全氟橡胶

如果要求胶料具有极好的耐热性，就应该选择全氟橡胶。据报道，全氟橡胶的使用温度高达 316℃。GEN：M. Coughlin，R. Schnell，S. Wang，"Perfluoroelastomers in Severe Environments：Properties，Chemistry and Applications，" Presented at ACS Rubber Division Meeting，Spring，2001，Paper No. 24.

3. 氟橡胶

氟橡胶 FKM 具有极好的耐热性，它的使用温度可高达 260℃。GEN：M. Chase，"Roll Coverings Past，Present and Future，" Presented at Rubber Roller Group Meeting New Orleans，May 15-17，1996，p. 7.

为了进一步强化氟橡胶的耐高温性能，需要选择合适的酸接受体（即吸酸剂），例如低活性氧化镁、高活性氧化镁、氧化钙、氢氧化钙、氧化锌、氧化铅（有毒）等。RT：第 6 章，Elastomer Selection，R. School，p. 136.

氟橡胶的耐热空气老化性能也是非常好的，使用温度可高达 200℃。选用双酚 AF 作为硫化体系，胶料的耐热老化性会更好。RT：第 8 章，Specialty Elastomers，R. Stevenson，p. 229-230.

在苛刻的发动机油环境下使用，由偏二氟乙烯，四氟乙烯和丙烯制得的氟橡胶的耐热老化性要比一般的氟橡胶好。这是因为在聚合过程中，丙烯代替了六氟丙烯的缘故。GEN：W. Grootaert，R. Kolb，A. Worm，"A Novel Fluorocarbon Elastomer for High-temperature Sealing Applications in Aggressive Motor-oil Environments，" Rubber Chemistry and Technology，September-October，1990（63）：516.

RT：2001 年由 Hanser 出版社出版的 John S. Dick 编写的著作：Rubber Technology，Compounding and Testing for Performance；GEN：来自各种期刊或会议的一般参考文献；RP：来自本书顾问-编审委员会成员的建议。

以下是几种氟橡胶耐热性的排序：

FFKM（72% F）最好＞FKM 2 型（70% F）＞FKM 1 型（65% F）

GEN：Jim Denham（3M），"Basic Fluoroelastomers Technology，"Presented at the Energy Rubber Group，September 13，2011，Galveston，TX.

对于像油田钻井这样高温高压的极端环境，最好选用一种超高穆尼黏度（UHV）的氟橡胶 [ML(1 + 10@ 121℃) = 150]，其氟含量为 66%，用双酚 AF 硫化，可以有效防止突然泄压这样的故障。GEN：J. Denham（Dyneon 3M），"Solutions for the Oil and Gas Industry，"Presented at the Spring Meeting of the Energy Rubber Group，May 28，2009，Arlington，TX.

4. HNBR

HNBR 的耐热老化性较好，其氢化程度越高，耐热性就越好，这是因为主链上几乎没有了不稳地的不饱和双键。一些 HNBR 仍可用硫黄硫化，因为它们还有一些不饱和双键。但是如果用过氧化物硫化，胶料的耐热性会提高。RT：第 8 章，Specialty Elastomers，M. Wood，p. 202.

研究发现，对于 HNBR 胶料来说，TOTM 和 TINTM 增塑剂比 DOP 和 DBEEA 能赋予胶料更好的耐热性，这是因为这些三辛酯类增塑剂的挥发度低，分子量大。对于硫黄硫化的 HNBR 胶料来说，DBEEA 可以平衡胶料的低温性能和耐热性能，因此是被极力推荐使用的增塑剂。GEN：S. Hayashi，H. Sakakida，M. Oyama，T. Nakagawa，"Low Temperature Properties of Hydrogenated Nitrile Rubber（HNBR），"Rubber Chemistry and Technology，September-October，1991（64）：534.

5. NBR

高温条件下使用的 NBR 胶料，往往使用过氧化物和秋兰姆作为硫化体系。RT：第 6 章，Elastomer Selection，R. School，p. 131.

丙烯腈含量高的 NBR 具有更好的耐热老化性。以硫酸镁为凝聚剂的乳液聚合 NBR 具有更好的耐热性。RT：第 8 章，Specialty Elastomers，M. Gozdiff，p. 194-196.

在硫黄硫化的 NBR 胶料中，使用醚硫醚增塑剂，可以使硫黄具有抗氧剂的作用。使用沉淀法白炭黑、氧化镁和氧化锌代替炭黑作为填料，可以使胶料具有更好的耐热性。GEN：J. Dunn，"Compounding Elastomers for Tomorrow's Automotive Market-Part II，"Elastomerics，February，1989，p. 29.

6. 天然胶

对 NR 胶料，采用在较低温度下硫化更长时间的方式，确保胶料中形成以单硫键为主的交联网络，这样就可以提高胶料的耐老化性。GEN：M.

Studebaker, J. R. Beatty, "Vulcanization," Elastomerics, February, 1977, p. 41.

对天然胶料,选用 DPG 二苯胍助促进剂与主促进剂一起并用,而不要选用二硫代氨基甲酸盐类或秋兰姆类作为助促进剂,这样胶料的耐热老化性好。GEN: B. Ashworth, K. Crawford, "Effect of Secondary Accelerator Selection on the Aging Characteristics of Natural Rubber Vulcanizates," Rubber World, December, 1982, p. 20.

在天然胶料中,千万不要使用二丁基二硫代氨基甲酸镍(NBC),因为它是一种氧化促进剂和降解剂。RT: 第 19 章, "Antidegradants," F. Ignatz-Hoover, p. 453.

腰果酚醛树脂(CF)并用六次甲基四胺 HMT 硫化天然胶,可以赋予胶料较好的耐老化性,这是因为 CF 与天然胶的相容性比酚醛树脂与天然胶的相容性更好,并且其本身具有一定的抗氧化性。CF 是由腰果酚制得的,而腰果酚是从腰果壳液中提炼出来的,成本较低,并且是来自于天然原料。GEN: Y. Yu, J. Mark, L. Pham, "Blends of Natural Rubber with Cardanol-formaldehyde Resins," Presented at ACS Rubber Division Meeting, Spring, 1998, Paper No. 58.

亚乙基尿烷(Hughson 公司出品的一种硫化剂 Novor®)硫化天然胶,可以赋予胶料更好的耐热老化性。GEN: T. Kempermann, "Sulfur-free Vulcanization Systems for Diene Rubber," Rubber Chemistry and Technology, July-August, 1988 (61): 422.

安装在发动机上的全天然橡胶发动机支架,其表面有两层覆盖胶,其中底层是按一定比例配合并且发生交联的氯丁二烯与辛烯聚合物,上面一层是交联的卤化丁基胶/辛烯聚合物。在橡胶支架表层的这两层覆盖胶,可以有效抵挡臭氧以及热氧化对天然胶的侵蚀,这主要是降低了臭氧和氧扩散到天然胶中引起的主链断裂的结果。疲劳实验结果显示,这种带有两层覆盖胶的橡胶发动机支架的疲劳次数明显提升。GEN: H. Graf, E. Sayej, "Reversion Resistance of Engine Mounts," Rubber World, February, 2000, p. 55.

在天然胶制品外包覆上一薄层的 HXNBR,可以延长制品在高温下的使用寿命。GEN: Rani Joseph (Cochin University, India), "HXNBR for Improving Ageing Resistance of Natural Rubber Products," Paper No. 1 presented at the Fall Meeting of the Rubber Division, ACS, November 1-3, 2005, Pittsburgh, PA.

7. 氯丁胶

W 型氯丁胶比 G 型氯丁胶具有更好的耐热老化性。RT: 第 6 章, Elastomer Selection, R. School, p. 133; RT: 第 8 章, Specialty Elastomers, L. L. Outzs, p. 208.

据报道,辛酸二苯胺对于氯丁胶料来说是较好的抗氧剂,可以有效地改

RT: 2001 年由 Hanser 出版社出版的 John S. Dick 编写的著作: Rubber Technology, Compounding and Testing for Performance; GEN: 来自各种期刊或会议的一般参考文献; RP: 来自本书顾问-编审委员会成员的建议。

善耐热性。GEN：R. Tabar, P. Killgoar, R. Pett, "A Fatigue Resistant Polychloroprene Compound for High Temperature Dynamic Applications," Rubber Chemistry and Technology, September-October, 1979（52）：781.

据报道，要想提高氯丁胶的抗氧性，可采用4份辛酸二苯胺（Stalite S）、1份N-苯基-N′-樟脑磺（Aranox）、10份氧化锌和6份氧化镁的配方。GEN：L. Outzs, "Neoprene," Presented at the DuPont Compounders Course, May, 2006, Fairlawn, OH.

8. EVM（乙烯醋酸乙烯酯橡胶）

乙烯-醋酸乙烯酯橡胶EVM，其醋酸乙烯酯VA含量为40%~80%，有时称为"被遗忘的橡胶"，因其具有饱和主链，胶料具有较好的耐热老化性，经常用于汽车密封件。GEN：R. Pazur, L. Ferrari, H. Meisenheimer（Bayer Inc,）, "Ethylene Vinyl Actate Copolymers：The Forgotten Rubber," Paper No. XVI presented at the Spring Meeting of the Rubber Division, ACS, May 17-19, 2004, Grand Rapids, MI.

9. EPDM

EPDM经合适的配合后，其在125℃下仍会具有较好的耐热性。GEN：K. Dominic, V. Kothari, "Overview of Automotive Wire and Cable and Recent Advances," ACS Rubber Division Meeting, Spring, 1998, Paper No. 32, p. 13.

使用过氧化物硫化EPDM，可以使胶料具有较好的耐热性。RT：第6章，Elastomer Selection, R. School, p. 132.

10. 低黏度气相法EPDM

高乙烯含量和超低黏度的气相法EPDM，可以大量填充填料，因为乙烯含量高，加工时不需加入对耐热空气老化不利的加工油和树脂，仍可使胶料具有较好的加工性能，这样实际是提高了胶料的耐热性。GEN：A. Paeglis, "Very Low Mooney Granular Gas-phase EPDM," Presented at ACS Rubber Division Meeting, Fall, 2000, Paper No. 12.

11. EPDM/CR

在过氧化物硫化的EPDM胶料中加入少量的氯丁胶或其他含氯弹性体，可以改善EPDM胶料的耐热性。GEN：R. Ohm, R. Annicelli, T. Jablonowski, C. Lahiri, R. Mazzeo, "Optimizing the Heat Resistance of EPDM and NBR," ACS Rubber Division Meeting, Fall, 2000, Paper No. 99, p. 5.

12. CR/EPDM 合金

在CR/EPDM=70/30（质量比）共混中，加入10份（质量份）Escor酸类三元共聚物增容剂（乙烯-甲基丙烯酸酯-丙烯酸三元共聚物），这种胶料的抗德默西亚（曲挠）切口增长性好，耐热性好，耐臭氧性好，是用在传输带上强烈推荐的胶料配方。GEN：P. Arjunan, R. Kusznir, A. Dekmezian, "Compatibilization of CR/EPM Blends for Power Transmission Belt Applications," Rubber World, February, 1997, p. 21.

13. EPDM/POE（聚烯烃弹性体）

EPDM 中混入一定的聚烯烃弹性体，可以改善其耐热老化性。RT：第 6 章, Elastomer Selection, R. School, p. 139.

14. 丁基胶和卤化丁基胶

丁基胶或者是卤化丁基胶比一般的通用胶的耐热性要好。RT：第 8 章, Specialty Elastomers, G. Jones, D. Tracey, A. Tisler, p. 174.

埃克森美孚公司生产的 Exxpro（BIMSM，溴化异丁烯-对甲基苯乙烯共聚物），主链是饱和的，因此它的耐热性要优于主链具有低不饱和度的卤化丁基胶，所以在轮胎内衬层胶料中，用 BIMSM 替代卤化丁基胶，可以赋予内衬层更好的耐热性，同时具有更长的使用寿命。GEN：G. Jones, "Exxon's Exxpro Innerliner for Severe Service Tire Applications," Presented at the 1996 ITEC Meeting, September, 1996, Akron, OH.

15. 卤化丁基胶

用传统的硫黄作为硫化体系，卤化丁基橡胶会比普通丁基橡胶具有更好的耐热性能。用 N, N′m-次苯基二马来酰亚胺（HVA-2）并用过氧化物来硫化卤化丁基胶，可以使胶料的耐热性得到提高。RT：第 8 章, Specialty Elastomers, G. Jones, D. Tracey, A. Tisler, p. 185.

由 R. T. Vanderbilt 独家生产的牌号为 Vanax 189 的硫化剂来硫化溴化丁基胶，可以显著地提高胶料的耐热老化性。GEN：R. Ohm, R. Annicelli, T. Jablonowski, C. Lahiri, R. Mazzeo, "Optimizing the Heat Resistance of EPDM and NBR," ACS Rubber Division Meeting, Fall, 2000, Paper No. 99, p. 4.

对卤化丁基胶料，用氧化锌和 N, N′-二-β-萘基对苯二胺（DNPD）或者 Goodrich 公司的产品 Agerite White（也是 DNPD）来硫化，可以提高胶料的耐热性，原理是 Friedel-Crafts 酰基化反应。GEN：J. Dunn, "Compounding Elastomers for Tomorrow's Automotive Market-Part II," Elastomerics, February, 1989, p. 28.

用 N, N′-二-β-萘基对苯二胺（DNPD）和氧化锌硫化溴化丁基橡胶可以提高胶料的耐热空气老化性。GEN：D. Edwards, "A High-pressure Curing System for Halobutyl Elastomers", Rubber Chemistry and Technology, March-

RT：2001 年由 Hanser 出版社出版的 John S. Dick 编写的著作：Rubber Technology, Compounding and Testing for Performance；GEN：来自各种期刊或会议的一般参考文献；RP：来自本书顾问-编审委员会成员的建议。

April, 1987（60）：62.

溴化丁基橡胶的耐热性比氯化丁基橡胶稍好。GEN：J. Fusco, "New Isobutylene Polymers for Improved Tire Processing," Presented at the Akron Rubber Group Meeting, January 24, 1991.

在轮胎内衬层胶料中，少用天然胶，多用卤化丁基胶，可以改善耐热性。GEN：W. Waddell, R. Napler, D. Tracey, "Nitrogen Inflation of Tires," Paper No. 45 presented at the Fall Meeting of the Rubber Division, ACS, Oct. 14-16, 2008, Louisville, TX.

16. 溴化丁基胶与氯化丁基胶

溴化丁基橡胶的耐热性比氯化丁基橡胶稍好。GEN：J. Fusco, "New Isobutylene Polymers for Improved Tire Processing," Presented at the Akron Rubber Group Meeting, January 24, 1991, Akron, OH.

17. 溴化异丁烯-对甲基苯乙烯橡胶（BIMSM）

埃克森公司（EXXPRO®）的溴化异丁烯-对甲基苯乙烯橡胶（BIMSM）比普通的卤化丁基橡胶具有更好的耐热性，因为前者的硫化活性点在溴化对甲基苯乙烯上，而后者的硫化活性点在不饱和双键上。GEN：R. Ohm, "New Developments in Curing Halogen-containing Polymers," Presented at ACS Rubber Division Eduction Symposium No. 45, "Automotive Applications II," Spring, 1998, p. 5.

BIMSM与普通卤化丁基胶相比，其在较高温度（如125℃或150℃）下，依然具有更好的耐老化性。GEN：G. Jones, "Exxpro Innerliners for Severe Service Tire Applications," Presented at ITEC, 1998, Paper No. 7A.

18. CM 和 CSM 避免与锌接触

在CM或者CSM胶料中，要避免加入任何含锌的配合助剂或者涂覆任何含锌的涂层或隔离层，因为锌会使这种胶料的硫化程度下降以及耐热性下降。RT：第8章, Specialty Elastomers, L. Weavers, C. Baddorf, p. 212, 215.

19. CR

硫醇改性的氯丁胶比硫和黄酸盐改性的氯丁胶有更好的耐热性。GEN：Nobuhiko Fujii, Denki Kagaku Kogyo K. K. （Denka）, "Recent Technical Improvements of CR and ER in Industrial Applications," Denka Literature, 2011.

20. CSM

对于氯磺化聚乙烯胶料来说，环氧化大豆油（ESO）和环氧化二油酸丙三醇酯（EGO）可以赋予胶料较好的耐热空气老化性。RT：第14章, Ester

---

RT：2001年由Hanser出版社出版的John S. Dick编写的著作：Rubber Technology, Compounding and Testing for Performance；GEN：来自各种期刊或会议的一般参考文献；RP：来自本书顾问-编审委员会成员的建议。

Plasticizers and Processing Additives，W. Whittington，p. 358.

据报道，二丁基二硫代氨基甲酸镍（NBC）可以提高 Hypalon®（DuPont 公司产品牌号）氯磺化聚乙烯胶料的耐热性。RT：第 19 章，Antidegradants，F. Ignatz-Hoover，p. 453.

21. CPE（CM）

含氯低的氯化聚乙烯胶料具有更好的耐热老化性。RT：第 8 章，Specialty Elastomers，L. Weavers，p. 213.

环氧化酯类增塑剂可以提高氯化聚乙烯胶料的耐热空气老化性。RT：第 14 章，Ester Plasticizers and Processing Additives，W. Whittington，p. 359.

氯化聚乙烯 CM、氯磺化聚乙烯 CSM、表氯醇弹性体 GECO（表氯醇-环氧乙烷-烯丙基缩水甘油醚三元共聚物）、NBR/PVC 共混物四种胶料相比较，CM 比其他三种胶料具有更好的耐热性。GEN：C. Hooker，R. Vara，"A Comparison of Chlorinated and Chlorosulfonated Polyethylene Elastomers with Other Materials for Automotive Fuel Hose Covers，" Presented at ACS Rubber Division Meeting，Fall，2000，Paper No. 128.

22. 避免使用高苯乙烯含量树脂

在高温下使用的胶料中，要避免加入高苯乙烯含量的树脂。RT：第 18 章，Tackifying，Curing，and Reinforcing Resins⊖，B. Stuck，p. 446.

23. 硅橡胶

苯基乙烯基甲基硅橡胶（PVMQ）的耐热性比 VMQ 稍好。硅橡胶中填充沉淀法白炭黑，可以使胶料在高于 200℃ 时仍具有较好的耐热老化性。在硅橡胶胶料中，不使用抗氧剂，而是加入热稳定剂。有时会使用 1～2 份（质量份）的红色氧化铁作为热稳定剂。对浅色胶料，可以加入 4 份（质量份）锆酸钡作为热稳定剂。很多情况下，市面上的硅橡胶中已加入了热稳定剂，这样在配合胶料时，就不需要再加入热稳定剂了。RT：第 8 章，Specialty Elastomers，J. R. Halladay，p. 236.

据研究，一些硅橡胶的耐热性可高达 260℃ 以上。GEN：M. Chase，"Roll Coverings Past，Present and Future，" Presented at Rubber Roller Group Meeting New Orleans，May 15-17，1996，p. 7.

24. 聚氨酯弹性体

聚氨酯通常是不属于耐高温材料的。然而，以 TDI 为预聚物的聚氨酯具有更好的高温性能。RT：第 9 章，Polyurethane Elastomers，R. W. Fuest，p. 247.

⊖ Tackifying，Curing，and Reinforcing Resins：增黏、硫化和增强用树脂。——译者注

另外，聚酯型聚氨酯具有更好的耐热老化性。据报道，对采用 MDI 作为预聚物的浇注型聚氨酯弹性体，选用芳香族二醇类扩链剂如 HER 和 HQEE，可以使胶料的耐高温性能提高，因为这些扩链剂能产生高熔点的硬段微区。GEN：R. Durairaj，"Chain Extenders Increase Heat Tolerance，" Rubber & Plastics News，November 29，1999.

由对苯基二异氰酸酯（PPDI）聚合而成的一种新型聚氨酯弹性体，在 150℃下，仍有很好的性能保持率。GEN：Z. Zhu，R. Rosenberg，V. Gajewski，G. Nybakken，M. Ferrandino（Chemtura Corp.），"High Performance Polyurethane Elastomers，" Paper No. 31 presented at the Fall Meeting of the Rubber Division，ACS，November 1-3，2005，Pittsburgh，PA.

25. 交联聚乙烯 XLPE

交联聚乙烯的耐高温性可以高达 125～150℃。GEN：K. Dominic，V. Kothari，"Overview of Automotive Wire and Cable and Recent Advances，" ACS Rubber Division Meeting，Spring，1998，Paper No. 32，p. 13.

26. 硅橡胶/EPDM

用 EPDM/硅橡胶替代纯 EPDM，可以使胶料的耐热性高达 204℃。GEN：M. Chase，"Roll Coverings Past，Present and Future，" Presented at Rubber Roller Group Meeting New Orleans，May 15-17，1996，p. 7.

27. 热塑性硫化胶 TPV

由 EPDM/PP 制得的热塑性硫化胶 TPV，其在高温老化后的物理性能保持率相当优异，前提是这个温度低于 TPV 的熔融温度。TPV 的使用极限高温取决于热塑性相区对氧化的敏感性。PP 的抗氧化极限温度大约在 125～135℃范围。RT：第 10 章，Thermoplastic Elastomers，C. P. Rader，p. 274，276.

由 ACM 与 PA 动态硫化制备出的热塑性硫化胶，在150℃下可以长期保持性能稳定。GEN：Jiri G. Drobay，"High Performance Thermoplastic Elastomers：A Review，" Paper No. 69 presented at the Fall Meeting of the Rubber Division，ACS，Oct. 14-16，2008，Louisville，KY.

杜邦生产的 ETPV 系列热塑性弹性体，由高度交联的 AEM 与多酯共聚物为基体组成，可以连续在 135℃下使用，最高温度可达 180℃。GEN：J. Drobny（Drobny Polymer Associates），"High Performance Thermoplastic Elastomers：A Review，" Paper No. 69 presented at the Fall Meeting of the Rubber Division，ACS，Oct. 14-16，2008，Louisville，KY.

28. 白炭黑

胶料中填充白炭黑后，耐热老化性能会有所提高。RT：第 13 章，

RT：2001 年由 Hanser 出版社出版的 John S. Dick 编写的著作：Rubber Technology，Compounding and Testing for Performance；GEN：来自各种期刊或会议的一般参考文献；RP：来自本书顾问-编审委员会成员的建议。

Precipitated Silica and Non-black Fillers, W. Waddell, L. Evans, p. 331.

29. 碳纳米管

据报道，在 NBR 胶料中，加入多壁碳纳米管（MWCNT），可以改善胶料在高温下的拉伸强度保持率。GEN：Steve Driscoll, Status Report titled "U. Mass, Lowell Today；" N. Warasitthinon, A. Erley, A. Hope, et al., "Nanocomposites of Nitrile Rubber with Multi-walled Carbon Nanotubed," Presented at the India Rubber Expo 2011, January 2011, Chennai, India.

30. CPE/纳米黏土复合材料

据报道，在氯化聚乙烯胶料中，加入季铵盐改性的纳米蒙脱土，可以改善耐热性。GEN：S. Kar, K. Bhowmick, "Thermal Mechanical Behavior of Chlorinated Polyethylene Nanocomposites," Paper No. 56 presented at the Fall Meeting of the Rubber Division, ACS, Oct. 14-16, 2008, Louisville, KY.

31. 滑石粉

在 EPDM 软管胶料中，用滑石粉替代 40% 的炭黑，可以提高胶料的耐热老化性。一些级别的滑石粉在这方面比处理的或未处理的陶土具有更突出的优势。GEN：O. Noel, Unpublished Draft, "Talc Synergy with Carbon Black in Sulfur Donor Cured EPDM," (June, 2003). H. Bertram, "Influence of Light Colored Fillers on the Aging Behavior of NBR Vulcanizates," Bayer TIB 17；RP：O. Noel.

32. 增塑剂

聚合物增塑剂比单体型增塑剂能赋予胶料更好的耐热老化性。黏度高的增塑剂比黏度低的增塑剂能赋予胶料更好的耐热老化性。RT：第 14 章，Ester Plasticizers and Processing Additives, W. Whittington, p. 356, 362.

将胶料中易挥发的增塑剂和加工油用石油树脂来替换，可以提高胶料的耐热性。GEN："Hydrocarbon Resins for Rubber Compounding," Neville Literature, 2008, Neville Chemical Co.

33. 高黏度油

在加工油中，高黏度油比低黏度油能赋予胶料更好的耐热老化性。因为高黏度油通常相对分子质量高，不易挥发，因而稳定性好，耐热性好。GEN：R. Tabar, P. Killgoar, R. Pett, "A Fatigue Resistant Polychloroprene Compound for High Temperature Dynamic Applications," Rubber Chemistry and Technology, September-October, 1979 (52)：781.

34. 氯丁胶用菜籽油

要想使氯丁胶具有较好的回弹性，需选用菜籽油，因为菜籽油黏度低，

RT：2001 年由 Hanser 出版社出版的 John S. Dick 编写的著作：Rubber Technology, Compounding and Testing for Performance；GEN：来自各种期刊或会议的一般参考文献；RP：来自本书顾问-编审委员会成员的建议。

使胶料有低的滞后, 挥发性低, 可以使胶料的耐老化性好。GEN: R. Tabar, P. Killgoar, R. Pett, "A Fatigue Resistant Polychloroprene Compound for High Temperature Dynamic Applications," Rubber Chemistry and Technology, September-October, 1979 (52): 781.

35. 加硫植物油

在天然胶中, 选用基于大豆油的棕色加硫植物油 (VVO) 比基于亚麻油的 VVO 能赋予胶料更好的热空气老化性。这种棕色加硫植物油中含有较低的游离硫或者较低的丙酮萃取物。GEN: S. Botros, F. El-Mohsen, E. Meinecke, "Effect of Brown Vulcanized Vegetable Oil on Ozone Resistance, Aging, and Flow Properties of Rubber Compounds," Rubber Chemistry and Technology, March-April, 1987, p. 159.

36. 快速促进剂

含有快速促进剂, 如秋兰姆类或二硫代氨基甲酸盐类的硫化体系, 比噻唑类或胺类促进剂的硫化体系能使胶料形成更多的单硫键交联网络, 因而, 提高胶料的耐老化性。GEN: M. Studebaker, J. R. Beatty, "Vulcanization," Elastomerics, February, 1977, p. 41.

37. 有效 EV/半有效 SEV 硫化体系

在有效或者是半有效硫化体系中, 促进剂与硫黄的比例高, 即为 "高促低硫" 体系, 用 "硫给体" 代替单质硫, 在这种硫化体系硫化的胶料中, 单硫键和双硫键的比例更高, 由于其稳定性高于多硫键, 因此, 胶料的耐热稳定性提高, 耐热老化性提高。RT: 第 15 章, Sulfur Cure Systems, B. H. To, p. 387.

38. HTS

在用次磺酰胺硫化体系硫化的天然胶料中, 加入抗硫化返原剂二水合六亚甲基-1, 6-二硫代硫酸二钠盐 (HTS), 可以形成一种杂化交联网络, 因此会有效地提高胶料的耐热老化性和耐曲挠疲劳性。RT: 第 15 章, Sulfur Cure Systems, B. H. To, p. 391; RP: B. H. To.

39. 秋兰姆硫化体系

使用秋兰姆硫化体系可以使胶料具有很好的耐热老化性, 前提条件是通风设施极好, 使副产物亚硝胺不至于污染环境以及危害人体。GEN: T. Kempermann, Sulfur-free Vulcanization Systems for Diene Rubber, Rubber Chemistry and Technology, July-August, 1988 (61): 422.

40. 二硫代磷酸盐与二硫代氨基甲酸盐

从功能上讲, 作为橡胶硫化促进剂, 二硫代磷酸盐与二硫代氨基甲酸盐

RT: 2001 年由 Hanser 出版社出版的 John S. Dick 编写的著作: Rubber Technology, Compounding and Testing for Performance; GEN: 来自各种期刊或会议的一般参考文献; RP: 来自本书顾问-编审委员会成员的建议。

的作用相似，只是磷原子替代了氮原子，但在胶料耐热性与抗硫化返原上，前者要优于后者。GEN：S. Monthey, M. Saewe, V. Meenenga（Rhein Chemie），"Using Dithiophosphate Accelerators to Improve Dynamic Properties in Vibration Isolation Applications," Presented at the Spring Southern Rubber Group, June 11-14, 2012, Myrtle Beach, SC.

41. DIPDIS 硫化

可以尝试使用实验室级的促进剂双（二异丙基硫代磷酰基）二硫化物（DIPDIS），与噻唑类促进剂协同作用，可以使 NR 胶料有更稳定的交联网络和更好的耐老化性。GEN：S. Mandal, R. Datta, D. Basu, "Studies of Cure Synergism-Part 1：Effect of Bis（diisopropyl）thiophosphoryl Disulfide and Thiazole-based Accelerators in the Vulcanization of Natural Rubber," Rubber Chemistry and Technology, September-October, 1989（62）：569.

42. 新型交联剂

用于卡车胎胎面胶料中的一种新型交联剂（1, 6-双（N, N-二苄基硫代二氨基硫代盐）己烷，能赋予胶料杂化交联，提高轮胎的耐久性和耐热性。GEN：T. Kleiner（Bayer AG），"Improvements in Abrasion and Heat Resistance by Using a New Crosslink Agent," Paper No. 12A presented at the ITEC 2002 Meeting, September, 2002, Akron, OH.

43. 氧化锌

硫黄/次磺酰胺硫化体系硫化的胶料中，填充更多的氧化锌，可以赋予胶料更好的耐热老化性和更好的抗后硫性。GEN：W. Hall, H. Jones, "The Effect of Zinc Oxide and Other Curatives on the Physical Properties of a Bus and Truck Tread Compound," Presented at ACS Rubber Division Meeting, Fall, 1970.

44. NBR 硫化体系

对于 NBR 胶料来说，硫化体系尽量选择少的硫黄用量，但对硫给体，如 TMTD 或 DTDM 等用量多的体系，因为较多的硫给体可以替代部分单质硫，这样可以提高胶料的耐老化性。RT：第 16 章，Cures for Specialty Elastomers, B. H. To, p. 403.

45. 丁基胶硫化

选用半有效硫化体系，并且选用硫给体 DTDM，这样可以有效地提高胶料的耐热老化性。RT：第 16 章，Cures for Specialty Elastomers, B. H. To, p. 396.

46. EPDM 硫化

为了提高 EPDM 胶料的耐热老化性以及降低其压缩永久变形，可以采用以下的一组被称为"低变形"的配方（质量份）：硫黄 0.5 份，ZBDC 3.0 份，ZMDC 3.0 份，DTDM 2.0 份，TMTD 3.0 份。RT：第 16 章，Cures for Specialty Elastomers, B. H. To, p. 396.

47. ECO 硫化

在海德林（Hydrin）与 ECO 共混胶料中，氧化锌作为活性剂，会使胶料的耐热氧老化性较差。如果使用温度在 125℃左右，需要用氧化钙来替代部分氧化锌，以改善胶料的耐热性。GEN：S. Harber（Zeon Chemical），"Metal Oxide Activation Systems for Improved Aging in Epichlorohydrin Terpolymer Compounds," Paper No.55 presented at the Fall Meeting of the Rubber Division, ACS, Oct. 10-12, 2006, Cincinnati, OH.

48. NR/EPDM 共混物

选用硫黄/过氧化物并用来共硫化 NR/EPDM 共混物，这样 EPDM 可以赋予胶料较好的耐热老化性。GEN：S. Tobing，"Co-vulcanization in NR/EPDM Blends", Rubber World, February, 1988, p. 33.

49. 过氧化物硫化 EPDM 胶料

在过氧化物硫化 EPDM 胶料时，选用 ZMTI 作为抗氧剂，可以赋予胶料较高的模量以及抗热老化性。RT：第 17 章，Peroxide Cure Systems, L. Palys, p. 430.

50. 过氧化物与助交联剂并用

过氧化物与助交联剂并用，可以提高胶料的耐热老化性。GEN：P. Dluzneski，"Peroxide Vulcanization of Elastomers", Rubber Chemistry and Technology, July-August, 2001（74）：451.

对于过氧化物硫化体系来说，采用助交联剂来增加体系的不饱和性，可以提高胶料的交联密度。这是因为在饱和聚合物中是氢取代交联，而在不饱和体系中是自由基交联，后者更容易更有效。因为助交联剂可以引入不同类型的交联网络，因而可以提高胶料的耐热老化性。RT：第 17 章，Peroxide Cure Systems, L. Palys, p. 431-432.

51. 过氧化物与硫黄硫化

过氧化物与硫黄比较，前者可以赋予胶料更好的耐热老化性。因为过氧化物交联网络中的 C—C 键键能为 350kJ/mol，而 S—S 键键能为 115 ~ 270kJ/mol，C—S 键键能为 285kJ/mol。RT：第 17 章，Peroxide Cure Systems, L. Palys, p. 434.

52. DBU/MMBI 代替 MgO

在氯丁胶和卤化丁基胶胶料中，MgO 是作为吸酸剂，可以促进 C—C 键

RT：2001 年由 Hanser 出版社出版的 John S. Dick 编写的著作：Rubber Technology, Compounding and Testing for Performance；GEN：来自各种期刊或会议的一般参考文献；RP：来自本书顾问-编审委员会成员的建议。

的形成，而减少醚键和硫醚键的形成。据报道，采用一种新型热稳定剂 DBU/MMBI 代替 MgO，可以显著改善胶料的耐热空气老化性，但文献中只说明了 DBU 是 C9H16N2 的一种化合物。GEN：R. Musch，R. Schubart，A. Sumner，"Heat Resistant Curing System for Halogen-containing Polymers," Presented at ACS Rubber Division Meeting, Spring, 1999.

53. 高相对分子质量的抗氧剂 TMQ

1，2-二氢化-2，2，4 三甲基喹啉（TMQ）是一种被广泛使用的性价比较高的抗氧剂。选用高相对分子质量的 TMQ，如 Flectol H，可以赋予胶料更好的耐老化性。RT：第 19 章，Antidegradants, F. Ignatz-Hoover, p. 454.

54. TMQ/6PPD

如果 TMQ 在抗臭氧或者疲劳保护方面还不够的话，可以并用 6PPD ［N-苯基-N'-(1，3-二甲基丁基)-对苯二胺］。这对先暴露在氧气环境之后再暴露在臭氧环境中的胶料尤为重要。因此，TMQ 与 6PPD 并用，可以有效地提高胶料同时对氧与臭气的侵蚀的耐性。RT：第 19 章，Antidegradants, F. Ignatz-Hoover, p. 454-460.

55. TMQ/BLE

将 TMQ 与防老剂 BLE（丙酮与二苯胺高温缩合物）并用，可以同时提高胶料的耐热老化性和抗曲挠疲劳性。GEN：S. Hong，C. Lin，"Improved Flex Fatigue and Dynamic Ozone Crack Resistance Through the Use of Antidegradants or Their Blends in Tire Compounds," Presented at ACS Rubber Division Meeting, Fall, 1999, Paper No. 27.

56. 金属"毒药"

通常情况下，胶料中尽量避免使用含有铜、锰、镍或钴等金属的配合剂，因为这些过渡金属元素是氧化促进剂，会加快胶料的氧化降解。在某种程度上，在炭黑填充胶料中，烷基-芳基 PPDs 和二氢化喹啉类等抗氧剂会和这些金属反应。对于非炭黑填充胶料来说，二萘基 PPD 和 TMQ 可以用来做抗降解剂，起到一定的保护作用。RT：第 19 章，Antidegradants, F. Ignatz-Hoover, p. 461-462.

57. 化学结合抗氧剂

对 NBR 胶料，在混炼前，可以通过化学方法将抗氧剂先与 NBR 纯胶结合，这样可以提高胶料的耐热性，防止抗氧剂析出。RT：第 6 章，Elastomer Selection, R. School, p. 131. 用这种结合抗氧剂的 NBR 替代纯 NBR，会在一定程度上提高胶料的耐热空气老化性，但其提高程度不如直接用 HNBR 替代

RT：2001 年由 Hanser 出版社出版的 John S. Dick 编写的著作：Rubber Technology, Compounding and Testing for Performance；GEN：来自各种期刊或会议的一般参考文献；RP：来自本书顾问-编审委员会成员的建议。

NBR。RT：第 8 章，Specialty Elastomers，M. Gozdiff，p. 199.

将受阻酚或者胺类抗氧化剂结合到合成胶的主链上，会有效地提高胶料的抗氧化性，甚至是在苛刻条件下的抗氧化性。

在硫黄硫化的二烯类胶料中，选用 N-苯基-N′-1,3-二甲基丁基对喹啉亚胺（6QDI）作为抗氧剂，会比通常选用的 6PPD/TMQ 赋予胶料更好的抗氧化性，因为部分 6QDI 会与聚合物主链或者炭黑结合，避免了析出。RT：第 19 章，Antidegradants，F. Ignatz-Hoover，p. 454.

58. 树脂硫化

用酚醛树脂而不是硫黄来硫化丁基胶，可以使胶料具有更好的耐热老化性，当然酚醛树脂不仅仅局限于硫化丁基胶，也可硫化其他橡胶。RT：第 8 章，Specialty Elastomers，G. Jones，D. Tracey，A. Tisler，p. 178；RT：第 18 章，Tackifying，Curing，and Reinforcing Resins，B. Stuck，p. 443.

59. 氟橡胶的双酚硫化

对于氟橡胶，如果用双酚替代传统的过氧化物硫化，可以改善胶料的耐热性。GEN：Daikin America Inc.，"New DAI-EI Fluoroelastomers for Extreme Environments," Presented at the Fall Meeting of the Rubber Group，September 15-18，2008，San Antonio，TX.

60. 纤维保持胶料的物理性能

胶料中填充一定量的芳纶纤维，可以使胶料在较高的温度（如150℃）下保持较好的力学性能。GEN：K. Watson，A. Frances，"Elastomer Reinforcement with Short Kevlar Aramid Fiber for Wear Applications," Rubber World，August，1988，p. 20.

61. 充氮气

轮胎中充入氮气替代空气，可以降低胶料的氧化老化，进而提高胶料的耐久性和耐热性。GEN：J. MacIsaac，L. Evans，J. Harris，E. Terrill，"The Effects of Inflation Gas on Tire Laboratory Test Performance," Paper No. 18C-1 presented at ITEC 2008，September 16，2008，Akron，Oh；U. Karmarkar，A. Pannikottu（ARDL），"Role of Materials Research in Laboratory Tire Aging and Durability Test Development," Paper No. 17 presented at the Fall Meeting of the Rubber Division，ACS，1999，Cincinnati，OH.

RT：2001 年由 Hanser 出版社出版的 John S. Dick 编写的著作：Rubber Technology，Compounding and Testing for Performance；GEN：来自各种期刊或会议的一般参考文献；RP：来自本书顾问-编审委员会成员的建议。

3.2 提高耐臭氧性

臭氧侵蚀橡胶往往发生在表面。我们周围空气中的臭氧浓度在逐年上升。臭氧对施加一定应变的橡胶制品的侵蚀结果就是产生裂纹，这些裂纹最终会导致橡胶制件的彻底失效。

以下实验方案可能会提高硫化胶料的耐臭氧性。对书中的相关文献来源、包括后面引用的文献，读者都应该自己研究和阅读。注意：这些通用的实验方案不一定适用于每一个具体情况。能提高抗臭氧性的任何一个变量都一定会影响其他性能，或好或坏，但本书不对其他性能的改变加以阐述。本书也不对安全和健康问题加以解释。

1. 蜡类抗臭氧剂

要提高静态条件下胶料的耐臭氧性，通常是添加各种蜡的共混物，如低相对分子质量石蜡、高相对分子质量石蜡或者微晶蜡等共混物，这些共混物仅限于提高胶料的静态耐臭氧性，如果加入过多，其实会使胶料的动态耐臭氧性下降。RT：第 3 章，Vulcanizate Physical Properties, Performance Characteristics, and Testing, J. S. Dick, p. 57；RT：第 19 章，Antidegradants, F. Ignatz-Hoover, p. 456；GEN：R. Layer, R. Lattimer, "Protection of Rubber Against Ozone," Rubber Chemistry and Technology, July-August, 1990 (63): 426.

2. 对苯二胺类 PPDs 抗臭氧剂

对苯二胺 PPDs 是很有效的抗臭氧剂，即使在动态条件下，也能赋予胶料很好的耐臭氧性。RT：第 19 章，Antidegradants, F. Ignatz-Hoover, p. 454.

很多情况下，也会选用 6PPDs 作为动态条件下的有效抗臭氧剂。RT：第 3 章，Vulcanizate Physical Properties, Performance Characteristics, and Testing, J. S. Dick, p. 64.

将 6PPD（长期有效）和 77PPD（短期有效）并用，可以全面提高胶料的耐臭氧性。GEN：L. Walker, J. Luecken, "Antidegradants for Ozone and Fatigue Resistance: Laboratory and Tire Tests," Elastomerics, May, 1980, p. 36.

新型白炭黑填充的低滚动阻力胶料中，可能需要添加更多的 PPDs 抗氧剂，因为白炭黑会吸附掉一部分抗氧剂。GEN：F. Ignatz-Hoover, D. Killmeyer, B. To (Flexsys), "Aging Characteristics of Carbon Black Filled vs. Silica Filled Compound," Paper NO. 73 presented at the Fall Meeting of the Rubber Division, ACS, October 11-13, 2011, Cleveland, OH.

RT：2001 年由 Hanser 出版社出版的 John S. Dick 编写的著作：Rubber Technology, Compounding and Testing for Performance；GEN：来自各种期刊或会议的一般参考文献；RP：来自本书顾问-编审委员会成员的建议。

3. 微胶囊化 PPD

对 6PPD，可以考虑实施微胶囊技术，这种微胶囊剂可以选择醋酸纤维素。将微胶囊化的 6PPD 加入到胶料中，既可以长时间地保护胶料免受臭氧侵蚀又可以防止 6PPD 的向外迁移。GEN：L. Evans, D. Benko, J. Gillick, W. Waddell, "Microencapsulated ANtidegradants for Extending Rubber Lifetime," Rubber Chemistry and Technology, March-April, 1992（65）: 201.

4. 蜡/PPDs

要想使胶料在静态和动态条件下都具有很好的耐臭氧性，那么就选择一种蜡并用一种对苯二胺类，如 6PPD 的抗臭氧剂。RT：第 19 章, Antidegradants, F. Ignatz-Hoover, p. 456；RT：第 3 章, Vulcanizate Physical Properties, Performance Characteristics, and Testing, J. S. Dick, p. 64.

5. NBC 抗臭氧剂

二丁基二硫代氨基甲酸镍（NBC）对于 NBR、CR 和 SBR 来说是较好的静态抗臭氧剂，但不适合在动态条件下使用的胶料。RT：第 19 章, Antidegradants, F. Ignatz-Hoover, p. 453.

6. 抗臭氧剂的相对分子质量与溶解度

有效的抗臭氧剂必须是与胶料相溶的，并且必须能迁移到表面而起到阻隔臭氧侵蚀的作用。通常其迁移速度取决其相对分子质量以及在胶料中的溶解度。RT：第 19 章, Antidegradants, F. Ignatz-Hoover, p. 450.

7. 6QDI

硫黄硫化的二烯类胶料中，要选用 N-苯基-N′-1,3-二甲基丁基对喹啉亚胺（6QDI）做抗臭氧剂，因为硫化后，它会与橡胶主链或者是炭黑发生化学结合，从而提高了胶料的耐臭氧性。因此，有报道说，在一些情况下，6QDI 比 6PPD/TMQ 有更好的抗氧化作用。还有报道说，6QDI 会部分转化成 6PPD 而起到抗臭氧侵蚀的作用。RT：第 19 章, Antidegradants, F. Ignatz-Hoover, p. 454.

8. 77PD

77PD（烷基 PPD）主要用做静态臭氧保护剂，并且是短期保护。在动态条件下，往往是不单独使用的，一般会与烷基-芳基 PPD 并用，使胶料在静态和动态下都会有较好的耐臭氧性。通常 6PPD 与 77PD 会按 2:1 比例（质量比）并用，前者是为动态条件的臭氧保护，而后者是为静态条件的臭氧保护。RT：第 19 章, Antidegradants, F. Ignatz-Hoover, p. 454-460.

9. TMQ/6PPD

如果 TMQ 在抗臭氧或者疲劳保护方面还不够的话，可以并用 6PPD［N-

RT：2001 年由 Hanser 出版社出版的 John S. Dick 编写的著作：Rubber Technology, Compounding and Testing for Performance；GEN：来自各种期刊或会议的一般参考文献；RP：来自本书顾问-编审委员会成员的建议。

苯基-N′-（1，3-二甲基丁基）-对苯二胺］。这对于先暴露在氧气环境之后再暴露在臭氧环境中的胶料来说尤为重要。因此，TMQ 与 6PPD 并用是很常见的。RT：第 19 章，Antidegradants，F. Ignatz-Hoover，p. 454-460.

10. 非着色乙缩醛抗臭氧剂

对白色或者彩色胶料，可以使用非着色抗氧剂。可以考虑选用环状乙缩醛类抗氧剂（Bayer 公司的 Vulkazon AFS）作为各种不同胶料的抗臭氧剂。GEN：W. Jeske，"How to Avoid Ozone Cracking-a Solution for White and Colored Rubber Goods，" Presented at ACS Rubber Division Meeting，Fall，1999，Paper No. 65.

据报道，与对苯二胺类抗氧剂相比，双-(1，2，3，6-四氢苯甲醛)-季戊四醇缩醛能赋予 CR、IIR、CIIR、BIIR 等胶料更高的耐臭氧性。GEN：W. Waddell，"Tire Black Sidewall Surface Discoloration and Non-staining Technology：A Review，" Rubber Chemistry and Technology，July-August 1998 (71)：590.

11. 丁基胶与卤化丁基胶

丁基胶与卤化丁基胶本身具有较好的耐臭氧性。RT：第 6 章，Elastomer Selection，R. School，p. 131.

不饱和度低［如0.8%（摩尔浓度)］的丁基胶具有更好的耐臭氧性，因为不饱和度低，受臭氧侵蚀的机会就少。RT：第 8 章，Specialty Elastomers，G. Jones，D. Tracey，A. Tisler，p. 176.

12. DNPD/ZnO 硫化 BIIR

用氧化锌并用 N，N′-二-β-萘基对苯二胺（DNPD）或者 Goodrich 公司的产品 Agerite White 硫化溴化丁基胶，可以赋予胶料较好的耐臭氧性。GEN：D. Edwards，"A High-pressure Curing System for Halobutyl Elastomers，" Rubber Chemistry and Technology，March-April，1987 (60)：62.

13. BIMS

溴化异丁烯-对甲基苯乙烯橡胶（BIMS）比一些丁基胶或者卤化丁基胶具有更好的耐臭氧性，因为 BIMS 是完全饱和的。GEN：A. Tisler，K. McElrath，D. Tracey，M. Tse，"New Grades of BIMS for Non-stain Tire Sidewalls，" Presented at ACS Rubber Division Meeting，Fall，1997，Paper No. 66.

在以 NR 为基体的三元共混轮胎胎侧胶料中，用 BIMS 替代部分卤化丁基胶或者 EPDM，可以显著地提高耐臭氧性和抗疲劳裂口增长性。GEN：W. Waddell，"Tire Black Sidewall Surface Discoloration and Non-staining Technology：A Review，" Rubber Chemistry and Technology，July-August，1998 (71)：590.

RT：2001 年由 Hanser 出版社出版的 John S. Dick 编写的著作：Rubber Technology，Compounding and Testing for Performance；GEN：来自各种期刊或会议的一般参考文献；RP：来自本书顾问-编审委员会成员的建议。

14. 丁基胶的二肟硫化

丁基胶料采用二肟硫化，可以提高胶料的耐臭氧性。RT：第 8 章，Specialty Elastomers，G. Jones，D. Tracey，A. Tisler，p. 177.

15. 烷基酚二硫化物硫化卤化丁基胶

卤化丁基胶与其他不饱和弹性体共混时，选用烷基酚二硫化物来硫化，可以显著地改善胶料的耐臭氧性。RT：第 16 章，Cures for Specialty Elastomers，B. H. To，p. 409.

16. EPDM 和 EPM

三元乙丙橡胶和二元乙丙橡胶都具有较好的耐臭氧性。RT：第 6 章，Elastomer Selection，R. School，p. 132.

17. 高光泽度耐臭氧胶料

要想使橡胶制品表面具有很高的光泽度，应选用含有高饱和度主链的弹性体共混物。共混物中含有这些饱和组分，不需加入抗臭氧剂就具有较好的抗臭氧性。如果使用抗臭氧剂，就会出现"喷霜"现象，迁移到表面就会影响制品的光泽。这种饱和主链弹性体有 EPDM、BIIR、CIIR 和 BIMS 等。GEN：W. Waddell，"Tire Black Sidewall Surface Discoloration and Non-staining Technology：A Review，" Rubber Chemistry and Technology，July-August，1998（71）：590.

18. 避免使用 NR

如果不使用强抗臭氧剂，天然胶料的耐臭氧性会很差，因此一般会使用 NR 与其他耐臭氧弹性体的共混物。RT：第 6 章，Elastomer Selection，R. School，p. 127.

19. NR 加覆盖胶

安装在发动机上的全天然橡胶发动机支架，其表面有两层覆盖胶，其中底层是按一定比例配合并且发生交联的氯丁二烯与辛烯聚合物，上面一层是交联的卤化丁基胶/辛烯聚合物。在橡胶支架表层的这两层覆盖胶，可以有效地抵挡臭氧以及热氧化对天然胶的侵蚀，这主要是因为其降低了臭氧和氧扩散到天然胶中引起的主链断裂。疲劳实验结果显示，这种带有两层覆盖胶的橡胶发动机支架的疲劳次数明显提升。GEN：H. Graf，E. Sayej，"Reversion Resistance of Engine Mounts，" Rubber World，February，2000，p. 55.

20. HXNBR 覆盖胶

在天然胶制品表面覆盖一薄层氢化羧基丁腈胶 HXNBR，用来延长其耐高温寿命以及抗臭氧能力。GEN：Rani Joseph（Cochin University India），"HXNBR for Improving Aging Resistance of Natural Rubber Products," Paper No. 1 presented at the Fall Meeting of the Rubber Division, ACS, November 1-3, 2005, Pittsburgh, PA.

21. NR/EPDM 共混物

硫黄和过氧化物并用硫化 NR/EPDM 共混物中，EPDM 会赋予胶料较好的耐臭氧性。GEN：S. Tobing, "Co-vulcanization in NR/EPDM Blends," Rubber World, February, 1988, p. 33.

对于 NR/EPDM 共混物来说，提高 EPDM 用量会提高共混物胶料的耐臭氧性。理论上，EPDM 的最佳用量在 35% ~ 40%（质量分数）（EPDM 成为连续相）。因为随着 EPDM 用量的增加，共硫化会成为一个问题，并且会导致性能下降。GEN：A. Ahmad, "NR/EPDM Blend for Automotive Rubber Component," Rubber Research Institute of Malaysia; E. McDonel, K. Baranwal, J. Andries, Polymer Blends, Vol. 2, Chapter 19, "Elastomer Blends in Tires", Academic Press, 1978, p. 287.

研究发现，EPR 在 NR 中的分散微区会降低胶料的臭氧龟裂纹，EPR 在 NR 中的最佳用量为 35% ~ 45%（质量分数），可以有效地提高胶料的耐臭氧性。GEN：W. Hess, C. Herd, P. Vegvari, "Characterization of Immiscible Elastomer Blends," Rubber Chemistry and Technology, July-August, 1993 (66): 329.

22. NR/CIIR 共混物

在 NR/CIIR 共混物中，CIIR 的比例可以高一些，它与 NR 的相容性要比 EPDM 与 NR 的相容性更好。但是 EPDM 相当于一种抗臭氧剂加在 NR 中的，因此有时需要将三者共混来得到物理性能与耐臭氧性能都较好的胶料。E. McDonel, K. Baranwal, J. Andries, Polymer Blends, Vol. 2, Chapter 19, "Elastomer Blends in Tires," Academic Press, 1978, p. 287.

23. CR

据报道，氯丁胶料的耐臭氧性可以达到 50pphm（50×10^{-8}），加入 1 ~ 2 份（质量份）的二芳基对苯二胺抗臭氧剂可以使 CR 胶料的耐臭氧性提高到 100pphm。然而这种抗氧剂会缩短胶料的焦烧安全期，应该和硫化剂一起加入混炼。RP：L. L. Outzs.

24. CR/EPDM 合金

在 CR/EPDM = 70/30（质量比）共混中，加入 10 份（质量份）Escor 酸类三元共聚物增容剂（乙烯-甲基丙烯酸酯-丙烯酸三元共聚物），这种胶料的抗德默西亚（曲挠）切口增长性好，耐热性好，耐臭氧性好，是用在传输带

RT：2001 年由 Hanser 出版社出版的 John S. Dick 编写的著作：Rubber Technology, Compounding and Testing for Performance；GEN：来自各种期刊或会议的一般参考文献；RP：来自本书顾问-编审委员会成员的建议。

上强烈推荐的胶料配方。GEN：P. Arjunan, R. Kusznir, A. Dekmezian, "Compatibilization of CR/EPM Blends for Power Transmission Belt Applications," Rubber World, February, 1997, p. 21.

25. 可混炼 PU 与 SBR 共混物

在 SBR 胶料中，逐渐加入可混炼的 PU，可以有效地提高胶料的耐臭氧性。GEN：T. Jablonowski, "Blends of PU with Conventional Rubbers," Rubber World, October, 2000, p. 41.

可混炼 PU 还可以和 NBR、NBR/PVC、EPDM、SBR 以及 BR 等共混以改善耐臭氧性。但需要调整硫化体系和加入一定的增容剂。GEN：T. Jablonowski (Uniroyal Chemical Co.), "Blends of Polyurethane Rubbers with Conventional Rubbers, " Paper No. 46 presented at the Spring Meeting of the Rubber Division, ACS, April 13-16, 1999, Chicago, IL.

26. 表氯醇橡胶

表氯醇橡胶本身具有较好的耐臭氧性。RT：第 8 章, Specialty Elastomers, C. Cable, p. 216.

27. 硅橡胶

硅橡胶是耐臭氧性较好的弹性体。RT：第 6 章, Elastomer Selection, R. School, p. 136.

28. 乙烯-醋酸乙烯酯橡胶（EVM）

EVM 橡胶有时被称为"被遗忘的橡胶"，其醋酸乙烯酯含量为 40% ~ 80%。EVM 胶料经合理配合，可以具有优异的耐臭氧性，因其主链是饱和的。因此 EVM 被越来越多地应用在汽车中的密封圈和垫圈上。GEN：R. Pazur, L. Ferrari, H. Meisenheimer (Bayer Inc.), "Ethylene Vinyl Acetate Copolymers：The Forgotten Rubber," Paper No. ⅩⅥ presented at the Spring Meeting of the Rubber Division, ACS, May 17-19, 2004, Grand Rapids, MI.

29. 聚丙烯酸酯橡胶

聚丙烯酸酯橡胶是耐臭氧性较好的弹性体。RT：第 6 章, Elastomer Selection, R. School, p. 138.

30. CM

氯化聚乙烯弹性体是耐臭氧性较好的弹性体。RT：第 8 章, Specialty Elastomers, L. Weaver, p. 212.

31. CSM

氯磺化聚乙烯橡胶本身具有较好的耐臭氧性。RT：第 8 章, Specialty

RT：2001 年由 Hanser 出版社出版的 John S. Dick 编写的著作：Rubber Technology, Compounding and Testing for Performance；GEN：来自各种期刊或会议的一般参考文献；RP：来自本书顾问-编审委员会成员的建议。

Elastomers, L. Weaver, p. 214.

32. 聚氨酯弹性体

聚氨酯弹性体与一般二烯类橡胶相比，一个突出优势就是耐臭氧性好。RT: 第 9 章, Polyurethane Elastomers, R. W. Fuest, p. 253.

33. HNBR

一般来讲，HNBR 具有较好的耐臭氧性。GEN: R. Campbell (Greene Tweed Co.), "History of Sealing Products and Future Challenges in the Oil Field," Paper Presented at a meeting of the Energy Rubber Group, Educational Symposium, September 13, 2011, Galveston, TX.

HNBR 仍然可以用硫黄来硫化，因为它还有一部分不饱和键，如果用过氧化物硫化，会提高其耐臭氧性。RT: 第 8 章, Specialty Elastomers, M. Wood, p. 202.

34. NBR/PVC 共混物

NBR 与 PVC 共混后，其耐臭氧性会得到显著改善。将 NBR 纯胶与增塑了的 PVC 在密炼机熔融共混之后再进行造粒，以便于以后的混炼配合。研究发现，乳液聚合的 PVC（用作塑料溶胶）最适合与 NBR 共混，可以使胶料具有较好的耐臭氧性和应力-应变性能。RT: 第 6 章, Elastomer Selection, R. School, p. 132; GEN: J. Dunn, D. Coulthard, H. Pfisterer, "Advanced in Nitrile Rubber Technology," Rubber Chemistry and Technology, July-August, 1978 (51): 389.

在 NBR/PVC 共混物中，增加 PVC 用量，可以提高胶料的耐臭氧保护。GEN: M. Chase, "Roll Coverings Past, Present and Future," Presented at Rubber Roller Group Meeting New Orleans, May 15-17, 1996, p. 3.

35. NBR/EPDM 共混物

耐油性好的 NBR 胶如果和 30 份（质量份）EPDM 共混，可以提高其耐臭氧性，但是会降低耐油性。然而 NBR 和 EPDM 的相容性很差，如果不能很好地配合混炼，硫化共混物的性能会较差，因此要注意选择合适的硫化体系，增加两者的相容性。例如，Wood 和 Mass 研究发现，二硫代氨基甲酸盐具有长链的烷基，可以用在硫化体系中。另外，Bergstrom 研究发现，0.2 份（质量份）硫黄、0.5 份（质量份）CBS 和 2.5 份（质量份）40% DCP 母料是用于 NBR/EPDM 的不错的硫化体系。Mitchell 研究发现，将 EPDM 与炭黑先混炼为母胶，再与 NBR 混炼，可以提高相容性及其他性能。GEN: J. Dunn, D. Coulthard, H. Pfisterer, "Advanced in Nitrile Rubber Technology," Rubber Chemistry and Technology, July-August, 1978 (51): 389.

RT: 2001 年由 Hanser 出版社出版的 John S. Dick 编写的著作: Rubber Technology, Compounding and Testing for Performance; GEN: 来自各种期刊或会议的一般参考文献; RP: 来自本书顾问-编审委员会成员的建议。

36. 氟橡胶

通常，氟橡胶具有很好的耐候性，同时也具有很好的耐臭氧性。GEN：Jim Denham（3M），"Basic Fluoro-elastomer Technology," Presented at the Fall Meeting of the Energy Rubber Group, September 13, 2011, Galveston, TX.

37. 滑石粉

研究发现，滑石粉可以赋予胶料一定的耐臭氧性。GEN：L. Evans, W. Waddell, "Computerized Optimization of a White Sidewall," Rubber World, November, 1993, p. 18.

38. 白炭黑

在含有 EPDM 及炭黑填充的胎侧胶料中，加入白炭黑，可以有效地提高胶料的耐臭氧性、抗撕裂性能和抗裂口增长性。GEN：W. Waddell, L. Evans, "Use of Nonblack Fillers in Tire Compounds," Rubber Chemistry and Technology, July-August, 1996 （69）：377.

RT：2001 年由 Hanser 出版社出版的 John S. Dick 编写的著作：Rubber Technology, Compounding and Testing for Performance；GEN：来自各种期刊或会议的一般参考文献；RP：来自本书顾问-编审委员会成员的建议。

3.3 提高耐曲挠疲劳性/抗切口增长

曲挠疲劳的标准实验往往给出不同的结果。并且耐曲挠疲劳和抗切口增长是两种不同的性能，在一些情况下，这两种性能具有一定的独立性。另外，抗裂纹引发和抗切口增长也是两种不同的性能。

以下的实验方案可能会提高耐曲挠疲劳性或者抗切口增长性。对书中的相关文献来源、包括后面引用的文献，读者都应该自己研究和阅读。注意：这些通用的实验方案不一定适用于每一个具体情况。能提高耐曲挠疲劳或裂口增长性的任何一个变量都一定会影响其他性能，或好或坏，但本书不对其他性能的改变加以阐述。本书也不对安全和健康问题加以解释。

1. 混炼

通过优化混炼方法，提高补强填料如炭黑或白炭黑等的分散，可以改善胶料的耐曲挠疲劳性。RT：第 2 章，Compound Processing Characteristics and Testing, J. S. Dick, p. 42；GEN：S. Monthey, T. Reed, "Performance Difference Between Carbon Blacks and CB Blends for Critical IR Applications," Rubber World, April, 1999, p. 42.

通过延长混炼周期来提高炭黑的分散，通常会改善胶料的德默西亚抗切口增长。RT：第 12 章，Compounding with Carbon Black and Oil, S. Laube, S. Monthey, M- J. Wang, p. 308；GEN：W. Hess, "Characterization of Dispersions," Rubber Chemistry and Technology, July- August, 1991 (64)：386.

研究发现，填料分散不均匀时实际上能提高抗切口增长。因为，分散不均的填料粒子会阻碍裂口的延伸，从而产生很曲折的撕裂。GEN：F. Eirich, Science and Technology of Rubber, Chapter 9, "The Rubber Compound and Its Composition," M, Studebaker J. Beatty, Academic Press, 1978：367。

2. 相混炼

对 SBR/BR 共混物，如果通过相混炼技术将炭黑先与 SBR 混炼，那么可以改善共混物胶料的抗切口增长。GEN：E. McDonel, K. Baranwal, J. Andries, Polymer Blends, Vol. 2, Chapter 19, "Elastomer Blends in Tires", Academic Press, 1978, p. 287.

有研究发现，对 NR/BR/EPDM 共混物，如果将炭黑先与 NR 混炼，那么三元共混物胶料的抗切口增长会提高。GEN：W. Waddell, "Tire Black Sidewall Surface Discoloration and Non- staining Technology：A Review," Rubber Chemistry and Technology, July- August, 1998 (71)：590.

RT：2001 年由 Hanser 出版社出版的 John S. Dick 编写的著作：Rubber Technology, Compounding and Testing for Performance；GEN：来自各种期刊或会议的一般参考文献；RP：来自本书顾问-编审委员会成员的建议。

对 NR/BR 共混物，通过相混炼技术将炭黑先与 NR 混炼，可使共混物的抗切口增长性提高。GEN：J. Massie，R. Hirst，A. Halasa，"Carbon Black Distribution in NR/Polybutadiene Blends，" Rubber Chemistry and Technology，July-August，1993（66）：276。

研究发现，对 NR/BR 共混物，选用大粒径低结构的高耐磨炉黑如 N330，并且保证炭黑在两相中均匀分布，可以有效地提高胶料的耐曲挠疲劳性。GEN：W. Hess，C. Herd，P. Vegvari，"Characterization of Immiscible Elastomer Blends，" Rubber Chemistry and Technology，July-August，1993（66）：329。

还有研究发现，通过相混炼技术将 N299 先与 NR 混炼，可以有效改善 NR/BR 共混胶料的耐曲挠疲劳性。BR 的含量越高，共混物的耐曲挠疲劳性越好。GEN：W. Hess，"Characterization of Dispersions，" Rubber Chemistry and Technology，July-August，1991（64）：386。

对 NR/CIIR 共混物，通过相混炼技术将炭黑先与 NR 混炼，共混胶料的耐疲劳裂口增长会得到改善。GEN：D. Young，"Application of Fatigue Methods Based on Fracture Mechanics for Tire Compound Development，" Rubber Chemistry and Technology，September-October，1990（63）：567。

3. 高温混炼与凝胶的形成

像 SBR 这样的合成胶中一般含有稳定剂。然而在 163℃ 以上温度混炼 SBR 胶料时，能够产生松散型凝胶（可被辊炼开）和紧致型凝胶（不能被辊炼开，也不溶于某些溶剂）。这两种凝胶都会缩短胶料的耐曲挠疲劳寿命。因此，必须谨慎对待 SBR 的混炼温度。GEN：R. Mazzeo，"Preventing Polymer Degradation During Mixing，" Rubber World，February，1995：22。

4. 交联密度

要控制胶料硫化到一个最佳交联密度，以使胶料具有最好的耐曲挠疲劳性。这个最佳交联密度一般会低于有最佳拉伸强度的交联密度。RT：第 3 章，"Vulcanizate Physical Properties，Performance Characteristics，and Testing，" J. S. Dick，p. 47。

5. 传统硫化体系

传统硫化体系中促进剂与硫黄的比例要低于有效和半有效硫化体系，因此这种硫化体系产生的交联网络中以多硫键为主，相对于单硫键和双硫键，其具有热力学不稳定性。但是对于传统硫化体系硫化的未老化胶料来说，其具有更好的耐曲挠疲劳性。RT：第 15 章，Sulfur Cure Systems，B. H. To，p. 387。

6. 避免无硫硫化

无硫硫化体系中往往用秋兰姆作为硫给体，可以生成更多的单硫键和双

RT：2001 年由 Hanser 出版社出版的 John S. Dick 编写的著作：Rubber Technology，Compounding and Testing for Performance；GEN：来自各种期刊或会议的一般参考文献；RP：来自本书顾问-编审委员会成员的建议。

硫键，但与多硫键相比，这会造成胶料的耐曲挠疲劳性下降。GEN：T. Kempermann，"Sulfur-free Vulcanization Systems for Diene Rubber," Rubber Chemistry and Technology，July-August，1988（61）：422.

7. 硫黄与过氧化物

硫黄硫化胶料比过氧化物硫化胶料具有更好的耐曲挠疲劳性，因为硫-硫键能够断裂和重组，而碳-碳键则不能。RT：第 17 章，Peroxide Cure Systems，L. Palys，p. 434.

8. 过氧化物硫化体系中的锌基助硫化剂

如果为了使胶料具有较好的耐热性而采用了过氧化物硫化体系，那么应该考虑采用锌基助硫化剂来提高胶料的耐动态疲劳性。例如，过氧化物/甲基丙烯酸锌硫化体系可以使胶料具有更优异的耐曲挠疲劳性，主要是因为甲基丙烯酸锌与胶料之间形成的离子交联赋予胶料较好的德默西亚曲挠疲劳性。$C-O-Zn^{2+}-O-C$ 的键能是 293kJ/mol，而过氧化物硫化形成的 $C-C$ 键能是 335kJ/mol。GEN：S. Henning，R. Costin（Sartomer Co.），"Fundamentals of Curing Elastomers with Peroxides and Coagents," Paper E Presented at the Spring Meeting of the Rubber Division，ACS，May 16-18，2005，San Antonio，TX；L. Palys，P. Callais（Atofina Chemicals），"Understanding Organic Peroxides to Obtain Optimal Crosslinking Performance," Rubber World，December，2003.

9. 硬度稳定性

要想使胶料具有好的耐曲挠疲劳性，应该避免胶料在使用过程中出现定伸增长或硬度增加的现象。GEN：R. Ohm，"New Developments in Curing Halogen-containing Polymers," Presented at ACS Rubber Division Eduction Symposium No. 45，"Automotive Applications II," Spring，1998.

10. HTS

用次黄酰胺硫化体系硫化的天然胶料中，加入抗硫化返原剂二水合六亚甲基-1，6-二硫代硫酸二钠盐（HTS），可以形成一种杂化交联网络，因此会有效地提高胶料的耐曲挠疲劳性和耐热老化性。RT：第 15 章，Sulfur Cure Systems，B. H. To，p. 391.

11. BCI-MX 抗硫化返原剂

1，3-双（柠康亚酰胺甲基）苯（BCI-MX）是一种抗硫化返原剂，它可以赋予天然胶料很好的抗硫化返原性和耐压缩曲挠疲劳性。RT：第 15 章，Sulfur Cure Systems，B. H. To，p. 391-393.

RT：2001 年由 Hanser 出版社出版的 John S. Dick 编写的著作：Rubber Technology, Compounding and Testing for Performance；GEN：来自各种期刊或会议的一般参考文献；RP：来自本书顾问-编审委员会成员的建议。

12. 优化硫化程度

有人认为，切口增长是曲挠疲劳的一种形式。研究发现，硫化程度低会导致较差的抗切口增长。同样，过高的硫化程度也能使胶料的抗切口增长下降，这可能是因为拉断伸长率降低的缘故。因此，存在一个最佳的硫化程度。GEN：F. Eirich, Science and Technology of Rubber, Chapter 9, "The Rubber Compound and Its Composition," M, Studebaker J. Beatty, Academic Press, 1978：367.

13. 延长硫化时间

Beatty 和 Miksch 开发了一种测试裂口增长的实验仪，试图模拟工程车胎裂口发生和增长的过程。裂口产生和增长会和曲挠疲劳有一定的关系，但与传统方法测试的曲挠疲劳会有很大的不同且更复杂。测试发现，天然胶胎面胶料在 140℃ 下比较后硫与欠硫，后硫化时胶料具有更好的抗切口增长，难以解释此现象。所以如果在更低的温度下硫化更长的时间，可能并不会改善抗切口增长。因此还需要更多的研究来确定最佳硫化时间。总之，硫化温度和硫化时间在决定材料的抗切口增长方面起着很重要的作用。GEN：J. Beatty, B. Miksch, "A Laboratory Cutting and Chipping Tester for Evaluation Off-the Road and Heavy-duty Tire Treads," Rubber Chemistry and Technology, November-December, 1982 (55)：1531.

14. 低温下硫化更长时间

为了使硫黄硫化胶料具有最大的耐曲挠疲劳性，考虑将在更低温度下硫化更长的时间而不是在较高温度下短时间硫化，因为这样可以使胶料的交联密度提高并且使多硫键占优势。但是，胶料密度升高，硬度增加，可能会造成在定应变下的曲挠疲劳性下降。GEN：M. Lemieux, P. Killcoar, "Low Modulus, High Damping, High Fatigue Life Elastomer Compounds for Vibration Isolation," Rubber Chemistry and Technology, September-October, 1984 (57)：792.

15. 曲挠爆裂

Goodrich 曲挠实验机测定实验结果显示，具有 C-C 键或单硫键的硫化胶料比含有多硫键的胶料具有更高的曲挠爆裂温度。GEN：A. Gent, M. Hindi, "Heat Build-up and Blowout of Rubber Blocks," Rubber Chemistry and Technology, November-December, 1988 (61)：892.

16. 应变诱导结晶

具有应变诱导结晶性能的橡胶如天然胶等能赋予胶料很好的抗切口增长

RT：2001 年由 Hanser 出版社出版的 John S. Dick 编写的著作：Rubber Technology, Compounding and Testing for Performance；GEN：来自各种期刊或会议的一般参考文献；RP：来自本书顾问-编审委员会成员的建议。

（但耐裂口产生性不好）。RT：第 3 章，Vulcanizate Physical Properties, Performance Characteristics, and Testing, J. S. Dick, p. 60.

顺式含量高的异戊橡胶能赋予胶料一定的应变诱导结晶性，因此会有更好的抗切口增长。RT：第 7 章，General Purpose Elastomers and Blends, G. Day, p. 142.

17. 高相对分子质量

提高胶料中基体橡胶的相对分子质量，可以改善胶料的耐曲挠疲劳性。GEN：R. Mastromatteo, E. Morrisey, M. Mastromatteo, H. Day, "Matching Material Properties to Application Requirements," Rubber World, February, 1983：25.

使用平均相对分子质量高的 BR，会显著改善胶料的曲挠疲劳寿命。RT：第 7 章，General Purpose Elastomers and Blends, G. Day, p. 142.

使用平均相对分子质量高的 SBR，会显著改善胶料的曲挠疲劳寿命。GEN：J. Zhao, G. Ghebremeskel, "A Review of Some of the Factors Affecting Fracture and Fatigue in SBR and BR Vulcanizates," Rubber Chemistry and Technology, July-August, 2001（74）：409.

选用填充油母胶，可以改善胶料的耐曲挠疲劳性和耐磨性，这是因为填充油母胶一般分子量较大，但因填充了油，仍具有较好的加工性。GEN：K. Grosch, "The Rolling Resistance, Wear, and Traction Properties of Tread Compounds," Rubber Chemistry and Technology, July-August, 1996（69）：495.

Beatty 和 Miksch 开发了一种测试裂口增长的实验仪，试图模拟工程车胎裂口发生和增长的过程。裂口产生与增长会和曲挠疲劳有一定的关系，但与传统方法测试的曲挠疲劳会有很大的不同且更复杂。这种试验仪的测试结果显示，使用填充油的 SBR 和 BR 母胶，可以改善胶料的耐裂口产生和增长性。GEN：J. Beatty, B. Miksch, "A Laboratory Cutting and Chipping Tester for Evaluation Off-the Road and Heavy-duty Tire Treads," Rubber Chemistry and Technology, November-December, 1982（55）：1531.

18. NR

对 NR，要避免使用化学塑解剂，如双苯酰胺硫酚或五氯硫酚（PCTP），因为它们会增加胶料的热量积累，降低胶料的曲挠爆裂温度。RT：第 14 章，Ester Plasticizers and Processing Additives, W. Whittington, p. 368.

19. NR 发动机支架

安装在发动机里的全天然橡胶发动机支架，其表面有两层覆盖胶，其中底层是按一定比例配合并且发生交联的氯丁二烯与辛烯聚合物，上面一层是交联的卤化丁基胶/辛烯聚合物。在橡胶支架表层的这两层覆盖胶，可以有效

RT：2001 年由 Hanser 出版社出版的 John S. Dick 编写的著作：Rubber Technology, Compounding and Testing for Performance；GEN：来自各种期刊或会议的一般参考文献；RP：来自本书顾问-编审委员会成员的建议。

抵挡臭氧以及热氧化对天然胶的侵蚀，这主要是因为其降低了臭氧和氧扩散到天然胶中引起的主链断裂。疲劳实验结果显示，这种带有两层覆盖胶的发动机橡胶支架的疲劳次数明显提升。GEN: H. Graf, E. Sayej, "Reversion Resistance of Engine Mounts," Rubber World, February, 2000, p. 55.

20. 银菊胶

银菊胶与巴西胶相比，具有更好的耐曲挠疲劳性，因为银菊胶中的非聚合物成分会引起更强的应变诱导结晶趋势。但是，当这两种胶都填充了炭黑后，其耐曲挠疲劳性就没有区别了。GEN：P. Santangelo, Co. Roland, "The Fatigue Life of Hevea and Guayule Rubbers," Rubber Chemistry and Technology, March-April, 2001 (74): 69.

21. 脱蛋白天然胶

从实验数据中统计得知：脱蛋白天然胶比标准天然胶、异戊胶和顺丁胶都具有更好的耐曲挠疲劳性。GEN：R. Del Vecchio, E. Ferro, K. Winkler, "Fatigue Life Comparisions of NR Compounds," Paper No. 106 presented at the Fall Meeting of the Rubber Division, ACS, October 17, 2003, Cleveland, OH.

22. 聚丁二烯橡胶

钕系催化高顺式 BR 胶料具有更好的耐曲挠疲劳性。这种催化体系会提高胶料的应变诱导结晶能力，从而产生好的耐曲挠疲劳性。其中的顺式含量应该达到98%以上。另外，提高 BR 中的乙烯基含量也能提高其耐曲挠疲劳性。GEN：E. Lauretti, L. Gargani, "Neodymium Catalysts May Aid BR Products," Rubber & Plastics News, March 7, 1988, p. 18; GEN：J. Zhao, G. Ghebremeskel, "A Review of Some of the Factors Affecting Fracture and Fatigue in SBR and BR Vulcanizates," Rubber Chemistry and Technology, July-August, 2001 (74): 409.

23. NR/BR 和 SBR/BR

顺式聚丁二烯胶与天然胶共混物以 50:50 比例（质量比）共混时，胶料具有较好的抗切口增长。这种比例的胶料可以防止在恶劣环境下或缓慢力化学侵蚀环境下引起裂口产生与增长。尤其是在低温环境下，这种 BR/NR =50/50（质量比）胶料要明显比纯 NR 更有优势。GEN：H. Kim, G. Hamed, "On the Reason that Passenger Tire Sidewalls are Based on Blends of NR and cis-polybutadiene," Presented at ACS Rubber Division Meeting, Fall, 1999, Paper No. 184, p. 7.

据研究发现，在 SBR 或者 NR 的胎面胶料中加入顺式 BR，可以改善胶料的疲劳寿命与轮胎沟槽裂口性。GEN：F. Eirich, Science and Technology of Rubber, Chapter 9, "The Rubber Compound and Its Composition," M. Studebaker

RT: 2001 年由 Hanser 出版社出版的 John S. Dick 编写的著作：Rubber Technology, Compounding and Testing for Performance；GEN：来自各种期刊或会议的一般参考文献；RP：来自本书顾问-编审委员会成员的建议。

J. Beatty, Academic Press, 1978: 367.

24. NR/SBR 共混物

在 NR 胎面胶料中加入少量的 SBR, 可以改善胶料的疲劳寿命和沟槽裂口性。GEN: F. Eirich, Science and Technology of Rubber, Chapter 9, "The Rubber Compound and Its Composition," M. Studebaker, J. Beatty, Academic Press, 1978: 367.

25. NR/BR/SBR 与均质剂

在胎侧三元共混物胶料 NR/BR/SBR 中, 加入 C9 碳氢树脂 (Rhenosin TP100®) 均质剂, 可以有效地提高胶料的抗切口增长。GEN: L. Steger (Rhein Chemie), K. Hillner, S. Schroter, "Resins in Tyre Compounds."

26. NR/CIIR/EPDM

研究发现, 白色胎侧胶料中, 使用 NR/CIIR/EPDM 三元共混物, 可以有效地平衡胶料的曲挠疲劳性能与动静态下的耐臭氧性能。GEN: W. Waddell, "Tire Black Sidewall Surface Discoloration and Non-staining Technology: A Review", Rubber Chemistry and Technology, July- August, 1998 (71): 590.

27. HNBR

氢化丁腈胶具有优异的耐曲挠疲劳性能、耐油性能和耐热老化性能。因此通常被用在同步带上。RT: 第 6 章, Elastomer Selection, R. School, p. 131.

28. SBR

在 SBR 胶料中, 提高结合苯乙烯的含量, 可以有效改善胶料的耐曲挠疲劳性能和抗撕裂性能。GEN: GEN: J. Zhao, G. Ghebremeskel, "A Review of Some of the Factors Affecting Fracture and Fatigue in SBR and BR Vulcanizates," Rubber Chemistry and Technology, July- August, 2001 (74): 409.

这仅仅适用于 SBR, 因为对于别的弹性体来说, 保持低的苯乙烯含量 (如纯的乳聚聚丁二烯) 并且填充填料后, 胶料会有好的耐曲挠疲劳性能和抗撕裂性能。RP: J. M. Long.

29. NBR

丙烯腈含量高的 NBR 或者是冷法而不是热法聚合的 NBR, 都会有较好的耐曲挠疲劳性能 (德默西亚法)。GEN: R. Del Vecchio, E. Ferro, "Effects of NBR Polymer Variations on Compound Properties," Presented at ACS Rubber Division Meeting, Spring, 2001, Paper No. 21.

30. CR

G 型氯丁胶比其他类型的氯丁胶具有更好的耐曲挠疲劳性能。RT: 第 6

RT: 2001 年由 Hanser 出版社出版的 John S. Dick 编写的著作: Rubber Technology, Compounding and Testing for Performance; GEN: 来自各种期刊或会议的一般参考文献; RP: 来自本书顾问- 编审委员会成员的建议。

章，Elastomer Selection，R. School，p. 133；RT：第 8 章，Specialty Elastomers，L. L. Outzs，p. 208.

选用 G 型氯丁胶，添加 MBI 或者 ZMTI 抗氧剂，胶料会具有良好的抗曲挠裂口性。GEN：L. Outzs（DuPont），"Neoprene，"DuPont Compounding Course，2006，Akron，OH.

31. ZMTI 和氯丁胶

CR 胶中加入 2 份（质量份）ZMTI 可以有效改善胶料的耐曲挠疲劳性能。但是 ZMTI 会缩短焦烧安全时间，因此最好是和硫化剂在混炼后期加入。RP：L. L. Outzs.

32. CR/CIIR

在氯丁胶和卤化丁基胶胶料中，MgO 是吸酸剂，可以促进 C-C 键的形成，而减少醚键和硫醚键的形成。据报道，采用一种新型热稳定剂 DBU/MMBI 代替 MgO，可以显著改善胶料的耐疲劳断裂性和抗切口增长性。但文献中只说明了 DBU 是 $C_9H_{16}N_2$ 的一种化合物。GEN：R. Musch，R. Schubart，A. Sumner，"Heat Resistant Curing System for Halogen-containing Polymers，"Presented at ACS Rubber Division Meeting，Spring，1999.

33. 反应型 EPDM

在 NR/EPDM 共混胶料中，用 2%（质量分数）的马来酸酐改性的 EPDM 替代未改性 EPDM，可以有效地改善胶料的耐曲挠疲劳性。GEN：A. Coran，"Blends of Dissimilar Rubbers-Cure-rate Incompatibility，"Rubber Chemistry and Technology，May-June，1988（61）：281.

34. CR/EPDM 合金

在 CR/EPDM = 70/30（质量比）共混中，加入 10 份（质量比）Escor 酸类三元共聚物增容剂（乙烯-甲基丙烯酸酯-丙烯酸三元共聚物），这种胶料的耐德默西亚（曲挠）抗切口增长性好，耐热性好，耐臭氧性好，是用在传输带上强烈推荐的胶料配方。GEN：P. Arjunan，R. Kusznir，A. Dekmezian，"Compatibilization of CR/EPM Blends for Power Transmission Belt Applications，"Rubber World，February，1997，p. 21.

35. 卤化 IIR

卤化丁基胶内胎胶料模量低，但具有较好的耐曲挠切口增长性。RT：第 8 章，Specialty Elastomers，G. Jones，D. Tracey，A. Tisler，p. 187.

溴化丁基胶与氯化丁基胶料相比较，老化后胶料的耐曲挠疲劳性会稍好些。GEN：J. Fusco，"New Isobutylene Polymers for Improved Tire Processing，"

RT：2001 年由 Hanser 出版社出版的 John S. Dick 编写的著作：Rubber Technology，Compounding and Testing for Performance；GEN：来自各种期刊或会议的一般参考文献；RP：来自本书顾问-编审委员会成员的建议。

Presented at the Akron Rubber Group Meeting, January 24, 1991.

36. BIMS

溴化异丁烯-对甲基苯乙烯橡胶（BIMS）比一些丁基胶或者卤化丁基胶具有更好的耐曲挠疲劳性。GEN：G. Jones, "Exxpro Innerliners for Severe Service Tire Applications," Presented at ITEC, 1998, Paper No. 7A.

在以 NR 为基体的三元共混轮胎胎侧胶料中，用 BIMS 替代部分卤化丁基胶或者 EPDM，可以显著地提高抗疲劳裂口增长性和耐臭氧性。GEN：W. Waddell, "Tire Black Sidewall Surface Discoloration and Non-staining Technology: A Review," Rubber Chemistry and Technology, July-August, 1998 (71): 590.

37. FZ 与 FKM，FVMQ 和 NBR

氟烷氧基磷氮烯聚合物（FZ）与 FKM、FVMQ 和 NBR 相比具有更好的耐曲挠疲劳性。FZ 橡胶使用温度更宽并且具有独特的耐化学品性。GEN：H. Penton, "P = N for Performance," European Rubber Journal, February, 1986, p. 20.

38. 聚氨酯

对于通过两组分浇注而成的聚氨酯来说，可以通过调整固化剂的比例来提高其耐曲挠疲劳性。固化剂比例是指预聚物和固化剂的相对用量，固化剂的用量（如双邻氯苯胺基甲烷 MBCA）需要正好和预聚物中的二异氰酸酯相匹配，这被称为 "100% 理论用量" 或者 "100% 化学计量"；如果固化剂用量被减去 5%，叫作 "95% 理论用量" 或 "95% 化学计量"；同样，如果固化剂用量增加 5%，就叫作 "105% 理论用量"，或者 "105% 化学计量"。通常是用增加用量，如 105%，可以提高耐曲挠疲劳性。RT：第 9 章，Polyurethane Elastomers, R. W. Fuest, p. 251.

39. TPV

与其他热固性橡胶相比，EPDM/PP 热塑性硫化胶具有优异的抗疲劳性和压缩永久变形性，实际是传统橡胶胶料性能的一个折中。RT：第 10 章，Thermoplastic Elastomers, C. P. Rader, p. 274；RP：C. P. Rader.

40. 填料

找出最佳填料量，可以使胶料具有最长的耐疲劳寿命。选用低比表面积（大粒径）的填料可以提高胶料的耐疲劳寿命，但并不总是这种情况，有时结果相反。填料的表面活性高也可以提高胶料的疲劳寿命。GEN：R. Mastromatteo, E. Morrisey, M. Mastromatteo, H. Day, "Matching Material

RT：2001 年由 Hanser 出版社出版的 John S. Dick 编写的著作：Rubber Technology, Compounding and Testing for Performance；GEN：来自各种期刊或会议的一般参考文献；RP：来自本书顾问-编审委员会成员的建议。

Properties to Application Requirements," Rubber World, February, 1983: 26.

41. 炭黑

增加炭黑的比表面积（减小粒径）可以提高天然胶料的抗切口增长和耐曲挠疲劳性。然而对于 SBR/BR 共混胶料来说，降低炭黑的比表面积（增加粒径）却能改善胶料的耐曲挠疲劳性。例如，在 NR/BR 并用的胎侧胶料中，N660 比 N330 更能改善胶料的耐曲挠疲劳性。

降低炭黑的结构度，通常能提高胶料的耐曲挠疲劳性和抗切口增长。

提高炭黑的填充量到一个最佳量，可以保证胶料具有较好的抗切口增长和耐曲挠疲劳性。这个最佳填充量对于较小粒径的炭黑来说是更低的。RT：第 12 章，Compounding with Carbon Black and Oil, S. Laube, S. Monthey, M-J. Wang, p. 308; RP: J. M. Long.

选用低结构度及适度高比表面积的炭黑，可以保证胶料具有较好的抗切口增长。低结构度炭黑可以导致低模量胶料的拉断伸长率高；适度高比表面积的炭黑可以赋予胶料较好的拉伸强度和撕裂强度，这种高强度和高拉断伸长率的胶料自然有较好的抗切口增长。不过，低结构度炭黑比较难以分散，必须采取措施提高分散，否则会导致低的撕裂强度和抗切口增长。中型子午线卡车胎胶料会选用较低结构度的 N231 来提高其抗切口增长。RT：第 12 章，Compounding with Carbon Black and Oil, S. Laube, S. Monthey, M-J. Wang, p. 317-319.

前面已提到，胶料的耐疲劳寿命随着炭黑填充量的增加而增加，直到一个最佳填充量，超过此填充量，胶料的耐疲劳性又会降低。如果炭黑粒径小，这个最佳填充量就低。在最佳填充量之前，胶料耐疲劳性随炭黑用量增加而提高是因为撕裂能的增加，在最佳填充量之后，胶料耐疲劳性随炭黑用量增加而下降，是因为炭黑附聚颗粒导致的"原始缺陷"增加的缘故。GEN：J. Zhao, G. Ghebremeskel, "A Review of Some of the Factors Affecting Fracture and Fatigue in SBR and BR Vulcanizates," Rubber Chemistry and Technology, July-August, 2001 (74): 409.

Beatty 和 Miksch 开发了一种测试裂口增长的实验仪，试图模拟工程车胎裂口发生和增长的过程。裂口产生和增长和曲挠疲劳有一定的关系，但与传统方法测试的曲挠疲劳会有很大的不同，并且更复杂。测试发现，对于 NR 和 SBR 胶料来说，炭黑填充量在 55 份（质量份）或者以上时，胶料具有最佳的抗切口增长。GEN：J. Beatty, B. Miksch, "A Laboratory Cutting and Chipping Tester for Evaluation Off-the Road and Heavy-duty Tire Treads," Rubber Chemistry and Technology, November-December, 1982 (55): 1531.

RT：2001 年由 Hanser 出版社出版的 John S. Dick 编写的著作：Rubber Technology, Compounding and Testing for Performance；GEN：来自各种期刊或会议的一般参考文献；RP：来自本书顾问-编审委员会成员的建议。

42. 特种炭黑

对于越野车轮胎来说，抗刺扎是非常关键的性能。有研究提出：越野车轮胎应该具备较高的动态刚性（E^*）以降低被各种石块或硬物刺破的可能性。同时，胶料还需具有较高的抗撕裂性以避免崩块。这样的胎面胶料中应该选用具有高比表面积、低结构度、低微孔和高表面活性的炭黑（例如，德固萨德 Ecorax 1990），另外，还需要用 10 份的沉淀法白炭黑，这样胶料就会具有良好的抗刺扎和崩块性能。GEN：W. Niedermier（Degussa AG），"A Tailor-Made Carbon Black to Improve the Balance Between 'Cut and Chip', Treadwear and Hysteresis," Paper No. 8A presented at ITEC 2002, September, 2002, Akron, OH.

43. 白炭黑

白炭黑填充量在 10～15 份（质量份）时，能提高胶料的抗切口增长。RT：第 12 章，Compounding with Carbon Black and Oil, S. Laube, S. Monthey, M-J. Wang, p. 319.

要想使白炭黑填充胶料的耐曲挠疲劳性好，通常采用较低的填充量。RT：第 13 章，"Precipitated Silica and Non-black Fillers", W. Waddell, L. Evans, p. 331.

高比表面积的白炭黑会延迟焦烧安全期，也会降低硫化速度，同时也有可能降低抗切口增长。GEN：W. Waddell, L. Evans, "Use of Nonblack Fillers in Tire Compounds," Rubber Chemistry and Technology, July-August, 1996（69）：377.

44. 白炭黑/硅烷偶联剂

众所周知，硅烷偶联剂与沉淀法白炭黑并用能够提高胶料的耐磨性并降低滞后。要想使胶料具有更好的耐曲挠裂口增长性，最好选用含有多硫硫烷官能化的硅烷偶联剂而不是巯基硅烷。RP：T. D. Powell.

45. 滑石粉

据报道，滑石粉比白炭黑和陶土在提高胶料耐曲挠疲劳性和抗切口增长方面更有优势，这是因为滑石粉能抵抗刀削裂口。另据报道，使用一部分表面处理的滑石粉，可以有效地提高过氧化物硫化的 EPDM 胶料的疲劳寿命。GEN：O. Noel, Education Symposium on Fillers, "Talc: A Functional Mineral for Rubber," Presented at ACS Rubber Division Meeting, May, 1995；O. Noel, Luzenac America Research Report, "Automotive Coolant Hose/Fatigue Resistance," March 29, 1999；RP：O. Noel.

46. 避免使用石英粉

要想使胶料的耐曲挠疲劳性好，就要避免使用石英粉，这是因为石英粉

RT：2001 年由 Hanser 出版社出版的 John S. Dick 编写的著作：Rubber Technology, Compounding and Testing for Performance；GEN：来自各种期刊或会议的一般参考文献；RP：来自本书顾问-编审委员会成员的建议。

对胶料耐疲劳寿命不利，还会对工人的身体健康造成危害。RT：第 8 章，Specialty Elastomers，J. R. Halladay，p. 236.

47. 淀粉

据报道，在炭黑填充的 SBR 胶料中，加入 5 份改性淀粉，可以有效提高胶料的拉伸疲劳寿命以及耐裂口增长性。淀粉糊与胶乳先凝结在一起，然后再与其他成分混炼。GEN：Y. Wu，L. Yang，L. Zhang，X. He，"Role of Starch in Improving the Fatigue Life of Carbon Black Filled SBR Composite," Paper No. 52 presented at the Fall Meeting of the Rubber Division，ACS，October 11-13，2011，Cleveland，OH.

48. 纤维

研究发现，在工程车胎面胶料中加入 1%（质量分数）纤维素纤维，可以有效地抵挡轮胎在使用过程中所遇到的刺扎等破坏。GEN：L. Goettler，K. Shen，"Short Fiber Reinforced Elastomers," Rubber Chemistry and Technology，July-August，1983（56）：575.

49. 丙酮-二苯胺反应产物

丙酮和二苯胺反应生成的抗氧剂（如 BLE-25 或者是 Superflex）与烷基化二苯胺抗氧剂相比，能赋予胶料更好的耐曲挠疲劳性和抗切口增长性。RT：第 19 章，Antidegradants，F. Ignatz-Hoover，p. 455.

50. PPD

PPDs（苯二胺类）被认为能较好地提高胶料的耐疲劳性。RT：第 19 章，Antidegradants，F. Ignatz-Hoover，p. 454.

51. 6PPD

6PPD 是天然胶料很好的抗曲挠疲劳剂，甚至在老化后胶料的耐曲挠疲劳性依然很好。RT：第 19 章，Antidegradants，F. Ignatz-Hoover，p. 448.

52. 6PPD/混合的 PDDs 并用

6PPD 和混合的 PDDs 并用，可以提高胶料的耐曲挠疲劳性。RP：R. Dailey.

53. 6PPD/77PPD 并用

6PPD 与 77PPD 并用，前者能改善胶料长期的耐疲劳性，后者能改善胶料短期的耐疲劳性。GEN：L. Walker，J. Luecken，"Antidegradants for Ozone and Fatigue Resistance：Laboratory and Tire Tests," Elastomerics，May，1980，p. 36.

RT：2001 年由 Hanser 出版社出版的 John S. Dick 编写的著作：Rubber Technology，Compounding and Testing for Performance；GEN：来自各种期刊或会议的一般参考文献；RP：来自本书顾问-编审委员会成员的建议。

54. TMQ/BLE 并用

将 TMQ 和 BLE 并用，可以较好地改善胶料的耐热老化性和耐曲挠疲劳性。GEN：S. Hong, C. Lin, "Improved Flex Fatigue and Dynamic Ozone Crack Resistance Through the Use of Antidegradants or Their Blends in Tire Compounds," Presented at ACS Rubber Division Meeting, Fall, 1999, Paper No. 27.

55. 2-巯基甲基苯并咪唑锌（ZMTI）

对于 NR、CR、SBR 和 NBR 胶料来说，使用 ZMTI 可以较好地改善胶料的耐德默西亚抗切口增长。GEN：R. Ohm, "Accelerators and Antidegradants Influence Fatigue Resistance," Elastomerics, January, 1988, p. 19.

56. 烃类树脂

对于只填充了少量非补强填料（如陶土、白垩粉或锌钡粉等）的 SBR、NBR 或 CR 胶料，加入 15～25 份（质量份）烃类树脂（如煤焦油树脂等）可以改善胶料的抗切口增长。GEN：F. O'Connor, J. Slinger, " Processing Aids-The All Inclusive Category," Rubber World, October, 1982：21-23.

在通用胶胶料中加入石油烃类树脂（如 DCPD 或者环二烯类树脂），可以改善胶料的耐德默西亚曲挠疲劳性以及抗刺扎性。GEN："Hydrocarbon Resins for Rubber Compounding," Neville Co., 2011.

57. 拉断伸长率

在一些情况下，胶料的抗切口增长与胶料的拉断伸长率是紧密相关的。GEN：N. Hewitt, "The Use of Viscoelastic Series for Compound Design," Rubber World, 1984; GEN：R. Del Vecchio, E. Ferro, "Effects of NBR Polymer Variations on Compound Properties," Presented at ACS Rubber Division Meeting, Spring, 2001, Paper No. 21.

58. 避免泡孔

胶料中，如果出现了泡孔，会严重损害胶料的曲挠疲劳寿命，这是因为硫化胶料中的气泡就是裂口的前身，会显著地提高裂口的增长速度。在动态条件下，有泡孔的橡胶制品的使用寿命会很短。因此，生产中一定要采取措施，防止泡孔的产生（详见 5.1 节）。GEN：A. Kasner, E. Meinecke, "Porosity in Rubber：A Review," Rubber Chemistry and Technology, July-August, 1996（69）：424.

59. 双层网络

研究发现，硫化双层网络的天然胶料具有较好的耐曲挠疲劳性。GEN：P. Santangelo, Co. Roland, "The Fatigue Life of Hevea and Guayule Rubbers,"

RT：2001 年由 Hanser 出版社出版的 John S. Dick 编写的著作：Rubber Technology, Compounding and Testing for Performance；GEN：来自各种期刊或会议的一般参考文献；RP：来自本书顾问-编审委员会成员的建议。

Rubber Chemistry and Technology, March-April, 2001 (74): 69.

60. 避免零应变

在 NR 或者基于 NR 的共混胶料中，要避免使用过程中经历零应变。在使用过程中不经历周期零应变的情况下，天然胶料要比其他一些胶料表现出更好的耐曲挠疲劳性。还有研究发现，BR 的耐曲挠疲劳性要优于 NR，NR/BR 的耐曲挠疲劳性要好于 NR/SBR。GEN：W. Hess, C. Herd, P. Vegvari, "Characterization of Immiscible Elastomer Blends," Rubber Chemistry and Technology, July-August, 1993 (66): 329.

61. 优化 tanδ 值

Beatty 和 Miksch 开发了一种测试裂口增长的实验仪，试图模拟工程车胎裂口发生和增长的过程。裂口产生和增长和曲挠疲劳有一定的关系，但与传统方法测试的曲挠疲劳会有很大的不同且更复杂。此实验仪测试结果显示：胎面胶料的 tanδ 值高（滞后高），其耐曲挠疲劳性好，但是如果 tanδ 过高，轮胎过热，其耐曲挠疲劳性又会下降。GEN：J. Beatty, B. Miksch, "A Laboratory Cutting and Chipping Tester for Evaluation Off-the Road and Heavy-duty Tire Treads," Rubber Chemistry and Technology, November-December, 1982 (55): 1531.

62. 硬度与曲挠疲劳

比较硬度值不同的胶料的耐曲挠疲劳性时，测试条件是很重要的。测试时是否施加相同的应变或应力，其耐曲挠疲劳性结果会有较大差距。GEN：R. Tabar, P. Killgoar, R. Pett, "A Fatigue Resistant Polychloroprene Compound for High Temperature Dynamic Applications," Rubber Chemistry and Technology, September-October, 1979 (52): 781.

RT：2001 年由 Hanser 出版社出版的 John S. Dick 编写的著作：Rubber Technology, Compounding and Testing for Performance；GEN：来自各种期刊或会议的一般参考文献；RP：来自本书顾问-编审委员会成员的建议。

3.4   提高耐磨性或耐久性

耐磨性和耐久性在不同应用场合下可以有不同的意思。橡胶制品在不同应用中的磨损程度是不同的。在轮胎、胶带、喷砂管、胶辊和鞋底等应用场合下，耐磨损是一个很重要的指标。耐磨性是很复杂的，可以和胶料的其他各种性能如抗切口增长、热稳定性、抗撕裂性、硬度和耐疲劳性等都有关系。ASTM 有几种不同的耐磨性标准实验，测试结果不同，目前还没有一种人人都使用的通用测试方法。

以下的实验方案可能会提高胶料的耐磨性。对书中的相关文献来源、包括后面引用的文献，读者都应该自己研究和阅读。注意：这些通用的实验方案不一定适用于每一个具体情况。能提高耐磨性的任何一个变量都一定会影响其他性能，或好或坏，但本书不对其他性能的改变加以阐述。本书也不对安全和健康问题加以解释。

1. 混炼

通过优化混炼过程，提高炭黑等补强填料的分散性。RT：第 2 章，Compound Processing Characteristics and Testing, J. S. Dick, p. 42；GEN：S. Monthey, T. Reed, "Performance Difference Between Carbon Blacks and CB Blends for Critical IR Applications," Rubber World, April, 1999, p. 42.

通过延长混炼周期，可以有效地提高炭黑的分散度，进而提高胶料的耐磨性。RT：第 12 章，Compounding with Carbon Black and Oil, S. Laube, S. Monthey, M-J. Wang, p. 308.

通常情况下，粒径越小的填料，越能提高胶料的耐磨性，但是粒径越小的填料又越难分散，因此小粒径炭黑的分散问题在提高胶料耐磨性上是很关键的。RP：T. D. Powell.

在混炼早期先加入炭黑，同时要避免炭黑与油、硬脂酸、或者抗氧剂等其他极性组分一起加入，这是因为这些组分会吸附到炭黑表面而阻碍了炭黑与橡胶基体的接触和结合，影响结合胶的形成，不利于提高胶料的耐磨性。GEN：M-J. Wang, T. Wang, K. Mahmud, "Effect of Carbon Black Mixing on Rubber Reinforcement," Proceedings of the 3rd International Conference on Carbon Black, p. 205, Mulhouse, October 25-26, 2000；RP：M-J. Wang.

2. 混炼中的热处理

对于像 SBR 或 BR 等二烯类橡胶来说，它们的耐氧化稳定性比较好，因此，加大混炼量、延长混炼时间等实际上是对胶料在混炼过程中实施"热

RT：2001 年由 Hanser 出版社出版的 John S. Dick 编写的著作：Rubber Technology, Compounding and Testing for Performance；GEN：来自各种期刊或会议的一般参考文献；RP：来自本书顾问-编审委员会成员的建议。

处理"，这样可以提高结合胶的生成量，提高填料的分散性，因此有助于提高胶料的耐磨性。GEN：M-J. Wang, T. Wang, K. Mahmud, "Effect of Carbon Black Mixing on Rubber Reinforcement," Proceedings of the 3rd International Conference on Carbon Black, p. 205, Mulhouse, October 25-26, 2000；RP：M-J. Wang.

3. 相混炼

对 NR/BR 共混胶料，可以通过相混炼技术使 BR 中分散更多的炭黑，进而提高胎面胶料的耐磨性。研究发现，BR 相中分布更多的炭黑，可以显著地提高 NR/BR 共混胶料的耐 DIN 磨耗性。GEN：E. McDonel, K. Baranwal, J. Andries, Polymer Blends, Vol. 2, Chapter 19, "Elastomer Blends in Tires," Academic Press, 1978, p. 287；GEN：W. Hess, C. Herd, P. Vegvari, "Characterization of Immiscible Elastomer Blends," Rubber Chemistry and Technology, July-August, 1993 (66)：329.

4. 填料

优化填料的填充量到一个最佳值，可以提高胶料的耐磨性。选用高比表面积、高结构度以及表面高活性的填料，可以有效地提高胶料的耐磨性。GEN：R. Mastromatteo, E. Morrisey, M. Mastromatteo, H. Day, "Matching Material Properties to Application Requirements," Rubber World, February, 1983：26.

5. 炭黑

提高炭黑填充量，通常会提高胶料的耐磨性，但有一个最佳值，高于这个最佳值，胶料的耐磨性会下降。提高炭黑的比表面积，会提高胶料的耐磨性。实际上，炭黑粒径的精细度是影响胶料耐磨性的最关键因素之一。但是，如果炭黑的粒径过于精细，会影响分散，进而降低耐磨性。另外，粒径过细，还会引起滞后升高和生热增加，制品在使用过程中会因表面温度过高而促进热氧化降解。有研究发现，对于 SBR/BR 共混物来说，能提供最好耐磨性的炭黑的 CTAB 法比表面积在 $130 \sim 150 m^2/g$ 范围内。提高炭黑的结构度，可以提高胶料的耐磨性。RT：第 12 章，Compounding with Carbon Black and Oil, S. Laube, S. Monthey, M-J. Wang, p. 308；GEN：K. Hale, J. West, C. McCormick, "Contribution of Carbon Black Type to Skid and Treadwear Resistance," Presented at ACS Rubber Division Meeting, Spring, 1975, Paper No. 6；GEN：C-H. Shieh, M. L. Mace, G. B. Ouyang, J. M. Branan, J. M. Funt, Paper Presented at ACS Rubber Division Meeting, Fall, 1991；RP：M-J, Wang.

RT：2001 年由 Hanser 出版社出版的 John S. Dick 编写的著作：Rubber Technology, Compounding and Testing for Performance；GEN：来自各种期刊或会议的一般参考文献；RP：来自本书顾问-编审委员会成员的建议。

对磨损程度低的胎面胶料，一定要选择高比表面积（小粒径）的炭黑，而对磨损程度高的胎面胶料，一定要选择高结构度的炭黑。GEN：F. Eirich, Science and Technology of Rubber, Chapter 9, "The Rubber Compound and Its Composition," M, Studebaker J. Beatty, Academic Press, 1978：367；RP：M-J. Wang.

胶料最好的耐磨性对应一个最佳的炭黑填充量，这个最佳填充量因炭黑类型的不同而不同。GEN：A. Sorcar, "Optimum Loading of Carbon Black in Rubber by Monsanto Oscillating Disc Rheometer," Rubber World, November, 1987, p. 30.

对低磨损程度的胶料，选择一次结构粒子分布窄的炭黑，而对于高磨损程度的胶料来说，炭黑一次结构粒子的分布对其几乎没有影响。GEN：C-H. Shieh, M. L. Mace, G. B. Ouyang, J. M. Branan, J. M. Funt, Paper Presented at ACS Rubber Division Meeting, Fall, 1991.

胎面胶料中所选用的炭黑需具有足够细的粒径和足够高的结构度，这样才能赋予胶料较高的耐磨性。下面列出了与 N220 炭黑（相对耐磨耗值为 100）比较的不同类型炭黑的耐磨耗值：

$$N351 = 87$$
$$N339 = 95$$
$$N220 = 100$$
$$N234 = 108$$
$$N134 = 113$$

所有测试基于乳聚 SBR/BR（65/35）、炭黑/油（65/35）配方（质量比）的多层子午线轮胎，其中炭黑的用量变化范围为 N220 ± 13%。RT：第 12 章, Compounding with Carbon Black and Oil, S. Laube, S. Monthey, M-J. Wang, p. 315.

6. 纳米结构炭黑

研究发现，纳米结构、低滞后炭黑也能赋予卡车胎胎面胶很好的耐磨性。GEN：W. Niedermeier, B. Freund, "Nano-structure Blacks：A New Carbon Black Family Designed to Meet Truck Tire Performance Demands," Presented at ACS Rubber Division Meeting, Fall, 1998, Paper No. 28.

7. 长链炭黑（LL 炭黑）

高结构度的长链炭黑（Long Linkage）在混炼过程中具有很好的抗结构破坏能力。用长链炭黑取代普通高结构炭黑，可以有效地提高胶料的耐磨性。研究发现，高结构度炭黑在混炼过程中结构遭到破坏后就变成普通炭黑，而

RT：2001 年由 Hanser 出版社出版的 John S. Dick 编写的著作：Rubber Technology, Compounding and Testing for Performance；GEN：来自各种期刊或会议的一般参考文献；RP：来自本书顾问-编审委员会成员的建议。

这种高结构度长链炭黑却具有很好的抗破坏能力。GEN：H. Mouri, K. Akutagawa, "Reducing Energy Loss to Improve Tire Rolling Resistance," Presented at ACS Rubber Division Meeting, Spring, 1997, Paper No. 14.

8. 炭黑化学改进剂

在炭黑填充的胶料中，使用炭黑-橡胶偶联剂（或叫化学改进剂），可以提升胶料的回弹性和模量，同时还可以降低磨耗损失。在过去，人们使用的偶联剂有 N-(2-甲基-2-硝基丙基)-4-硝基苯胺、N-4-二亚硝基-N-甲基苯胺、p-亚硝基二苯胺和 p-亚硝基-N-N-二甲基苯胺。现在人们不再使用这些亚硝基化合物，因为它们能释放出一种亚硝胺的致癌物。人们开始尝试不同的偶联剂，例如，最新研究的 p-氨基苯磺酰叠氮（或叫胺类-BSA）可以改善胶料的回弹性、模量和提高耐磨性。GEN：L. Gonzalez, A. Rodriguez, J. deBenito, A. Marcos, "A New Carbon Black-Rubber Coupling Agent to Improve Wet Grip and Rolling Resistance of Tires," Rubber Chemistry and Technology, May-June, 1996 (69)：266.

经臭氧处理的炭黑 N234 与链中羧酸官能化的高乙烯基 SSBR 在 150℃混炼时直接发生原位化学反应，进而加强炭黑与橡胶之间的相互作用，改善胶料耐磨性。GEN：J. Douglas, S. Crossley, J. Hallett, J. Curtis, D. Hardy, T. Gross, N. Steinhauser, A. Lucassen, H. Kloppenburg (Lanxess and Columbian Chemical), "The Use of Surface-Modified Carbon Black with an In-Chain Functionalized Solution SSBR as an Alternative to Higher Cost Green Tire Technology," Paper No. 38 presented at the Fall Meeting of the Rubber Division, ACS, October 11-13, 2011, Cleveland, OH., October 11-13, 2011, Cleveland, OH.

9. 黏土-炭黑纳米复合材料

考虑选用黏土-炭黑纳米复合材料来提高胶料的耐磨性。GEN：A. Chandra, S. Patel (Apollo Tyres), A. Jineesh, D. Tripathy (Rubber Technology Centre IIT Kharagpur), "Clay-Carbon Nanocomposite for Lower Hysteresis High Abrasion Tread," Paper No. 21B presented at the ITEC 2008 Meeting, September 15-17, 2008, Akron, OH.

10. 碳纳米管母料

据报道，将含有 10%～15%（质量分数）改性碳纳米管的橡胶母料加入到其他胶料配方中进行正常混炼，可以改善碳纳米管在 NR/SBR 并用的胎面胶料中的分散，进而提高胶料的耐磨性。碳纳米管在胎面胶料中的有效含量为 1～3 份。GEN：C. Bosnyak, K. Swogger (Designed Nanotube, LLC), "Changing Materials to Change Markets," Paper Presented at the India Rubber Expo 2011,

---

RT：2001 年由 Hanser 出版社出版的 John S. Dick 编写的著作：Rubber Technology, Compounding and Testing for Performance；GEN：来自各种期刊或会议的一般参考文献；RP：来自本书顾问-编审委员会成员的建议。

January 20, 2011, Chennai, India.

11. 避免不同类型炭黑并用

不同类型的炭黑（如胎体和胎面炭黑）切不可并用，否则会严重影响耐磨性。GEN：W. Hess, W. Klamp, "The Effects of Carbon Black and Other Compounding Variables on the Tire Rolling Resistance and Traction," Rubber Chemistry and Technology, May-June, 1983 (56)：390.

12. 白炭黑

在鞋底胶料中，要想改善耐磨性，可以选用沉淀法白炭黑。RT：第 13 章, Precipitated Silica and Non-black Fillers, W. Waddell, L. Evans, p. 331.

将白炭黑和硅烷偶联剂一起使用，可以显著地改善胶料的耐磨性；能够提供多硫键的有机硅烷偶联剂可以赋予轮胎胎面胶料很好的耐磨性。GEN：N. Hewitt, "Compounding with Silica for Tear Strength and Low Heat Build-up," Rubber World, June, 1982；RP：T. D. Powell.

有研究发现，将沉淀法白炭黑与偶联剂双 [3-(三乙氧基硅) 丙基]-四硫化物并用，可以显著地改善中型推土机轮胎胎面胶料的耐磨性。GEN：W. Waddell, L. Evans, "Use of Nonblack Fillers in Tire Compounds," Rubber Chemistry and Technology, July-August, 1996 (69)：377.

沉淀法白炭黑是较难分散的，要想得到较好的耐磨性，就必须选用高分散白炭黑（HDS）。GEN：S. Daudey, L. Guy (Rhodia), "High Performance Silica Reinforced Elastomers from Standard Technology to Advanced Solutions," Paper No. 37 presented at the Fall Meeting of the Rubber Division, ACS, October 11-13, 2011, Cleveland, OH.

13. 纤维

在胶料中加入少量的芳纶纤维，可以在垂直于纤维排列方向上提高耐磨性。在所参考的文献中，是在氯丁胶料中加入 15 份（质量份）的 Kevlar 纤维浆。GEN：K. Watson, A. Frances, "Elastomer Reinforcement with Short Kevlar Aramid Fiber for Wear Applications," Rubber World, August, 1988, p. 20.

14. 特殊助剂

在聚氨酯胶料中，常常加入二硫化钼、氟碳化合物（Teflon®）或者是硅油来提高胶料的耐磨性。RT：第 9 章, Polyurethane Elastomers, R. W. Fuest, p. 252.

15. PTFE

牌号为 Alphaflex® 的一种聚四氟乙烯助剂，可以用来提高胶料的耐磨性。

RT：2001 年由 Hanser 出版社出版的 John S. Dick 编写的著作：Rubber Technology, Compounding and Testing for Performance；GEN：来自各种期刊或会议的一般参考文献；RP：来自本书顾问-编审委员会成员的建议。

GEN：J. Menough，"A Special Additive，"Rubber World，May，1987，p. 12.

16. 增强树脂

在胶料中添加补强树脂，可以有效地改善耐磨性。可溶性酚醛树脂要和亚甲基给体六次甲基四胺（HMT）或者六甲氧基三聚氰胺（HMMM）一起使用，因为这两种组分在胶料硫化时，能够就地发生反应，因而大大提高胶料的硬度和耐磨性。RT：第18章，Tackifying, Curing, and Reinforcing Resins, B. Stuck, p. 440.

17. 油

在胎面胶料中，胎面级炭黑的填充量给定时，操作油存在一个最佳用量，可使胶料的耐磨性最好。GEN：K. Hale, J. West, C. McCormick, "Contribution of Carbon Black Type to Skid and Treadwear Resistance," Presented at ACS Rubber Division Meeting, Spring , 1975, Paper No. 6.

当然，过度使用操作油，会降低胶料的耐磨性。RT：第 12 章，Compounding with Carbon Black and Oil, S. Laube, S. Monthey, M-J. Wang, p. 311.

18. 高相对分子质量

为了提高胶料的耐曲挠疲劳性和耐磨性，往往选用充油母胶，因为这种填充油母胶中的通用弹性体往往平均相对分子质量很大，但因为填充了油仍然较容易混炼和加工。GEN：K. Grosch, "The Rolling Resistance, Wear, and Traction Properties of Tread Compounds," Rubber Chemistry and Technology, July-August, 1996 (69)：495.

19. 聚氨酯弹性体

聚氨酯弹性体与普通二烯类橡胶相比，一个突出的优势就是具有极好的耐磨性和耐久性。对于通过两组分浇注而成的聚氨酯来说，可以通过调整固化剂的比例来提高耐磨性。固化剂比例是指预聚物和固化剂的相对用量，固化剂的用量（如双邻氯苯胺基甲烷 MBCA）需要正好和预聚物中的二异氰酸酯相匹配，这被称为"100% 理论用量"或者"100% 化学计量"；如果固化剂用量被减去 5%，叫作"95% 理论用量"或"95% 化学计量"；同样，如果固化剂用量增加 5%，就叫作"105% 理论用量"，或者"105% 化学计量"。通常是采用最佳化学计量用量，约为 100%，可以提高胶料耐磨性。

有时，以 MDI 为预聚物的聚醚型聚氨酯弹性体可以具有更好的抗碰撞型磨损能力，而聚酯型聚氨酯弹性体具有更好的耐摩擦型磨损能力。RT：第 6 章，Elastomer Selection, R. School, p. 137；RT：第 9 章，Polyurethane

RT：2001 年由 Hanser 出版社出版的 John S. Dick 编写的著作：Rubber Technology, Compounding and Testing for Performance；GEN：来自各种期刊或会议的一般参考文献；RP：来自本书顾问-编审委员会成员的建议。

Elastomers, R. W. Fuest, p. 251, 253, 257; GEN: M. Chase, "Roll Coverings Past, Present and Future," Presented at Rubber Roller Group Meeting New Orleans, May 15-17, 1996, p. 6.

20. 可混炼型 PU 共混物

在 NBR/PVC、SBR 或 EPDM 胶料中，逐步加入一定量的可混炼型聚氨酯，可以有效地提高胶料的耐磨性。GEN: T. Jablonowski, "Blends of PU with Conventional Rubbers," Rubber World, October, 2000, p. 41.

21. 冷聚 SBR

低温乳聚（5℃）SBR 相比高温乳聚 SBR（50℃）具有更好的耐磨性。RT: 第 6 章, Elastomer Selection, R. School, p. 129; RT: 第 7 章, General Purpose Elastomers and Blends, G. Day, p. 149.

22. 聚丁二烯

胶料中选用一部分用钕（Nd）、钴（Co）或钛（Ti）催化制得的顺式-1, 4-聚丁二烯，可以使胶料具有较好的耐磨性。GEN: A. Niziolek, R. Jones, J. Neilsen, "Influence of Compounding Materials on Tire Durability," Presented at ACS Rubber Division Meeting, Spring, 1999, Paper No. 59, p. 7.

在要求具有较好耐磨性的轮胎胎面胶料中，要避免使用溶液聚合的含有高1, 2 结构的聚丁二烯，要选用高顺式结构的聚丁二烯。RT: 第 7 章, General Purpose Elastomers and Blends, G. Day, p. 149.

据报道，在以 SBR 或者充油 SBR 为基体的斜交胎胎面胶料中，每加入 1%（质量分数）的顺式 BR，胶料的耐磨性提高1%；而在以 NR 为基体的斜交胎胎面胶料中，顺式 BR 只有加到超过 50%（质量分数）时，才能表现出对耐磨性的贡献。GEN: R. Brown, R. Knill, J. Kerscher, R. Todd, "Compounding cis-polybutadiene," Rubber World, November, 1961: 70-72; RP: T. D. Powell.

胎面胶料中，一般将顺式 BR、E-SBR 和 NR 并用，顺式 BR 能赋予胶料较好的耐磨性，这可能是因为顺式 BR 的玻璃化转变温度较低的缘故。GEN: E. McDonel, K. Baranwal, J. Andries, Polymer Blends, Vol. 2, Chapter 19, "Elastomer Blends in Tires," Academic Press, 1978, p. 283;

23. SBR/BR, NR/BR, NR/SBR

研究发现，在胎面胶料耐磨性方面，这三组共混物的排列顺序如下：

$$SBR/BR > NR/BR > NR/SBR$$

GEN: W. Hess, C. Herd, P. Vegvari, "Characterization of Immiscible Elastomer Blends," Rubber Chemistry and Technology, July-August, 1993

RT: 2001 年由 Hanser 出版社出版的 John S. Dick 编写的著作: Rubber Technology, Compounding and Testing for Performance; GEN: 来自各种期刊或会议的一般参考文献; RP: 来自本书顾问-编审委员会成员的建议。

(66): 329.

24. BR/NR 和 BR/SBR

有研究发现，BR/NR = 50/50（质量比）胶料的耐磨性比纯 NR 的要高出 20%，而 BR/SBR 胶料的耐磨性比纯 SBR 的要高出 46%。GEN: W. Hess, C. Herd, P. Vegvari, "Characterization of Immiscible Elastomer Blends," Rubber Chemistry and Technology, July-August, 1993 (66): 329.

25. 功能化聚合物

胎面胶中使用烷氧基硅烷处理的 SSBR，可以有效提高其耐久性。GEN: T. Hogan, A. Randall, W. Hergenrother, C. Lin (Brightestone Research), "The Role of Functional Polymers in Improving Tire Performance," Paper No. 113 presented at the Fall Meeting of the Rubber Division, ACS, October 13-15, 2009, Pittsburgh, PA.

26. NR

以 NR 为基体的胶料，可以通过配合，使胶料既有较好的耐磨性又有较好的动态性能。GEN: M. Chase, "Roll Coverings Past, Present and Future," Presented at Rubber Roller Group Meeting New Orleans, May 15-17, 1996, p. 6.

将球磨分散炭黑加入天然胶乳中共凝聚制得天然胶，其制备的胶料要比将普通炭黑直接加入密炼机中制得的胶料具有更好的耐磨性和耐久性。GEN: R. Alex, K. Sasidharan, T. Kurlan, A. Kumarchandra, "Carbon Black/Silica Masterbatch from Fresh Natural Rubber Latex," Paper No. 27 presented at IRC 11, January 19, 2011, Chennai, India.

27. NR/SBR 并用

NR/SBR 并用胶中加入一种增容剂可以提高胶料的耐磨性。GEN: "Effects of Diblock Copolymer as Compatibilizer on Blends," Presented at the Spring Meeting of the Rubber Division, ACS, 1999, Chicago, IL.

28. SSBR

在玻璃化转变温度相同的 SSBR 橡胶中，如果把苯乙烯含量提高，而相应地把乙烯基含量下降，则胶料的 DIN 磨耗性能会提高。GEN: J. Summer, R. Engehausen, J. Trimbach (Bayer AG), "Polymer Developments to Improve Tire Life and Fuel Economy," Paper No. 98 presented at the Fall Meeting of the Rubber Division, ACS, October 16-19, 2001, Cleveland, OH.

29. SIBR

在含有 30 份高顺式 BR 的胎面胶料中并用 SIBR（苯乙烯-异戊二烯-丁二

RT: 2001 年由 Hanser 出版社出版的 John S. Dick 编写的著作: Rubber Technology, Compounding and Testing for Performance; GEN: 来自各种期刊或会议的一般参考文献; RP: 来自本书顾问-编审委员会成员的建议。

烯三元共聚物）集成胶，可以使胎面的耐磨性与湿地牵引性达到较好的平衡。选用异戊二烯/丁二烯/苯乙烯单体比例为 45/45/10 和 40/40/20 的 SIBR 集成胶，可以使耐磨性与湿地牵引性达到较好的折中。GEN：A. Halasa, B. Gross, W. Hsu（Goodyear Tire），"Multiple Glass Transition Terpolymers of Isoprene, Butadiene, and Styrene," Paper No. 91 presented at the Fall Meeting of the Rubber Division, ACS, October 13-15, 2009, Pittsburgh, PA.

30. NBR

丙烯腈含量越高的 NBR 胶料，其耐磨性越好。RT：第 8 章，Specialty Elastomers, M. Gozdiff, p. 194.

31. XNBR

羧基化 NBR（XNBR）比一般 NBR 胶料具有更好的耐磨性。RT：第 6 章，Elastomer Selection, R. School, p. 131.

XNBR 与一定量的氧化锌并用，可以赋予胶料更好的耐磨性。RT：第 8 章，Specialty Elastomers, M. Gozdiff, p. 199.

32. HNBR

在高温下，HNBR 比聚氨酯具有更好的耐磨性。GEN：M. Chase, "Roll Coverings Past, Present and Future," Presented at Rubber Roller Group Meeting New Orleans, May 15-17, 1996, p. 4.

33. HXNBR

氢化羧基丁腈胶（HXNBR）通过轻微的二次硫化，可以比 XNBR 有更好的耐磨性。GEN：R. Pazur, L. Farrari, E. Campomizzi（Lanxess），"HXNBR Compound Property Improvements Through the Use of Post," Paper No. 70 presented at the Spring Meeting of the Rubber Division, ACS, May 16-18, 2005, San Antonio, TX.

34. CM、CSM、GECO 和 NBR/PVC

在 CM、CSM、GECO 和 NBR/PVC 四种胶料中，CM 的耐磨性最好。GEN：C. Hooker, R. Vara, "A Comparison of Chlorinated and Chlorosulfonated Polyethylene Elastomers with Other Materials for Automotive Fuel Hose Covers," Presented at ACS Rubber Division Meeting, Fall, 2000, Paper No. 128.

35. TOR 与 NR、BR、SBR、NBR、CR 或 EPDM 的共混物

在 NR、BR、SBR、NBR、CR 或 EPDM 中，加入少量的反式聚辛烯橡胶 TOR（trans- polyoctenylene rubber），可以提高胶料的耐磨性。GEN：A. Draxler, "A New Rubber: trans- polyoctenamer," Chemische Werke Huels AG, Postfach, Germany.

RT：2001 年由 Hanser 出版社出版的 John S. Dick 编写的著作：Rubber Technology, Compounding and Testing for Performance；GEN：来自各种期刊或会议的一般参考文献；RP：来自本书顾问-编审委员会成员的建议。

36. 结合抗氧剂

如果使用结合了抗氧剂的 NBR 替代普通 NBR，那么胶料在常温下和高温下的耐磨性都会有所提高。同样的情况也适用于天然胶。在天然胶中使用 QDI 也会有一定的优势。RT：第 8 章，Specialty Elastomers，M. Gozdiff，p. 199；GEN："Science and Technology of NR,"（MRPRA, 1988）；RP：Ignatz-Hoover.

37. TPE

如果必须使用热塑性弹性体，那么热塑性聚氨酯弹性体是第一选择，因为它具有优异的耐磨性。RT：第 10 章，Thermoplastic Elastomers，C. P. Rader，p. 271.

38. 交联密度

对于天然胶料来说，一般提高胶料密度可以提高胶料的耐磨性。GEN：D. Campbell，A. Chapman，"Relationships Between Vulcanizate Structure and Vulcanizate Performance," Malaysian Rubber Producers Research Association，Brickendonbury，Hertford，UK. p. 5.

39. 交联类型

由硫黄硫化体系产生的多硫键交联网络要比过氧化物硫化胶料的耐磨性好。GEN：P. Dluzneski，"Peroxide Vulcanization of Elastomers," Rubber Chemistry and Technology，July-August，2001（74）：451；RP：J. R. Halladay.

普通硫化体系比有效和半有效硫化体系能赋予天然胶胶料更好的耐磨性。GEN：Cheng Shin，"Curative and Carbon Black Effects on NR Truck Tires," Paper No. 131 presented at the Fall Meeting of the Rubber Division，ACS，October，2001，Cleveland，OH.

40. 新型交联剂

据报道，一种新型交联剂［1, 6-双（N, N-二苯并噻唑氨基甲酰二硫)-己烷］用在货车胎面胶料中，可以有效提高其耐磨性和耐热老化性。GEN：T. Kleiner（Bayer AG），"Improvements in Abrasion and Heat Resistance by Using a New Crosslink Agent," Paper No. 12A presented at the ITEC 2002 Meeting，September，2002，Akron，OH.

41. 过氧化物硫化

在过氧化物硫化体系中，使用助硫化剂，可以提高胶料的耐磨性。GEN：P. Dluzneski，"Peroxide Vulcanization of Elastomers," Rubber Chemistry and Technology，July-August，2001（74）：451.

42. 拉伸强度与耐磨性

研究发现，一般情况下，具有较高拉伸强度的胶料的耐磨性也较好，但

RT：2001 年由 Hanser 出版社出版的 John S. Dick 编写的著作：Rubber Technology, Compounding and Testing for Performance；GEN：来自各种期刊或会议的一般参考文献；RP：来自本书顾问-编审委员会成员的建议。

也存在很多的例外情况。GEN：F. Eirich，Science and Technology of Rubber，Chapter 9，"The Rubber Compound and Its Composition，" M. Studebaker，J. Beatty，Academic Press，1978：367.

43. 抗降解剂

一般来讲，抗降解剂苯二胺 AOs 或者苯醌二亚胺 QDI 会提高天然胶胶料的皮克耐磨性。这是因为来自抗降解剂的极性端基会促进高分子悬挂链吸附到填料颗粒表面上，而高分子链的滑移能提高损耗模量，所以在大应变下，高分子滑移耗散掉了更多的能量，那么用来磨损胶料的能量就将降低，这应该是皮克磨耗与损耗模量具有一定相关性的原因。GEN：F. Ignatz-Hoover（Flesys），"Wear Characteristics Predicted Using Loss Modulus at High Strain，" Paper No. 46 presented at the Fall Meeting of the Rubber Division，ACS，October 5-8，2004，Columbus，OH.

RT：2001 年由 Hanser 出版社出版的 John S. Dick 编写的著作：Rubber Technology，Compounding and Testing for Performance；GEN：来自各种期刊或会议的一般参考文献；RP：来自本书顾问-编审委员会成员的建议。

3.5 改善耐油性或耐溶剂性

在使用过程中，如果将硫化胶料一直暴露在油或者溶剂环境中，胶料会出现溶胀或者降解的现象。硫化胶溶胀或者降解的程度主要取决于其暴露在的油或溶剂的种类。例如，芳烃油可能使 A 橡胶溶胀比 B 橡胶严重，而石蜡油造成的结果可能正好相反。另外，溶剂的种类对橡胶的影响也是完全不同的。脂肪烃溶剂不同于酮，也不同于芳香烃溶剂。所以很难笼统地确定哪个胶料的耐油或耐溶剂性好，因为油或者溶剂的种类太多了。然而，当提到耐油或耐溶剂性能时，一般只考虑一些最通用的情况，如在汽车中的应用。ASTM 中规定的标准油，也是耐油性的一个重要的参考标准。

以下实验方案可能会改善某种胶料在某种特定油或溶剂环境中的耐油或耐溶剂性。对书中的相关文献来源、包括后面引用的文献，读者都应该自己研究和阅读。注意：这些通用的实验方案不一定适用于每一个具体情况。能够改善耐油性的任何一个变量都一定会影响其他性能，或好或坏，但本书不对其他性能的改变加以阐述。本书也不对安全和健康问题加以解释。

1. 一般排序

对不同弹性体的一个笼统耐油性排序如下：

FKM（最好）> COECO ≈ NBR/PVC ≈ NBR > AEM > CM ≈ CSM ≈ VMQ > CR > EPDM ≈ IIR ≈ SBR ≈ NR（最差）

GEN：J. Horvath，"Selection of Polymers for Automotive Hose and Tubing Applications"，Rubber World，December，1987，p. 21.

2. 氟橡胶

氟橡胶是所有现有弹性体中耐油性最好的。RT：第 6 章，Elastomer Selection，R. School，p. 135.

即使在高温下，氟橡胶也是耐油性最好的弹性体。RT：第 8 章，Specialty Elastomers，R. Stevens，p. 229；

据报道，由偏二氟乙烯、四氟乙烯和丙烯制备出的新型氟橡胶与传统氟橡胶相比，其在高温下对苛刻发动机油的耐油性更好，这是因为在聚合过程中用丙烯取代了六氟丙烯的缘故。GEN：W. Grootaert，R. Kolb，A. Worm，"A Novel Fluorocarbon Elastomer for High-temperature Sealing Applications in Aggressive Motor-Oil Environments，" Rubber Chemistry and Technology，September-October，1990（63）：516.

RT：2001 年由 Hanser 出版社出版的 John S. Dick 编写的著作：Rubber Technology，Compounding and Testing for Performance；GEN：来自各种期刊或会议的一般参考文献；RP：来自本书顾问-编审委员会成员的建议。

3. FKM 与汽油/甲醇共混物

含有乙醇尤其是甲醇的汽油，对由 NBR 或者 ECO 胶料制备的软管的溶胀作用很严重，然而，根据需要特制的 FKM 软管在这种汽油/甲醇混合燃料中的溶胀就很少了。GEN：R. Malcolmson，"Elastomers for Cars," Chemtech, May, 1983, p. 286.

4. FKM 与"酸性"燃料

发动机的注油系统是允许未燃烧油再循环利用的，这种循环过程增加了酸性燃料产生的可能性。这种酸性燃料实际上是含有过氧化氢的汽油氧化物，这些过氧化氢能够产生自由基，能引起胶料的迅速降解。实验发现，这些酸性燃料可以使 ECO 胶料变软，使 NBR 胶料变硬变脆，而特种 FKM 胶料受这种酸性燃料的影响很小。GEN：R. Malcolmson，"Elastomers for Cars," Chemtech, May, 1983, p. 286.

5. 全氟橡胶 FFKM

要想使橡胶制品既有较好的耐油性又有较好的耐热性，往往会选用全氟橡胶作为胶料基体。有报道说 FFKM 在 316℃ 高温下仍具有较长的使用寿命。GEN：M. Coughlin, R. Schnell, S. Wang, "Perfluoroelastomers in Severe Environments: Properties, Chemistry and Applications," Presented at ACS Rubber Division Meeting, Spring, 2001, Paper No. 24.

6. 氟橡胶中的氟含量

据报道，氟橡胶中的氟含量高，可以减少胶料在甲醇、碳燃料或者两者混合物中的溶胀。这两者混合物比单用其中一种更能使胶料溶胀并破坏其物理性能。这里的碳燃料是指体积比 50∶50 的异辛烷与甲苯的混合物。GEN：T. Dobel, C. Grant (DuPont)，"Fuel and Permeation Resistance of Fluoroelastomers to Methanol Blends," Paper No. 47 presented at the Fall Meeting of Rubber Division, ACS, October 11-13, Cleveland, OH.

7. 表氯醇橡胶

表氯醇橡胶具有很好的耐汽油性。RT：第 6 章，Elastomer Selection, R. School, p. 138.

表氯醇系列橡胶，如 CO、ECO 和 GECO，都对汽油有很好的耐溶胀性，但不耐极性的刹车油。RT：第 8 章，Specialty Elastomers, C. Cable, p. 216-217.

有研究对 CM、CSM、GECO 和 NBR/PVC 四种胶料进行比较，发现 GECO 具有最好的耐油性。GEN：C. Hooker, R. Vara, "A Comparison of Chlorinated

---

RT：2001 年由 Hanser 出版社出版的 John S. Dick 编写的著作：Rubber Technology, Compounding and Testing for Performance；GEN：来自各种期刊或会议的一般参考文献；RP：来自本书顾问-编审委员会成员的建议。

and Chlorosulfonated Polyethylene Elastomers with Other Materials for Automotive Fuel Hose Covers," Presented at ACS Rubber Division Meeting, Fall, 2000, Paper No. 128.

为了防止汽油从燃料输送软管往外渗透，最好选用 CO、ECO 为基体胶料的软管，或者是覆盖一层 FKM。GEN：R. Malcolmson, "Elastomers for Cars," Chemtech, May, 1983, p. 286.

8. ACM

聚丙烯酸酯橡胶具有很好的耐油性，尤其是对于含硫润滑剂而言。RT：第 6 章，Elastomer Selection, R. School, p. 138.

9. 氯化聚乙烯 CPE 或 CM

通常情况下，氯化聚乙烯胶料的耐油性较好。氯含量越高的胶料耐油性越好。RT：第 8 章，Specialty Elastomers, L Weaver, p. 212-213.

10. CSM

通常情况下，氯磺化聚乙烯 CSM 胶料的耐油性较好，氯含量越高的耐油性越好。RT：第 8 章，Specialty Elastomers, C. Baddorf, p. 213-214.

11. AEM

对于三元共聚物的 AEM 来说，甲基丙烯酸含量越高（如牌号 Vamac® GLS），其耐油性越好，但在低温性能上有所损失。RT：第 8 章，Specialty Elastomers, T. Dobel, p. 223.

12. FKM/ACM 合金

一种特种合金 FKM/ACM 共混物，使用过氧化物硫化，其胶料的耐油性与纯 FKM 或者纯 ACM 相当。GEN：M. Kishine, T. Noguchi, "New Heat-Resistance Elastomers," Rubber World, February, 1999, p. 40.

13. NBR

NBR 是耐油性较好的弹性体，并且丙烯腈含量越高耐油性越好。RT：第 6 章，Elastomer Selection, R. School, p. 131；RT：第 8 章，Specialty Elastomers, M. Gozdiff, p. 194.

要想使 NBR 胶料具有更好的耐油性，一种做法是加入低分子量的聚酯增塑剂（如 DOP、DOA 或 DOS），这是因为胶料在吸收溶剂的同时，这些增塑剂也会被溶剂抽提走，如果这两者达到平衡，那么胶料的体积变化就会较小。显然，这种方法需要大量的实验和通过微量调整得以实现。如果胶料是用来模塑成型一个制件的，其整个使用环境都是某一特定油种，那么配合胶料时，就可以将这种油尽量多地加入到胶料中，应该也会有效阻止胶料的溶胀。RP：

RT：2001 年由 Hanser 出版社出版的 John S. Dick 编写的著作：Rubber Technology, Compounding and Testing for Performance；GEN：来自各种期刊或会议的一般参考文献；RP：来自本书顾问-编审委员会成员的建议。

J. R. Halladay.

14. HNBR 和氧化燃料

HNBR 胶料对氧化燃料的耐油性要比 NBR 和 ECO 好。GEN：K. Hashimoto, N. Watanabe, M. Oyama, Y. Todani, "High Saturated Nitrile Elastomer-HSN," Automotive Elastomers and Design, September, 1985, p. 26.

15. 含磷氮的氟橡胶

选择含磷氮的氟橡胶可以有效提高胶料的耐油性。GEN：Al Worm, Jack Kosmala (3M), "Introduction to Fluorocarbon Elastomers," 1991.

16. HNBR 护层

在橡胶制品外面覆盖一层 HNBR 可以有效抵御油的侵蚀。这种特种 HNBR 护层可以在室温下硫化，帮助天然胶或顺丁胶制品抵御油的侵蚀。GEN：J. Halladay, T. Kohli (Lord Corp.), "Novel Elastomeric Coatings for Use on Rubber Components," Paper No. 29 presented at the Spring Meeting of Rubber Division, ACS, April 28-30, 2003, San Francisco, CA.

17. XNBR 和 XNBR/PVC

羧基化 NBR 或者是 XNBR/PVC 共混物，与纯 NBR 或者 PVC 相比，其对燃料 C 与甲醇混合物的抗渗透性要更好。GEN：H. Pfisterer, J. Dunn, "New Factors Affecting the Performance of Automotive Fuel Hose," Rubber Chemistry and Technology, May-June, 1980 (53)：357.

18. 氟硅橡胶

硅橡胶的耐油或耐溶剂性不是太好，但氟硅橡胶的耐油性有一定的提高。RT：第 6 章, Elastomer Selection, R. School, p. 136.

聚三氟丙基甲基硅氧烷（氟硅橡胶）在耐油性上通常优于硅橡胶。RT：第 8 章, Specialty Elastomers, J. R. Halladay, p. 235.

19. 多硫键橡胶

以多硫键占优势的橡胶对某些溶剂具有很好的抗腐蚀性，同时低温性能也好。RT：第 6 章, Elastomer Selection, R. School, p. 139.

20. 聚氨酯

聚氨酯的耐油性在平均水平以上。GEN：Tom Jablonowski (TSE Industries), "Millathane Millable Polyurethance for Demanding Applications," Presented at the Indian Rubber Expo, January 19-21, 2011, Chennai, India.

通常在很多应用条件下，聚酯型聚氨酯比聚醚型聚氨酯具有更好的耐油性。RT：第 9 章, Polyurethane Elastomers, R. W. Fuest, p. 257.

RT：2001 年由 Hanser 出版社出版的 John S. Dick 编写的著作：Rubber Technology, Compounding and Testing for Performance；GEN：来自各种期刊或会议的一般参考文献；RP：来自本书顾问-编审委员会成员的建议。

21. 可混炼 PU 与 SBR 共混

在 SBR 胶料中，逐步加入一定量的可混炼的聚氨酯弹性体，可以有效地提高胶料的耐油性。GEN：T. Jablonowski，"Blends of PU with Conventional Rubbers，"Rubber World，October，2000，p. 41.

22. 液体 BR 与硅橡胶共混

在过氧化物硫化的硅橡胶中，加入少量的低相对分子质量（液体）高乙烯基1，2聚丁二烯树脂（如 Ricon®，其中含有一定的抗氧剂用来提高 BR 的耐热性），可以提高炭黑的填充量，进而降低在某些溶剂中的溶胀。GEN：R. Drake，"Using Liquid Polybutadiene Resin to Modify Elastomeric Properties，"Rubber & Plastics News，February 28 and March 14，1983.

23. 液体 NBR 与 NBR 胶料

在 NBR 胶料中加入液体 NBR（如 Hycar® 1312）作为增塑剂，替代其他传统的增塑剂，这种液体 NBR 增塑剂不会在油环境中被抽提出来，这是因为它在胶料硫化的同时被交联了，变成不可迁移、不能挥发和不可被抽提的了，所以胶料的耐油性得到增强。GEN："A Comparative Evaluation of Hycar Nitrile Polymers，"Manual HM-1，Revised，B. F. Goodrich Chemical Co.

24. 自硫化共混物

自硫化共混物是指不需添加硫化剂而本身能够发生交联反应的共混物。如氯化天然橡胶和羧基化 NBR 共混物可以具有较好的耐油性，以下是另一些具有一定耐油性的自硫化共混物：

1）CSM/环氧化 NR。

2）CR/环氧化 NR。

3）CSM/羧基化 NBR。

4）环氧化 NR/羧基化 NBR。

5）CR/羧基化 NBR。

6）PVC/羧基化 NBR。

以上自硫化共混物的耐油性有时可能达不到用户的需求。GEN：P. Ramesh，S. De，"Self Crosslinkable Polymer Blends Based on Chlorinated Rubber and Carboxylated Nitrile Rubber，"Rubber Chemistry and Technology，March-April，1992（65）：24.

25. TPV

动态硫化热塑性硫化胶中，要保证橡胶相的交联密度足够高，才能使胶料的耐油性好。

RT：2001 年由 Hanser 出版社出版的 John S. Dick 编写的著作：Rubber Technology，Compounding and Testing for Performance；GEN：来自各种期刊或会议的一般参考文献；RP：来自本书顾问-编审委员会成员的建议。

在现有的 TPV 材料中，NBR/PP 相比 EPDM/PP 的耐油性和耐各种润滑剂性都要好得多。RT：第 10 章，Thermoplastic Elastomers，C. P. Rader，p. 274.

杜邦公司的一种热塑性弹性体 ETPV，是由共聚酯与高度交联的 AEM（乙烯-丙烯酸酯橡胶）组成，比普通热塑性弹性体具有更好的耐油性，可以在 135℃ 下长时间使用，最高使用温度可以达到 180℃。GEN：J. Drobny（Drobny Polymer Associates），"High Performance Thermoplastic Elastomers：A Review，" Paper No. 69 presented at the Fall Meeting of the Rubber Division，ACS，October 14-16，2008，Louisville，KY；J. Pike，A. Schantz，K. Cook（DuPont），"Introducing the New Class of TPVs：They Can Do the Work of High-Performance Rubbers，Often for Less，" Paper No. 7 presented at the Fall Meeting of the Rubber Division，ACS，October 14-17，2003，Cleveland，OH.

26. 增塑剂

在氯丁胶中使用含有多元酸酯合成的增塑剂，这种增塑剂含有线性乙醇端基，能赋予胶料在 ASTM 规定的 3 号标准油中具有较好的耐油性。

对于氯化聚乙烯胶料来说，偏苯三酸增塑剂能赋予胶料较好的耐油性。RT：第 14 章，Ester Plasticizers and Processing Additives，W. Whittington，p. 351-361.

27. 交联密度

当硫化胶料被浸润在油或溶剂中时，较高的交联密度可以减少油或溶剂在胶料中的溶胀。实际上，溶胀法一直以来被作为测定硫化胶料交联密度的一种方法。胶料吸入的油或溶剂越多，交联密度就越低（根据 Flory-Rehner 方程）。GEN：D. Campbell，A. Chapman，"Relationships Between Vulcanizate Structure and Vulcanizate Performance，" Malaysian Rubber Producers Research Association，Brickendonbury，Hertford，UK. p. 3.

28. 过氧化物硫化和硫黄硫化

通常情况下，过氧化物硫化胶料的耐油性要优于硫黄硫化的胶料。GEN：P. Dluzneski，"Peroxide Vulcanization of Elastomers，" Rubber Chemistry and Technology，July-August，2001（74）：451.

29. 聚合物-填料相互作用

补强填料填充的硫化胶，如果填料与聚合物之间的相互作用强，那么胶料的耐油性就好，前提是填料的加入不降低胶料的化学交联密度，这是因为填料与聚合物之间的相互作用与化学交联的作用相类似。如果胶料的化学交联密度不受填料存在影响的话，那么填料与聚合物的作用越强，填充量越高，胶料的耐油性就越好。GEN：S. Wolff，Kautsch. Gummi Kunstst，1970（23）：7；RP：M-J. Wang.

RT：2001 年由 Hanser 出版社出版的 John S. Dick 编写的著作：Rubber Technology, Compounding and Testing for Performance；GEN：来自各种期刊或会议的一般参考文献；RP：来自本书顾问-编审委员会成员的建议。

30. 高结构度填料

使用高结构度填料，可以使胶料的耐油性提高。GEN：Z. Rigbi, B. B. Boonstra, Presented at ACS Rubber Division Meeting, September 13-15, 1976; Carbon Black Chapter 9, "Carbon Black Reinforcement of Elastomers," S. Wolf, M-J. Wang, p.308; RP：M-J. Wang.

31. 炭黑

一种新型超低结构度半补强炭黑，其填充量越高，胶料的耐液体渗透性就越强。GEN：S. Bussolari, S. Laube, "A New Cabot Carbon Black for Improved Performance in Peroxide Cured Injection Molded Compounds," Presented at ACS Rubber Division Meeting, Fall, 2000, Paper No. 98.

32. FKM/低相对分子质量液体橡胶/氧化炭黑

对于过氧化物硫化的氟橡胶，选用氧化热裂法炭黑填充以及相对分子质量为1200的聚1,2丁二烯二醇预聚物作为偶联剂，可以使胶料对某些油和溶剂具有很好的耐油性。GEN：J. Martin, T. Braswell, H. Green, "Coupling Agents for Certain Types of Fluoroelastomers," Rubber Chemistry and Technology, November-December, 1978 (51): 897.

33. 滑石粉

在 NBR 胶料中，用滑石粉替代 N990 和白炭黑，可以以降低模量和拉伸强度为代价，降低胶料在某些溶剂中的溶胀性。GEN：H. Pfisterer, J. Dunn, "New Factors Affecting the Performance of Automotive Fuel Hose," Rubber Chemistry and Technology, May-June, 1980 (53): 357.

RT：2001 年由 Hanser 出版社出版的 John S. Dick 编写的著作：Rubber Technology, Compounding and Testing for Performance；GEN：来自各种期刊或会议的一般参考文献；RP：来自本书顾问-编审委员会成员的建议。

3.6 改善耐变色性

这种性能在非黑色胶料或者与非黑色胶料接触的胶料中是非常重要的。

以下实验方案可能会改善胶料的耐变色性。对书中的相关文献来源、包括后面引用的文献，读者都应该自己研究和阅读。注意：这些通用的实验方案不一定适用于每一个具体情况。能够改善耐变色性的任何一个变量都一定会影响其他性能，或好或坏，但本书不对其他性能的改变加以阐述。本书也不对安全和健康问题加以解释。

1. 油

要选用非芳烃油，因为芳烃油比石蜡油和环烷油都更容易变色。RT：第 12 章，Compounding with Carbon Black and Oil, S. Laube, S. Monthey, M-J. Wang, p. 312；GEN：J. S. Dick, Chapter 8, "Oils, Plasticizers, and Other Rubber Chemicals," Basic Rubber Testing: Selecting Methods for a Rubber Test Program, ASTM West Conshohocken, PA, 2003, p. 124.

2. 硫化

过氧化物硫化的胶料比硫黄硫化的胶料具有更好的耐变色性。RT：第 17 章，Peroxide Cure Systems, L. Palys, p. 434.

3. 抗氧剂

酚类抗氧剂比胺类抗氧剂具有更好的耐变色性。在酚类抗氧剂中，双酚类抗氧剂是所有抗氧剂中耐变色性最好的一类。RT：第 19 章，Antidegradants, F. Ignatz-Hoover, p. 449, 452.

研究发现，双（四氢苯甲醛）季戊四醇缩醛可以赋予 CR、IIR、CIIR 或者 BIIR 等胶料很好的耐臭氧性，同时缩醛类抗氧剂具有优异的耐变色性。

还有研究发现，四氢-1，3，5 三唑硫酮三正丁酯可以使胶料具有较好的耐臭氧性和耐变色性。

3，5-二叔丁基-4-羟基苯氰乙酸酯是一种不变色抗臭氧剂，能赋予 NR 和 BR 胶料较好的抗臭氧性，其抗臭氧性与 N- 苯基- N′-异丙基对苯二胺 （4010NA） 相当。

2，4，6-三二甲苯苯二胺三聚氰胺是一种不变色抗臭氧剂，可以赋予 NR 和 BR 胶料较好的耐臭氧性，效果与苯二胺相当。GEN：W. Waddell, "Tire Black Sidewall Surface Discoloration and Non- staining Technology: A Review," Rubber Chemistry and Technology, July- August, 1998 （71）：590.

RT：2001 年由 Hanser 出版社出版的 John S. Dick 编写的著作：Rubber Technology, Compounding and Testing for Performance；GEN：来自各种期刊或会议的一般参考文献；RP：来自本书顾问-编审委员会成员的建议。

4. 不变色轮胎胎侧

如果在顺丁胶和天然胶并用的胎侧胶料中加入 35～40 份的 BIMSM 胶，就可以不用加入抗臭氧剂，这样就不会引起变色了。GEN：D. Flowers, J. Fusco, D. Tracey (Exxon Chemical), "Advancements in New Tire Sidewalls with a New Isobutylene Based Copolymer," Paper No. 50 presented at the Fall Meeting of the Rubber Division, ACS, October 26-29, 1993, Orlando, FL.

5. 使用饱和橡胶

要想使橡胶制品在整个使用期间一直保持很好的光洁性，胶料中需要含有足够的饱和橡胶组分。有了这种饱和橡胶在里面，甚至不用抗氧剂，都能使胶料具有较好的抗臭氧性（因为有时抗氧剂会迁移到表面而影响光洁性）。这种饱和橡胶有 EPDM、BIIR、CIIR 和溴化异丁烯- 对甲基苯乙烯橡胶（BIMS）橡胶。GEN：W. Waddell, "Tire Black Sidewall Surface Discoloration and Non-staining Technology: A Review," Rubber Chemistry and Technology, July-August, 1998 (71): 590.

RT: 2001 年由 Hanser 出版社出版的 John S. Dick 编写的著作：Rubber Technology, Compounding and Testing for Performance；GEN：来自各种期刊或会议的一般参考文献；RP：来自本书顾问-编审委员会成员的建议。

3.7　改善耐天候性

橡胶制品暴露在阳光雨露中会被"风化"，最终导致橡胶制品的破坏或失效。

以下实验方案可能会改善胶料的耐天候性。对书中的相关文献来源、包括后面引用的文献，读者都应该自己研究和阅读。注意：这些通用的实验方案不一定适用于每一个具体情况。能够改善耐天候性的任何一个变量都一定会影响其他性能，或好或坏，但本书不对其他性能的改变加以阐述。本书也不对安全和健康问题加以解释。

1.　一般原则

通常情况下，选用含有饱和主链的胶料，这种胶料有 EPDM、HNBR、硅橡胶、IIR 和 FKM 等。RP：J. R. Halladay.

2.　炭黑

胶料中填充有炭黑，可以很好地改善胶料耐紫外线的能力。RT：第 3 章，Vulcanizate Physical Properties, Performance Characteristics, and Testing, J. S. Dick, p. 65.

3.　EPDM

基于 EPDM 的胶料都具有很好的耐天候性。RT：第 6 章，Elastomer Selection, R. School, p. 132.

4.　卤化丁基胶和丁基胶

丁基胶和卤化丁基胶具有很好的耐天候性。RT：第 6 章，Elastomer Selection, R. School, p. 134.

5.　硅橡胶和氟硅橡胶

硅橡胶和氟硅橡胶具有很好的耐天候性。RT：第 6 章，Elastomer Selection, R. School, p. 136.

6.　CM

氯化聚乙烯胶料具有很好的耐天候老化性。RT：第 8 章，Specialty Elastomers, L. Weaver, p. 212.

7.　CSM

氯磺化聚乙烯胶料具有很好的耐天候老化性。RT：第 8 章，Specialty Elastomers, C. Baddorf, p. 214.

美国杜邦公司的 Hypalon® 牌 CSM 以突出的耐天候性而著称。Hypalon® 40

RT：2001 年由 Hanser 出版社出版的 John S. Dick 编写的著作；Rubber Technology, Compounding and Testing for Performance；GEN：来自各种期刊或会议的一般参考文献；RP：来自本书顾问-编审委员会成员的建议。

具有最好的耐天候性，其次是 Hypalon® 30 和 Hypalon® 20。在 Hypalon® 牌 CSM 胶料中填充氧化镁，可以使胶料颜色的保持性很好，并且表面始终保持光洁。GEN：P. Peffer, R. Radcliff, "Factors Affecting Weather Resistance of Hypalon Chlorosulfonated Polyethene," Rubber World, October, 1960, p. 102.

8. 氟橡胶

通常氟橡胶胶料具有较好的耐候性和耐臭氧性。GEN：Jim Denham (3M), "Basic Fluoroelastomer Technology," Presented at the Fall Meeting of the Energy Rubber Group, September 13, 2011, Galveston, TX.

RT：2001 年由 Hanser 出版社出版的 John S. Dick 编写的著作：Rubber Technology, Compounding and Testing for Performance；GEN：来自各种期刊或会议的一般参考文献；RP：来自本书顾问-编审委员会成员的建议。

3.8　改善耐水解性

耐水解性在以聚氨酯为基体的胶料中是非常重要的，同样，在醋酸乙烯酯弹性体，共聚酯热塑性弹性体和含有氨基甲酸酯、酰胺或者酯键的聚合物中，耐水解性也是需要关注的一个问题。

以下实验方案可能会改善耐水解性。对书中的相关文献来源、包括后面引用的文献，读者都应该自己研究和阅读。注意：这些通用的实验方案不一定适用于每一个具体情况。能够改善耐水解性的任何一个变量都一定会影响其他性能，或好或坏，但本书不对其他性能的改变加以阐述。本书也不对安全和健康问题加以解释。

以 MDI 为预聚物的聚醚型聚氨酯胶料在耐水解性方面具有一定的优势。RT：第 9 章，Polyurethane Elastomers，R. W. Fuest，p. 257.

要使胶料具有好的耐水解性，就要尽量避免使用聚氨酯，醋酸乙烯酯，共聚酯和含有氨基甲酸酯、酰胺或者酯键的聚合物。RP：C. P. Rader.

RT：2001 年由 Hanser 出版社出版的 John S. Dick 编写的著作：Rubber Technology, Compounding and Testing for Performance；GEN：来自各种期刊或会议的一般参考文献；RP：来自本书顾问-编审委员会成员的建议。

第4章
改善加工性能

4.1 降低黏度

在胶料混炼过程中，往往希望黏度低一些，这样有利于后续的加工。

以下实验方案可能会有利于工厂中胶料后续的加工。对书中的相关文献来源、包括后面引用的文献，读者都应该自己研究和阅读。注意：这些通用的实验方案不一定适用于每一个具体情况。能够降低黏度的任何一个变量都一定会影响其他性能，或好或坏，但本书不对其他性能的改变加以阐述。本书也不对安全和健康问题加以解释。

1. 混炼

增加混炼时间，提高混炼程度，可以降低胶料黏度。RT：第 2 章，Compound Processing Characteristics and Testing, J. S. Dick, p. 23.

像 SBR 这样的合成胶中一般含有稳定剂。然而在 163℃ 以上温度下混炼 SBR 胶料，能够产生松散型凝胶（可被辊炼开）和紧致型凝胶（不能被辊炼开），这两种凝胶都会增加胶料的黏度，因此要谨慎处理排胶温度。GEN：R. Mazzeo，"Preventing Polymer Degradation During Mixing," Rubber World, February, 1995：22。

2. 销钉机筒挤出机

如果用传统的挤出机处理不了高黏度胶料的话，可以考虑选用销钉机筒挤出机，因为这种挤出机能够将胶料不断地分割开来，因此可以不必在高剪切力下混合与均质化。RT：第 23 章，Rubber Mixing, W. Hacker, p. 508.

3. 相对分子质量

一般情况下，相对分子质量低的弹性体，其胶料黏度就低。RT：第 2 章，Compound Processing Characteristics and Testing, J. S. Dick, p. 23；RT：第 7 章，General Purpose Elastomers and Blends, G. Day, p. 153；GEN：R. Mastromatteo, E. Morrisey, M. Mastromatteo, H. Day, "Matching Material Properties to Application

---

RT：2001 年由 Hanser 出版社出版的 John S. Dick 编写的著作：Rubber Technology, Compounding and Testing for Performance；GEN：来自各种期刊或会议的一般参考文献；RP：来自本书顾问-编审委员会成员的建议。

Requirements," Rubber World, February, 1983: 26.

4. SBR

乳液聚合 SBR 的黏度要比溶液聚合 SBR 的低，因为 SSBR 的平均相对分子质量高并且相对分子质量分布窄。RT：第 7 章，General Purpose Elastomers and Blends, G. Day, p. 153.

5. 低黏度 BR

固特异化学公司生产的一种镍系顺丁胶，采用特殊催化剂体系聚合而成，这种催化体系可以使顺丁胶的黏度降低，但冷流性适中。GEN：K, Castner (Goodyear Tire), "Improved Processing cis- 1, 4- Polybutadiene," Paper No. 3 presented at the Fall Meeting of the Rubber Division, ACS, April 13- 16, 1999, Chicago, IL.

6. 星型支化 HIIR

在相同油与炭黑填充量的条件下，星型支化卤化丁基胶比普通丁基胶的黏度要低。RT：第 8 章，Specialty Elastomers, G. Jones, D. Tracey, A. Tisler, p. 180.

7. 液体聚合型增塑剂

胶料中选用相容的液体聚合物增塑剂，可以降低胶料的黏度。例如，在 EPDM 胶料中选用液体 EPR 增塑剂 Trilene®，可以降低 EPDM 胶料的黏度。GEN：J. Sommer, Elastomer Molding Technology, Elastech, Hudson, OH, 2003, p. 178.

8. 液体氯丁胶

在氯丁胶料中，加入低相对分子质量的液体氯丁胶作为增塑剂，例如 Neoprene FB 可以降低胶料的黏度。RT：第 8 章，Specialty Elastomers, L. L, Outzs, p. 210.

9. 低黏度 HNBR

在制备 HNBR 胶料时，选用低黏度的 HNBR，易于加工。GEN：A. Anderson, M. Jones (zeon Chemicals), "Usage of Low- Viscosity HNBR Polymers to Increase Productivity in High-Shear Molding Methods," Paper No. 75 presented at the Fall Meeting of the Rubber Division, ACS, October 11- 13, 2011, Cleveland, OH.

10. TOR

在 NR、BR、SBR、NBR、CR 或者 EPDM 中加入少量的反式聚辛烯橡胶 TOR，可以使胶料在加工温度下的黏度降低，但由于其自身的结晶性，在常

RT：2001 年由 Hanser 出版社出版的 John S. Dick 编写的著作：Rubber Technology, Compounding and Testing for Performance；GEN：来自各种期刊或会议的一般参考文献；RP：来自本书顾问-编审委员会成员的建议。

温下增加了胶料黏度。GEN：A. Draxler，"A New Rubber：trans-polyoctenamer，"Chemische Werke Huels AG，Postfach，Germany.

11. 天然胶，塑解剂和加工助剂

在天然胶中加入少量的塑解剂2，2′-二苯甲酰氨基二苯基二硫，可以降低胶料的黏度，当然也会降低一些其他性能。

在天然胶中，也可以考虑加入一些加工助剂来降低黏度，如烷基锌皂、钾皂或者芳香锌皂等。RT：第14章，Ester Plasticizers and Processing Additives，W. Whittington，p. 364-377.

选用一些不含锌的加工助剂，可以降低天然胶料的黏度。GEN：K. Menting，J. Bertrand，M. Hensel，H. Umland（Schill + Seilacher），"The Ultimate Way to NR Processing?：High Efficiency and Good Dynamic Properties with a Zinc-Free Novel Additive，"Paper No. 70 presented at the Spring Meeting of the Rubber Division，ACS，April 28-30，2003，San Francisco，CA.

12. 填料

对于大粒径炭黑填充胶料来说，降低炭黑填充量，能适度降低胶料黏度，而对于小粒径炭黑填充的胶料来说，降低填充量，可以显著降低胶料黏度。GEN：J. S. Dick，H. Pawlowski，J. Moore，"Viscous Heating and Reinforcement Effects of Fillers Using the Rubber Process Analyzer，"Rubber World，January，2000，p. 31.

与各向异性填料相比，填充球状颗粒填料的胶料黏度更低。GEN：Carbon Black，Chapter 9，"Carbon Black Reinforcement of Elastomers，"S. Wolf，M-J. Wang，p. 301.

13. 润滑填料

在采用矿物填料填充胶料时，可以考虑采用叫作"润滑填料"的合成石墨（Dixon® 1176）或者硅酸镁滑石粉（如 Mistron Vapor®）等来替代部分沉淀法白炭黑。GEN：D. Coulthard，W. Gunter，Presented at ACS Rubber Division Meeting，Fall，1975，Paper No. 39.

14. 填料表面处理

考虑选用进行表面处理的填料，如硬脂酸处理的碳酸钙、硅烷处理的陶土、钛酸处理的二氧化钛，来替代未经处理的填料以及并用的润滑剂，可以使胶料的黏度降低。GEN：R，Grossman，Q&A，Elastomerics，January，1989.

15. 炭黑

降低炭黑填充量，可以降低胶料的黏度。大粒径炭黑比小粒径炭黑填充

的胶料黏度要低，低结构度炭黑比高结构度炭黑填充的胶料黏度要低。RT：第 12 章，Compounding with Carbon Black and Oil, S. Laube, S. Monthey, M-J. Wang, p. 308；S. Monthey, "The Influence of Carbon Blacks on the Extrusion Operation for Hose Production," Rubber World, May, 2000, p. 38.

16. 超低结构度炭黑

选用半补强超低结构度炭黑可以使胶料的黏度降低。GEN：S. Bussolari, S. Laube, "A New Cabot Carbon Black for Improved Performance in Peroxide Cured Injection Molded Compounds," Presented at ACS Rubber Division Meeting, Fall, 2000, Paper No. 98.

17. 低炭黑焦烧胶料

炭黑填充的 EPDM 母胶在加工时黏度会上升，这种现象称为"炭黑焦烧"，这种作用是可逆的，如果将 EPDM 母胶放入密炼机中，就会重新获得之前的低黏度。如果选用 ENB 含量低的 EPDM，就可以降低炭黑焦烧现象；如果选用结构度低的炭黑，也可以降低炭黑焦烧现象。GEN：C. Daniel, J. Pillow (DuPont Dow Elastomer), "Black Scorch in EPDM Compounds," Paper presented at the IRE &C, June 10, 1999, Manchester, UK.

18. 白炭黑填充胶料

在白炭黑填充的低滚动阻力胶料中，加入三烷基胺脂肪酸助剂可以降低胶料黏度，改善加工性能。GEN：K. Yanagisawa (Bridgestone Corp.), "Use of Tertiary Alkylamine-Fatty Acid Salt to Improve Rolling Resistance and Processability on Silica Tread," Paper No. 69 presented at the Fall Meeting of the Rubber Division, ACS, October 8-11, 2002, Pittsburgh, PA.

19. 白炭黑与硅烷偶联剂

使用硅烷偶联剂，可以使白炭黑填充胶料的黏度降低。GEN：L. Evans, J. Dew, L. Hope, T. Krivak, W. Waddell, "Hi-Sil EZ: Easy Dispersing Precipitated Silica," Rubber and Plastics News, July 31, 1995, p. 12；J. S. Dick and H. A. Pawlowski, "Application of the Rubber Process Analyzer in Characterizing the Effects of Silica on Uncured and Cured Compound Properties," ITEC'96 Select by Rubber and Plastics News, September , 1997.

20. 加工助剂、增容剂和均匀剂

有时候在胶料中加入少量的加工助剂、增容剂和均匀剂，就可以降低胶料黏度，改善加工性能。这些助剂通常是专用的，一般是脂肪酸盐、表面活性剂或者是树脂。GEN；C. Ryan (ChemSpec, Ltd.), "History of Processing

---

RT：2001 年由 Hanser 出版社出版的 John S. Dick 编写的著作：Rubber Technology, Compounding and Testing for Performance；GEN：来自各种期刊或会议的一般参考文献；RP：来自本书顾问-编审委员会成员的建议。

Aids," Presented at the Summer Meeting of the Southern Rubber Group, June11, 2012, Myrtle Beach, SC.

锌皂类表面活性剂有时在降低胶料黏度上非常有效。GEN：K. Kim, J. Vanderkooi（Struktol），"Effects of Zinc Soaps on TESPT and TESPD：Silica Mixtures in Natural Rubber Compounds," Paper No. 70 presented at the Fall Meeting of the Rubber Division, ACS, October 8-11, 2002, Pittsburgh, PA.

21. 白炭黑填充胶料与加工助剂

对于白炭黑填充胶料来说，在一段混炼中，硅烷偶联剂已经完成了硅烷化反应，要想使二段返炼胶料的黏度降低，可以考虑加入加工助剂，如锌钾皂（Struktol EF44）等。GEN：C. Stone, "Improving the Silica Green Tire Tread Compound by the Use of Special Process Additives," Presented at ACS Rubber Division Meeting, Fall, 1999, Paper No. 77.

22. 硅橡胶/白炭黑

对于填充白炭黑的硅橡胶来说，可以选用疏水处理的白炭黑或者就地加入抗结构剂，以此来降低胶料的黏度。沉淀法白炭黑与气相法白炭黑相比，相同用量下，后者会使胶料的黏度更高。RT：第 8 章，Specialty Elastomers, J. R. Halladay, p. 236.

23. 油

胶料中增加加工油的量，可以降低黏度。GEN：K. Hale, J. West, C. McCormick, "Contribution of Carbon Black Type to Skid and Treadwear Resistance," Presented at ACS Rubber Division Meeting, Spring , 1975, Paper No. 6, Fig. 35.

24. 过氧化物硫化中的助交联剂

在过氧化物硫化的 HNBR 胶料或者其他胶料中，使用助胶料剂可以降低胶料的黏度。RT：第 8 章，Specialty Elastomers, M. Wood, p. 202；GEN：P. Dluzneski, "Peroxide Vulcanization of Elastomers," Rubber Chemistry and Technology, July-August, 2001（74）：451.

要想使过氧化物硫化胶料的黏度降低，可以选用一种"高性能"（HP）过氧化物配方，这种配方硫化的胶料可以很顺利地流过模具流道，能够提高生产效率。也可选用一种有效的低相对分子质量液体助交联剂或者易熔助交联剂，它也可以降低胶料的黏度。RT：第 17 章，Peroxide Cure Systems, L. Palys, p. 418-432.

RT：2001 年由 Hanser 出版社出版的 John S. Dick 编写的著作：Rubber Technology, Compounding and Testing for Performance；GEN：来自各种期刊或会议的一般参考文献；RP：来自本书顾问-编审委员会成员的建议。

4.2   提高剪切变稀性

在工厂中加工的几乎所有的胶料都是非牛顿流体，即在较高的剪切速率下胶料的黏度变低，但是其中一些胶料的黏度在高剪切速率下会变得更低，因此胶料的剪切变稀性会很大程度地影响胶料在后续的加工，如挤出或注射成型等，控制好这一加工特性是很重要的。

以下实验方案可能会提高胶料的剪切变稀性。对书中的相关文献来源、包括后面引用的文献，读者都应该自己研究和阅读。注意：这些通用的实验方案不一定适用于每一个具体情况。能够提高剪切变稀性的任何一个变量都一定会影响其他性能，或好或坏，但本书不对其他性能的改变加以阐述。本书也不对安全和健康问题加以解释。

1. 提高剪切速率

在混炼或者挤出过程中，由于胶料的剪切变稀性，提高剪切速率，可以降低胶料的表观黏度。RT：第 2 章，Compound Processing Characteristics and Testing, J. S. Dick, p. 28.

2. 弹性体

不同弹性体的剪切变稀性是不同的。例如，聚丙烯酸酯橡胶的剪切变稀性强于其他很多弹性体；HNBR 的剪切变稀性强于 NBR。GEN：J. S. Dick, "Comparison of Shear Thinning Behavior Using Capillary and Rotorless Shear Rheometry," Rubber World, 2002, p. 23.

3. 填料的影响

填料对胶料剪切变稀性有着很大影响。例如，白炭黑与炭黑相比，前者能使胶料的剪切变稀性更显著。J. S. Dick and H. A. Pawlowski, "Application of the Rubber Process Analyzer in Characterizing the Effects of Silica on Uncured and Cured Compound Properties," ITEC'96 Select by Rubber and Plastics News, September, 1997.

4. EPDM 的茂金属催化

茂金属催化的出现，使 EPDM 在聚合过程中可以独立控制相对分子质量分布和长链支化，因此生产出剪切变稀性更强的商业级别的 EPDM。GEN：D. Parikh, M. Hughes, M. Laughner, L. Meiske, R. Vara, "Next Generation of Ethylene Elastomers," Presented at ACS Rubber Division Meeting, Fall, 2000.

RT：2001 年由 Hanser 出版社出版的 John S. Dick 编写的著作：Rubber Technology, Compounding and Testing for Performance；GEN：来自各种期刊或会议的一般参考文献；RP：来自本书顾问-编审委员会成员的建议。

4.3　降低收缩性

降低未硫化胶的收缩性，有助于减小胶料在挤出或者非填充注射成型时的口型膨胀。

以下实验方案可能会降低挤出胶料的口型膨胀。对书中的相关文献来源、包括后面引用的文献，读者都应该自己研究和阅读。注意：这些通用的实验方案不一定适用于每一个具体情况。能够降低未硫化胶料收缩性的任何一个变量都一定会影响其他性能，或好或坏，但本书不对其他性能的改变加以阐述。本书也不对安全和健康问题加以解释。

1. 低相对分子质量

考虑选用低相对分子质量并且含有较少链缠结的弹性体。RT：第 2 章，Compound Processing Characteristics and Testing, J. S. Dick, p. 30.

2. 炭黑

通常情况下，增加炭黑用量，可以降低挤出胀大比。GEN：K. Hale, J. West, C. McCormick, "Contribution of Carbon Black Type to Skid and Treadwear Resistance," Presented at ACS Rubber Division Meeting, Spring , 1975, Paper No. 6, Fig. 22.

3. 油

在胶料中加入具有适度溶解度参数并且具有较好相容性的加工油，可以改善胶料的收缩性。GEN：J. Dick, "Applications of the Rubber Process Analyzer in Predicting Processability and Cured Dynamic Properties," Paper No. 2 presented at the Spring Meeting of the Rubber Division, ACS, May 18-21, 1993, Denver, CO.

4. 混炼时间

增加混炼时间可以降低胶料的收缩性。GEN：J. S. Dick, M. Ferraco, K. Immel, T. Mlinar, M. Senskey, J. Sezna, "Utilization fo the Rubber Process Analyzer in Six Sigma Programs," Rubber World, January, 2003, p. 32.

5. 滑石粉

有报道说，胶料中加入滑石粉可以降低收缩性。GEN：O. Noel, Education Symposium on Fillers, "Talc：A Functional Mineral for Rubber," Presented at ACS Rubber Division Meeting, Spring, 1995.

另有报道，在炭黑填充胶料中加入滑石粉，可以降低胶料的收缩，以便于

RT：2001 年由 Hanser 出版社出版的 John S. Dick 编写的著作：Rubber Technology, Compounding and Testing for Performance；GEN：来自各种期刊或会议的一般参考文献；RP：来自本书顾问-编审委员会成员的建议。

更好地压延。GEN：O. Noel, G. Meli（Rio Tinto Minerals/Luzenac），"Synergism of Talc with Carbon Black," Paper No. 13 presented at the Fall Meeting of the Rubber Division, ACS, October 14-16, 2008, Louisville, KY.

6. 化学塑解剂

天然胶料往往收缩性比较大，在天然胶塑炼时，加入少量化学塑解剂，可以使大分子链断裂，降低收缩性。GEN：C. Ryan（ChemSpec. Ltd.），"History of Additives," Presented at the Summer Meeting of the Southern Rubber Group, June 11, 2012, Myrtle Beach, SC.

4.4 提高自黏性

未硫化胶的自黏性在轮胎和输送带的生产中是很重要的。

以下实验方案可能会提高胶料的自黏性。对书中的相关文献来源、包括后面引用的文献，读者都应该自己研究和阅读。注意：这些通用的实验方案不一定适用于每一个具体情况。能够提高胶料自黏性的任何一个变量都一定会影响其他性能，或好或坏，但本书不对其他性能的改变加以阐述。本书也不对安全和健康问题加以解释。

1. 弹性体相对分子质量

低穆尼黏度的弹性体自黏性好。GEN："Polysar Halobutyl Innerliner Problem Solving Guide," Processing Problem No. 2.

2. 天然胶

天然胶在所有胶种中属于自黏性好的弹性体。RT：第2章，Compound Processing Characteristics and Testing, J. S. Dick, p. 42；RT：第6章，Elastomer Selection, R. School, p. 127.

3. 天然胶共混物

在 SBR、BR 和 EPDM 中混入天然胶，可以改善共混物的自黏性。GEN：E. McDonel, K. Baranwal, J. Andries, Polymer Blends, Vol. 2, Chapter 19, "Elastomer Blends in Tires," Academic Press, 1978, p. 281.

在 NR 与 SBR 或 BR 的共混物中，NR 的含量至少要达到 30%，才可使胶料具有较好的自黏性，并且随着 NR 含量的增加，自黏性呈线性增加。GEN：W. Hess, C. Herd, P. Vegvari, "Characterization of Immiscible Elastomer Blends," Rubber Chemistry and Technology, July- August, 1993（66）：329.

4. IR 和 NR

NR 的自黏性要显著优于合成聚异戊二烯橡胶。RT：第6章，Elastomer Selection, R. School, p. 130.

5. 异戊胶中避免 3，4 结构

在顺式 1，4 聚异戊二烯橡胶中，要避免含有 3，4 结构的聚异戊二烯。因为据报道，3，4 结构聚异戊二烯的含量超过 10%（质量分数）时，就完全失去了自黏性。GEN：C. Gibbs, S. Horne, J. Macey, H. Tucker, "Effect of Gel and Structure on the Properties of cis- 1, 4- Polyisoprene," Rubber World, 1961, p. 69.

RT：2001 年由 Hanser 出版社出版的 John S. Dick 编写的著作：Rubber Technology, Compounding and Testing for Performance；GEN：来自各种期刊或会议的一般参考文献；RP：来自本书顾问-编审委员会成员的建议。

6. EPDM

EPDM 胶在所有胶种中属于自黏性较差的弹性体。RT：第 2 章，Compound Processing Characteristics and Testing，J. S. Dick，p. 42.

7. NR/EPDM 共硫化

将硫黄和过氧化物并用来共硫化 NR/EPDM 共混胶，NR 可以改善胶料的自黏性。GEN：S. Tobing，"Co- vulcanization in NR/EPDM Blends，" Rubber World，February，1988，p. 33.

8. 液体 NBR

在 NBR 胶料中，加入少量液体 NBR，如 Hycar 1312，可以改善 NBR 胶料的自黏性。GEN："A Comparative Evaluation of Hycar Nitrile Polymers，" Manual HM-1，Revised，B. F. Goodrich Chemical Co.

9. 氯丁胶

在各种氯丁胶中，G 型氯丁胶具有较好的自黏性。RT：第 8 章，Specialty Elastomers，L. L. Outzs，p. 210.

10. 硅橡胶

在硅橡胶中，要避免使用硅藻土填充，因为它会降低硅橡胶的自黏性。RT：第 8 章，Specialty Elastomers，J. R. Halladay，p. 236.

11. 松香基乳化剂

对乳液聚合 NBR，要选用松香酸型乳化体系而不是脂肪酸型乳化体系的 NBR，这样胶料的自黏性才好。RT：第 8 章，Specialty Elastomers，M. Gozdiff，p. 195.

12. 酚类树脂增黏剂

通用胶料中一种最有效的增黏树脂就是由烷基酚与甲醛反应生产的酚醛树脂。这种烷基通常是辛基或者是正丁基，这种酚类增黏剂能使胶料在经高温老化和湿老化后依然具有很好的自黏性。这种烷基酚增黏树脂与传统的古马隆树脂或 C5 萜烯树脂相比，一个突出的优势是它能使胶料在较高的温度下依然保持良好的自黏性。因此，如果要求制品老化后依然具有较好的自黏性，就要选用酚醛树脂增黏剂。RT：第 18 章，Tackifying，Curing，and Reinforcing Resins，B. Stuck，p. 443；GEN：J. White，"The Role of Tackifying Resins on the Tackification of Rubber Compounds，" Rubber World，February，1984，p. 41.

研究发现，辛基酚醛树脂作为增黏剂，其最佳相对分子质量为 2095（大约 10 个烷基酚），最佳用量为 2 份（质量份）。GEN：C. K. Rhee，J. Andries，"Factors Which Influence Autohesion of Elastomers，" Rubber Chemistry and

---

RT：2001 年由 Hanser 出版社出版的 John S. Dick 编写的著作：Rubber Technology，Compounding and Testing for Performance；GEN：来自各种期刊或会议的一般参考文献；RP：来自本书顾问-编审委员会成员的建议。

Technology, March-April, 1981 (54): 101.

选用一种被称作"超级增黏剂"的苯酚乙炔树脂，可以有效增加粘合。在某些情况下，选用双叔丁基酚醛树脂比标准的对叔辛基酚醛树脂具有更好的增黏性。GEN: I. Banach, L. Howard, M. Belill, "Advanced Tackifiers for Rubber Compounding," Paper No. 96 presented at the Fall Meeting of the Rubber Division, ACS, November 1-3, 2005, Pittsburgh, PA.

13. 木松香增黏剂

在各种增黏剂中，木松香增黏剂是一种价格适中、又能赋予胶料较好初始自黏性的增黏剂。RT: 第18章, Tackifying, Curing, and Reinforcing Resins, B. Stuck, p. 443.

14. C5 树脂

C5 树脂，或称为聚萜烯（如 Wingtack 95®），是一种越来越受到人们喜欢的增黏剂，因为它能赋予胶料较好的老化后自黏性，并且对胶料动态力学性能影响很小。RP: R. Dailey.

15. 引起喷霜的助剂

在胶料中，对某些助剂要尽量避免添加过量，如一些抗降解剂、油、促进剂、硫黄、蜡、氧化锌等，因为用量过度，会出现喷霜，进而影响胶料的自黏性。GEN: "Polysar Halobutyl Innerliner Problem Solving Guide," Processing Problem No. 2.

16. 不溶性硫黄代替斜方体硫黄

使用不溶性硫黄代替斜方体结晶硫黄，可以避免喷霜，因此不会影响胶料的自黏性。GEN: S. Tobing, "Co-vulcanization in NR/EPDM Blends," Rubber World, February, 1988, p. 33.

17. 避免油过量

通常情况下，若油量增加，胶料的自黏性就变差，因此往往要降低油用量来提高胶料的自黏性。GEN: C. K. Rhee, J. Andries, "Factors Which Influence Autohesion of Elastomers," Rubber Chemistry and Technology, March-April, 1981 (54): 101.

18. 炭黑的影响

一般情况下，若增加炭黑用量，胶料的自黏性就下降。小粒径炭黑比大粒径炭黑能更大程度地降低胶料的自黏性，因此使用大粒径低填充量炭黑可以改善胶料的自黏性。低结构度炭黑比高结构度炭黑填充的胶料的自黏性更高。GEN: C. K. Rhee, J. Andries, "Factors Which Influence Autohesion of Elastomers," Rubber

RT: 2001 年由 Hanser 出版社出版的 John S. Dick 编写的著作: Rubber Technology, Compounding and Testing for Performance; GEN: 来自各种期刊或会议的一般参考文献; RP: 来自本书顾问-编审委员会成员的建议。

Chemistry and Technology, March- April, 1981（54）: 101.

　　研究发现，简单地降低填料和油的填充量，就可提高胶料的自黏性。GEN：F. Eirich, Science and Technology of Rubber, Chapter 9, "The Rubber Compound and Its Composition," M, Studebaker J. Beatty, Academic Press, 1978: 367.

19. 混炼

　　降低混炼温度，或者将一段混炼改成二段混炼，可以避免过早焦烧，从而不影响自黏性。另外可以增加混炼时间，使混炼后胶料的穆尼黏度较低，而利于自黏性。GEN："Polysar Halobutyl Innerliner Problem Solving Guide," Processing Problem No. 2.

20. 再生胶

　　要想使胶料具有较好的"格林"自黏性，就要在胶料中限制再生胶的用量。GEN：H. Gandhi（Gujaret Reclaim and Rubber Products Ltd.）, "Reclaim Rubber: An Alternate Choice in Natural Crisis," Paper No. 10 presented at the Fall Meeting of the Rubber Division, ACS, October 10-12, 2006, Cincinnati, OH.

21. 冷却速度

　　为了获得最好的自黏性，要迅速冷却压延后的胶片，要仔细控制压延后胶片或挤出胶料的冷却速度，以获得最佳的自黏性。RT：第8章, Specialty Elastomers, G. Jones, D. Tracey, A. Tisler, p. 182; GEN："Polysar Halobutyl Innerliner Problem Solving Guide," Processing Problem No. 2.

22. 工厂环境温度与湿度

　　工厂中的环境温度和湿度会影响胶料的自黏性。有研究发现，湿度对自黏性的影响要远远大于温度的影响。如果湿度增大，自黏性会下降。随着湿度的增大，SBR胶料的自黏性要比NR的自黏性下降更显著，这可能是因为SBR中含有酸盐容易吸湿的缘故。因此，如果工厂能控制好湿度，胶料的自黏性还是能达到要求的。GEN：C. K. Rhee, J. Andries, "Factors Which Influence Autohesion of Elastomers," Rubber Chemistry and Technology, March- April, 1981（54）: 101.

23. 隔离层

　　轮胎在成型前，内衬层放置时，需要用好的聚乙烯或者聚丙烯隔离布。这些隔离布应保持干净，不能粘有棉线或者其他纤维，以防在滚卷过程中带入空气。GEN：B. Sharma, B. Rodgers, D. Tracey（ExxonMobil Chemical. Co.）, "Tire Halobutyl Rubber Innerliner," Paper No. 94 presented at the Fall Meeting of the Rubber Division, ACS, October 10-12, 2006, Cincinnati, OH.

RT：2001年由Hanser出版社出版的John S. Dick编写的著作：Rubber Technology, Compounding and Testing for Performance；GEN：来自各种期刊或会议的一般参考文献；RP：来自本书顾问-编审委员会成员的建议。

4.5 降低与金属表面的黏结性

胶料在加工过程中往往容易黏结在金属表面,这种黏结性与胶料的自黏性不一定完全一致,事实上有时可以是两种不同的性能。如果一种混炼胶料与各种金属表面的黏结力很强,就会引起加工问题,但另一方面,如果胶料容易与挤出机筒内表面金属发生黏结,那又是一个有利于挤出的性能。

以下的实验方案可能会降低胶料与金属表面的黏结性。对书中的相关文献来源、包括后面引用的文献,读者都应该自己研究和阅读。注意:这些通用的实验方案不一定适用于每一个具体情况。能够降低胶料与金属表面黏结性的任何一个变量都一定会影响其他性能,或好或坏,但本书不对其他性能的改变加以阐述。本书也不对安全和健康问题加以解释。

1. 穆尼黏度

穆尼黏度高的胶料,往往与金属表面的黏结性就低。因此,通过提高填料用量、降低油用量或者选用相对分子质量大的弹性体做基体胶等,都可以提高胶料的黏度,进而降低与金属表面黏结的可能性。GEN:"Polysar Halobutyl Innerliner Problem Solving Guide," Processing Problem No. 3.

2. 减少增黏剂

减少或者取消胶料中的增黏剂,可以降低胶料与金属表面的黏结性。GEN:"Polysar Halobutyl Innerliner Problem Solving Guide," Processing Problem No. 3.

3. 陶土

对卤化丁基胶,要避免使用未经处理的陶土作为配合组分,否则胶料和金属黏结性较强。GEN:"Polysar Halobutyl Innerliner Problem Solving Guide," Processing Problem No. 3.

4. 卤化丁基胶的辊温

在开炼或者压延时,卤化丁基胶往往包冷辊。包辊的最低温度是85℃。GEN:"Polysar Halobutyl Innerliner Problem Solving Guide," Processing Problem No. 4.

5. 脂肪酸和金属皂

在胶料中加入脂肪酸(如硬脂酸)或硬脂酸金属盐(如硬脂酸锌),可以降低胶料与金属的黏结性。当然,对一些胶料如 CSM 或者 CM,不能添加任何含锌组分,因为这会促进胶料的降解。RP:J. R. Halladay.

RT:2001 年由 Hanser 出版社出版的 John S. Dick 编写的著作:Rubber Technology, Compounding and Testing for Performance;GEN:来自各种期刊或会议的一般参考文献;RP:来自本书顾问-编审委员会成员的建议。

6. CR

在氯丁胶中加入 5~10 份（质量份）的顺式聚丁二烯，可以降低胶料粘辊性，同时还可以提高胶料的低温性能。另外，还可以通过降低辊温来降低胶料的粘辊性。RP：L. L. Outzs.

7. 片状填料

将碳酸钙（白垩粉）或陶土等填料用片状填料（如滑石粉或者贝壳粉）代替，可以降低胶料与金属表面的黏结性。RP：L. L. Outzs.

8. EPDM

半结晶高相对分子质量 EPDM 胶料具有很低的粘辊性。RP：L. L. Outzs.

RT：2001 年由 Hanser 出版社出版的 John S. Dick 编写的著作：Rubber Technology, Compounding and Testing for Performance；GEN：来自各种期刊或会议的一般参考文献；RP：来自本书顾问-编审委员会成员的建议。

4.6 提高炭黑及其他填料的分散性

炭黑分散不好会导致硫化胶料物理性能下降以及制品性能劣化，如不耐磨等。

以下实验方案可能会提高炭黑及其他填料的分散。对书中的相关文献来源、包括后面引用的文献，读者都应该自己研究和阅读。注意：这些通用的实验方案不一定适用于每一个具体情况。能够提高炭黑分散的任何一个变量都一定会影响其他性能，或好或坏，但本书不对其他性能的改变加以阐述。本书也不对安全和健康问题加以解释。

1. 相对分子质量与相对分子质量分布

溶液聚合弹性体中的平均相对分子质量高和相对分子质量分布窄，并且，在混炼机中的剪切力适中就能使炭黑分散更均匀。RT：第 7 章，General Purpose Elastomers and Blends，G. Day，p.165.

2. 树脂助剂

在胶料或者共混胶料中添加树脂均匀剂，可以改善炭黑在胶料中的分散。RT：第 14 章，Ester Plasticizers and Processing Additives，W. Whittington，p.372.

某些树脂加工助剂（如 Struktol 40 MS）和橡胶沥青（矿物胶）能够改善炭黑在卤化丁基胶中的分散，同时还能改善卤化丁基胶与其他不饱和胶的相容性。RT：第 8 章，Specialty Elastomers，G. Jones，D. Tracey，A. Tisler，p.180.

3. 其他助剂

脂肪胺加工助剂可以有效减少高填充量超细炭黑在胶料中的分散时间，即在一定的时间内能改善炭黑的分散。

醋酸乙烯酯蜡可以缩短高填充量超细炭黑的混炼时间，如果适当延长混炼时间，就会有助于超细炭黑的分散。GEN：H. Takino, S. Iwama, Y. Yamada, S. Kohjiya, "Carbon Black Dispersion and Grip Property of High-performance Tire Tread Compound," Presented at ACS Rubber Division Meeting, Spring, 1996, Paper No.2.

4. 避免不同炭黑并用

要想使炭黑分散好，应尽量避免不同炭黑的并用（如 N330 和 N650 并用），要选用单一品种炭黑来填充胶料。GEN：S. Monthey, T. Reed, "Performance Difference Between Carbon Blacks and CB Blends for Critical IR

RT：2001 年由 Hanser 出版社出版的 John S. Dick 编写的著作：Rubber Technology, Compounding and Testing for Performance；GEN：来自各种期刊或会议的一般参考文献；RP：来自本书顾问-编审委员会成员的建议。

Applications," Rubber World, April, 1999, p. 42.

5. 炭黑

要尽量避免使用硬颗粒的炭黑，因为这样的炭黑在混炼过程中不易被打碎，不利于更好地分散。要确定炭黑达到最佳分散的最佳填充量。比表面积低的炭黑更容易分散，结构度高的炭黑也更容易分散。高结构度低比表面积炭黑更容易分散，反过来，低结构度高比表面积炭黑更不容易分散。低结构度炭黑在混炼中最易被浸润，但往往不易分散。RT：第 12 章，Compounding with Carbon Black and Oil, S. Laube, S. Monthey, M-J, Wang, p. 303，308.

超耐磨炉黑（SAF），如 N110，是难实现均匀分散的。一种提高分散的途径是由弹性体供应商制备炭黑母胶，这样在后续的混炼中，就可在较短的时间内实现较好的分散。GEN：F. Eirich, Science and Technology of Rubber, Chapter 9，"The Rubber Compound and Its Composition," M. Studebaker J. Beatty, Academic Press, 1978：367.

6. 天然胶料中炭黑的液相混炼

卡博特公司发明了一种连续共凝聚/液相混炼技术，这种技术比普通混炼法更能改善炭黑的分散性，可以提供很好的炭黑天然母胶，用在胶料中，可以提高补强效果。GEN：T. Wang, M. Wang, J. Shell, Y. Wong, V. Vejins（Cabot Corp.），"Liquid Phase Mixing：The Future of Natural Rubber Compounding for Productivity and Performance," Paper No. 24, presented at the Fall Meeting of the Rubber Division, ACS, October 14-17, 2003, Cleveland, OH.

7. 混炼顺序

通常情况下，高结构度大粒径炭黑最易分散。然而在炭黑与油比例（质量比）为 120:105 下制得的 EPDM 胶料中，却出现了一个反常现象，即低结构度的 N326 比高结构度的 N351 分散得更好。Hess 这样解释：如果炭黑的吸油能力远远大于或者远远低于胶料中所填充的油量，那么高结构度大粒径炭黑会分散得最好，但是如果炭黑的吸油能力正好与胶料中填充的油量相当，那么炭黑吸收了大部分油而降低了炭黑的分散速率。一个纠正这种现象的方法就是将混炼顺序颠倒过来，即炭黑早于油先混炼，这样会有利于炭黑的正常分散。GEN：W. Hess, "Characterization of Dispersions," Rubber Chemistry and Technology, July-August, 1991（64）：386.

8. 相混炼

对像 NR/BR 这样的共混胶，可以采用相混炼的方法将细粒径炭黑强制分散在天然胶相中，以实现最佳的分散。RT：第 23 章，Rubber Mixing, W. Hacker, p. 515-516.

RT：2001 年由 Hanser 出版社出版的 John S. Dick 编写的著作：Rubber Technology, Compounding and Testing for Performance；GEN：来自各种期刊或会议的一般参考文献；RP：来自本书顾问-编审委员会成员的建议。

9. 混炼中炭黑对不同弹性体的亲和性

在不同弹性体共混物中，由于两相的不相容性，会造成胶料中存在连续相和分散相。高耐磨炉黑对不同弹性体相的亲和性是不同的，这点非常重要。研究发现，所有补强炭黑对 BR 和 SBR 都具有很强的亲和性，而对 CR 和 NBR 的亲和性就变弱，其后是 NR，亲和性最差的是丁基胶。因此，要想使炭黑在共混物不同相中有较均匀的分散，采取相混炼法是很必要的。GEN：J. Callan, W. Hess, C. Scott, "Elastomer Blends Compatibility and Relative Response to Fillers," Rubber Chemistry and Technology, June, 1971 (44)：814.

在 BR/BIIR 共混胶料中，炭黑几乎都分散到 BR 相中。通过添加一种增容剂（脂肪族-环烷类-芳香族树脂混合物），可以有效地提高炭黑在溴化丁基胶 BIIR 相中的分布。GEN：T. Kohli, J. Halladay, "BR/BIIR Blends for Low-temperature Damping," Rubber & Plastics News, July 19, 1993, p. 14.

10. 油

对 SBR 和 BR 胶料，选用芳烃油作为加工油，更有利于炭黑在胶料中分散。RT：第 12 章, Compounding with Carbon Black and Oil, S. Laube, S. Monthey, M-J. Wang, p. 312.

11. 混炼中炭黑与油的加入顺序

通常情况下，如果要想使炭黑分散更好，应该避免将油和炭黑同时加入，最好的顺序是先加炭黑，再加油。GEN：W. Hess, "Characterization of Dispersions," Rubber Chemistry and Technology, July-August, 1991 (64)：386.

12. 混炼胶放置一夜

通常情况下，将一段混炼胶放置冷却一个晚上，然后再重新返炼，就可显著提高炭黑的分散性。GEN：W. Hess, "Characterization of Dispersions," Rubber Chemistry and Technology, July-August, 1991 (64)：386.

13. 白炭黑

对白炭黑填充胶料，要选用高分散白炭黑（如 Hi-Sil EZ®），其在胶料中的分散性好。GEN：L. Evans, J. Dew, L. Hope, T. Krivak, W. Waddell, "Hi-Sil EZ：Easy Dispersing Precipitated Silica," Rubber & Plastics News, July 31, 1995, p. 12.

白炭黑与橡胶的亲和性要比炭黑差，因此其在橡胶中的分散性也比炭黑差。但如果用官能化 SSBR 就可以让白炭黑的分散性变好。在 SSBR 阴离子聚合过程中，用伯胺和烷氧基硅烷进行官能化后，白炭黑在其中的分散性要比单纯用烷氧基硅烷官能化的 SSBR 好。当然，烷氧基硅烷官能化的 SSBR 要比

SSBR 使炭黑有更好的分散性。GEN：M. Iwano，T. Sone，T. Tominaga（JSR Corp.），"Improved Silica Dispersibility with Functionalized SSBR for Lower Rolling Resistance，"Paper No. 19A presented at the ITEC 2008，September 15-17，2008，Akron，OH.

另外，胶料中加入环氧化天然胶也有助于白炭黑的分散。GEN：A. Chapman，S. Cook，R. Davies，J. Patel，J. Clark（Malaysian Rubber Board），"Microdispersion of Silica in Tire Tread Compounds Based on Epoxidized Natural Rubber，"Paper No. 73 presented at the Fall Meeting of the Rubber Division，ACS，October 12-15，2012，Pittsburgh，PA.

14. 有助于白炭黑分散的加工助剂

在白炭黑与硅烷偶联剂并用的一段混炼胶中，考虑选用混合树脂类加工助剂如 Struktol XP1343，或者脂肪酸酯类加工助剂如 Struktol XP 1335。因为这类加工树脂是专门设计的，对硅烷化反应的影响最小。GEN：C. Stone，"Improving the Silica Green Tire Tread Compound by the Use of Special Process Additives，"Presented at ACS Rubber Division Meeting，Fall，1999，Paper No. 77.

15. 白炭黑在极性弹性体中的分散

白炭黑在极性弹性体中的分散要比在非极性弹性中的分散更好，因此补强效果更好。GEN：H. Tanahashi，S. Osanai，M. Shigekuni，K. Murakami，Y. Ikaeda，S. Kohjiya，"Reinforcement of Acrylonitrile- butadiene Rubber by Silica Generated in Situ，"Rubber Chemistry and Technology，March- April，1998（71）：38.

16. 橡胶中就地生成白炭黑

要使白炭黑的分散均匀是比较困难的。一个可行的实验方法是在橡胶中通过四乙氧基硅烷就地生成白炭黑，其中涉及一个水解和缩合反应，此种方法可以使生成的白炭黑分散很好。GEN：S. Kohjiya，K. Murakami，S. Iio，T. Tanahashi，Y. Ikeda，"In Situ Filling of Silica onto Green Natural Rubber by the Sol- Gel Process，"Rubber Chemistry and Technology，March- April，2001（74）：16.

17. 纤维的分散

5 份（质量份）的纤维浆（如棉花、尼龙6 或者聚酯等）并用低相对分子质量马来酸酐化的聚丁二烯（PBDMA），可以有效缩短纤维在 EPR 等其他胶料中的配合时间。PBDMA 在其中的作用相当于纤维与橡胶之间的增容剂，帮助纤维在橡胶中快速浸润。GEN：A. Estrin，"Application of PBDMA for Enhancement of EPR Loaded with Chopped Fibers，"Rubber World，April，2000，p. 39.

RT：2001 年由 Hanser 出版社出版的 John S. Dick 编写的著作：Rubber Technology，Compounding and Testing for Performance；GEN：来自各种期刊或会议的一般参考文献；RP：来自本书顾问-编审委员会成员的建议。

18. 炭黑母胶

聚合物生产商会提供已提前混入炭黑的弹性体母胶，选用这种母胶，可以缩短混炼时间，最终得到分散较好的胶料。RP：J. M. Long.

19. 纤维母胶

要想得到芳纶纤维分散较好的胶料，可以选用混入 Kevlar 纤维的母胶，这种纤维母胶可以从纤维生产商处买到。GEN：K. Watson, A. Frances, "Elastomer Reinforcement with Short Kevlar Aramid Fiber for Wear Applications," Rubber World, August, 1988, p. 20.

通常，在胶料中加入芳纶纤维预分散剂有助于芳纶纤维在胶料中的分散。GEN：S. Monthey (Rhein Chemie Corp.), "Improving Aramid Fiber Dispersion in Elastomeric Compounds Using the Next Generation of Polymer Bound Predispersion," Paper No. 27 presented at the Fall Meeting of the Rubber Division, ACS, October 10-12, 2006, Cincinnati, OH.

20. 聚合物凝胶

合成聚异戊二烯橡胶中会有少量的"松散型"凝胶（相当于天然胶中的高凝胶含量），在一定程度上提高了胶料的黏度，但在混炼过程中易被打碎，并且有助于填料的分散。但是，如果是"紧密型"凝胶，在混炼中不能被打碎，这样会损害胶料的各种性能。GEN：C. Gibbs, S. Horne, J. Macey, H. Tucker, "Effect of Gel and Structure on the Properties of cis-1, 4-Polyisoprene," Rubber World, 1961, p. 69.

21. 纳米填料

纳米填料的分散面临很大的挑战。有报道说，埃洛石和铝硅酸盐纳米管表面经以吡咯或者噻吩为单体的等离子体聚合物膜处理后，会降低填料之间的相互作用而增加填料与橡胶之间的相互作用，因此纳米填料的分散性会得到改善。GEN：M. Poikelispaa, A. Fas, W. Dierkes, and J. Vuorinen (Tampere University of Technology, Finland), Paper No. 53 presented at the Fall Meeting of the Rubber Division, ACS, October 10-13, 2011, Cleveland, OH.

22. 开炼机混炼

用开炼机混炼时，要避免将硬胶与软胶一起混炼，通常是硬度相近的胶种更容易互相混合。用开炼机混炼，还可以做到在各种配合剂分散好之前胶块不会被迅速打碎。对高填充胶料，不应将干燥的填料快速加入到开炼机中，而是应该逐步加入，让少部分填料先与胶料作用。油与增塑剂的加入往往是在填料之后的，当然这不是一成不变的，如果填充油量很大，就是例外了。

RT：2001 年由 Hanser 出版社出版的 John S. Dick 编写的著作：Rubber Technology, Compounding and Testing for Performance；GEN：来自各种期刊或会议的一般参考文献；RP：来自本书顾问-编审委员会成员的建议。

RT：第 23 章，Rubber Mixing，W. Hacker，p. 510.

23. 密炼机混炼

密炼机混炼的关键是要保持胶料的挺性，因为在各配合组分分散好之前，胶料不应被彻底打碎软化，因此油和增塑剂往往是在混炼后期加入的。密炼机混炼的加料顺序一般如下：纯胶与部分填料；剩下的填料；油与增塑剂。但是如果胶料会被迅速软化，加料顺序就要颠倒过来。RT：第 23 章，Rubber Mixing，W. Hacker，p. 513.

24. 两段混炼

为了得到较好的分散，可以考虑使用两段混炼法，第一段制备出不含硫化体系的母炼胶，第二段混炼时间就可以较长，因此有利于填料的分散，这种方法尤其适用于细粒径炭黑或者白炭黑填充胶料。RT：第 23 章，Rubber Mixing，W. Hacker，p. 515.

25. 密炼上的冷却系统

要选用带冷却系统的密炼机，这样可以保证混炼温度不至于升高过快。如果温度升高太快，一方面缩短焦烧时间，另一方面，胶料黏度迅速下降，剪切力降低，不利于填料的均匀分散。因此，保持较低的混炼温度，可以增加混炼时间，保证填料的充分分散。假设混炼量一定，并且有冷却系统，还可以通过调整上顶栓压力和转子转速来调整胶料的温度。RT：第 23 章，Rubber Mixing，W. Hacker，p. 514.

26. 连续混炼系统

如果是使用连续混炼系统，其关键是如何设置合适的条件以实现配合组分的充分分散与分布，而这点是不太容易做到的。RT：第 23 章，Rubber Mixing，W. Hacker，p. 508.

RT：2001 年由 Hanser 出版社出版的 John S. Dick 编写的著作：Rubber Technology, Compounding and Testing for Performance；GEN：来自各种期刊或会议的一般参考文献；RP：来自本书顾问-编审委员会成员的建议。

4.7 提高格林强度

在轮胎生产的第二阶段中要防止破裂时，或者在防止一个复杂挤出型材由于引力作用而引起的塌陷时，格林强度就显得非常重要。

以下实验方案可能会提高格林强度。对书中的相关文献来源、包括后面引用的文献，读者都应该自己研究和阅读。注意：这些通用的实验方案不一定适用于每一个具体情况。能够提高格林强度的任何一个变量都一定会影响其他性能，或好或坏，但本书不对其他性能的改变加以阐述。本书也不对安全和健康问题加以解释。

1. 相对分子质量的影响

一般选用相对分子质量大的弹性体，格林强度就高。RT：第 2 章，Compound Processing Characteristics and Testing, J. S. Dick, p. 41.

对 SBR，选用平均相对分子质量高的，不过过高的相对分子质量又会带来其他加工方面的问题。GEN：G. Hamed, "Tack and Green Strength of NR, SBR and NR/SBR Blends," Rubber Chemistry and Technology, May- June, 1981 (54)：403.

2. 长链支化

含有长链支化的合成橡胶（LCB，主链上有 6 个以上碳原子的侧链）一般具有较高的格林 强度。GEN：D. Hofkens, G. Zandyoort, S. Baird, M. Boggelen, P. Knape, G. Choonoo, M. Koch, S. Bhattacharjee (DSM Elastomers), "A New EPDM to Meet Compounding and Processing Challenges," Paper No. 24 presented at the Fall Meeting of the Rubber Division, ACS, October 13-15, 2009, Pittsburgh, PA.

3. 聚合后处理形成不稳定交联

要提高合成橡胶的格林强度，可以考虑采用聚合后处理的方法，即在合成胶中形成交联密度很低的一种不稳定交联（每 3000 个单体有一个交联点），虽然在混炼过程中会被破坏，但放置时会重建。这种聚合后处理的方法有马来酸酐、硫乙醇酸衍生物、羧酸等，主要针对非乳液聚合弹性体。对乳聚 SBR，通常是加入含有胺基的第三单体来聚合。在胶乳中加入季铵卤化物，可以形成不稳定交联网络，进而提高胶料的格林强度。GEN：E. Buckler, G. Briggs, J. Dunn, E. Lasis, Y. Wei, "Green Strength in Emulsion SBR," Rubber Chemsitry and Technology, November- December, 1978 (51)：872.

4. 应变诱导结晶

能发生应变诱导结晶的胶料往往具有较高的格林强度。RT：第 2 章，

RT：2001 年由 Hanser 出版社出版的 John S. Dick 编写的著作：Rubber Technology, Compounding and Testing for Performance；GEN：来自各种期刊或会议的一般参考文献；RP：来自本书顾问-编审委员会成员的建议。

Compound Processing Characteristics and Testing, J. S. Dick, p. 41.

5. 天然胶

天然胶的格林强度较高。RT：第 2 章，Compound Processing Characteristics and Testing, J. S. Dick, p. 41；RT：第 6 章，Elastomer Selection, R. School, p. 127；RT：第 7 章，General Purpose Elastomers and Blends, G. Day, p. 142.

由于 NR 在拉伸时会结晶，因此其格林强度较高。脂肪酸酯基含量较高的天然胶，因拉伸结晶程度更大而格林强度更高，一般来讲，脂肪酸酯基的最低含量大约是 2.8mmol/kg。GEN：S. Kawahara, Y. Isono, T. Kakubo, Y. Tanaka, E. Aik-Hwee, "Crystallization Behavior and Strength of Natural Rubber Isolated from Different Hevea Clone," Rubber Chemistry and Technology, March-April, 2000 (73): 39.

6. 合成聚异戊二烯

如果能用天然胶是最好的，尽量避免使用合成异戊胶，因其格林强度要低于天然胶。RT：第 6 章，Elastomer Selection, R. School, p. 130.

7. 嵌段聚合物

在无规共聚 SBR 胶中，如果存在少量的嵌段苯乙烯，可以赋予胶料较好的格林强度。RT：第 7 章，General Purpose Elastomers and Blends, G. Day, p. 148.

8. 星形支化聚合物

含有星形结构的丁基胶比普通丁基胶具有更好的格林强度。RT：第 8 章，Specialty Elastomers, G. Jones, D. Tracey, A. Tisler, p. 174-182.

通常是相对分子质量越高，格林强度越高，但同时由于应力松弛速度变慢而影响加工性能。为了在格林强度和应力松弛之间达到一个最佳平衡，最好选用星形支化聚合物，如星形支化丁基胶等。GEN：W-C. Wang, K. Powers, J. Fusco, "Star Branched Butyl-Novel Butyl Rubber for Improved Processability I: Concepts, Structure and Synthesis," Presented at ACS Rubber Division Meeting, Spring, 1989, Paper No. 21.

9. 半结晶 EPDM

选用乙烯含量高的半结晶 EPDM，可以使胶料在常温下具有较好的格林强度。RT：第 8 章，Specialty Elastomers, R. Vara, J. Laird, p. 191.

10. 茂金属催化 EPDM

单活性中心限制几何构型茂金属催化剂技术使高乙烯含量 EPDM 的规模化生产成为可能。这种乙烯含量高的 EPDM 具有较高的格林强度。利用这种

RT：2001 年由 Hanser 出版社出版的 John S. Dick 编写的著作：Rubber Technology, Compounding and Testing for Performance；GEN：来自各种期刊或会议的一般参考文献；RP：来自本书顾问-编审委员会成员的建议。

技术可以调控乙烯含量，并且可以进一步提高 EPDM 的格林强度。GEN：D. Parikh, M. Hughes, M. Laughner, L. Meiske, R. Vara, "Next Generation of Ethylene Elastomers," Presented at ACS Rubber Division Meeting, Fall, 2000.

11. Ziegler-Natta 催化 EPDM

Ziegler-Natta 催化的 EPDM 中，乙烯序列结构可以赋予 EPDM 在高温下结晶的性质，因此高温下格林强度也变高。这种催化而产生的特殊的乙烯序列结构能够在高于 75℃时有多级结晶结构的转变。GEN：S. Brignac, H. Young, "EPDM with Better Low-temperature Performance," Rubber & Plastics News, August 11, 1997, p. 14.

12. 气相法 EPDM

选用高乙烯含量的超低穆尼黏度的气相法 EPDM，并且大量填充填料，可以使胶料的格林强度较高。GEN：A. Paeglis, "Very Low Mooney Granular Gas-phase EPDM," Presented at ACS Rubber Division Meeting, Fall, 2000, Paper No. 12.

13. 相对分子质量分布

相对分子质量分布窄的 NBR 胶料具有较高的格林强度。RT：第 8 章, Specialty Elastomers, M. Gozdiff, p. 197.

14. CR

选用快结晶氯丁胶，可以得到较高的格林强度。在 CR 中加入高苯乙烯含量的 SBR 可以提高胶料的格林强度。RP：L. L. Outzs.

15. 溴化丁基胶 BIIR

在 BIIR 胶中加入特制的 BIMSM 离聚体，可以提高 BIIR 胶料的格林强度。GEN：A. Tsou, I. Duvdevani, P. Agarwal（ExxonMobil Chemical Co.），"Quaternary Ammonium BIMS Ionomers," Paper No. 23 presented at the Spring Meeting of the Rubber Division, ACS, April 28-30, 2003, San Francisco, CA.

16. T-型氯丁胶

在各种氯丁胶中，T-型氯丁胶具有最好的抗塌陷和抗变形能力，即最高的格林强度，之后是 W-型，G-型氯丁胶的格林强度最差。RT：第 8 章, Specialty Elastomers, L. L. Outzs, p. 211.

17. 聚降冰片烯作为助剂

将聚降冰片烯加入到 NR、SBR、BR、CR 和 NBR 以及它们的共混物中，可以显著地提高胶料的格林强度。RT：第 8 章, Specialty Elastomers, C. Cable, p. 226.

RT：2001 年由 Hanser 出版社出版的 John S. Dick 编写的著作：Rubber Technology, Compounding and Testing for Performance；GEN：来自各种期刊或会议的一般参考文献；RP：来自本书顾问-编审委员会成员的建议。

18. 聚辛烯橡胶（TOR）作为助剂

据报道，反式聚辛烯橡胶（TOR）可以少量加入到 NR、BR、SBR、NBR、CR、EPDM 中，以提高胶料常温下的格林强度（因结晶的缘故）。GEN：A. Draxler，"A New Rubber: trans-polyoctenamer," Chemische Werke Huels AG, Postfach, Germany；J. Sommer, Elastomer Molding Technology, Elastech, Hudson, OH, 2003, p. 180.

研究发现，TOR 可以显著改善天然胶轮胎胶料的格林强度。10%（质量分数）的 TOR 可以使胶料的格林强度提高 50%。GEN：W. Hess, C. Herd, P. Vegvari，"Characterization of Immiscible Elastomer Blends," Rubber Chemistry and Technology, July-August, 1993 (66): 329.

19. PTFE（聚四氟乙烯）

选用 Alphaflex®，一种聚四氟乙烯助剂，可以提高胶料的格林强度。GEN：J. Menough，"A Special Additive," Rubber World, May, 1987, p. 12.

20. 炭黑

高比表面积和高结构度的炭黑可以提高胶料的格林强度。N326 经常用在轮胎钢丝覆胶胶料中，因为它既可以使胶料的格林强度较高，又能使胶料保持较低的黏度，以便钢丝穿入。RT：第 12 章，Compounding with Carbon Black and Oil, S. Laube, S. Monthey, M-J. Wang, p. 319.

在表氯醇橡胶中，提高 N330、N550 和 N762 等炭黑的填充量，可以提高挤出胶料的格林强度。RT：第 8 章，Specialty Elastomers, C. Cable, p. 219.

21. 炭黑的填充量

要想使胶料具有较好的格林强度，应选用结构度高、比表面积低的炭黑。因为低比表面积炭黑可以有更高的填充量，填充量大了之后也可以提高胶料的格林强度。GEN：S. Monthey，"The Influence of Carbon Blacks on the Extrusion Operation for Hose Production," Rubber World, May, 2000, p. 38.

22. 纳米填料

据报道，在 NBR 胶料中加入离子交换蒙脱土（纳米黏土）可以有效提高胶料的格林强度。GEN：R. Faulkner, C. McAfee，"Partially Exfoliated Nanoclay/NBR Composites," Paper No. 30 presented at the Fall Meeting of the Rubber Division, ACS, October 10-12, 2006, Cincinnati, OH.

23. 化学改进剂

在 IIR、SBR 或 IR 中加入化学改进剂，可以改善格林强度（注意：避免工人与亚硝胺类化学改进剂接触）。GEN：L. Ramos de Valle, M. Montelongo,

---

RT：2001 年由 Hanser 出版社出版的 John S. Dick 编写的著作：Rubber Technology, Compounding and Testing for Performance；GEN：来自各种期刊或会议的一般参考文献；RP：来自本书顾问-编审委员会成员的建议。

"Cohesive Strength in Guayule Rubber and Its Improvement Through Chemical Promotion," Rubber Chemistry and Technology, November-December, 1978 (51): 863.

24. 混炼

在混炼过程中，如果过度塑炼弹性体，就会导致胶料的格林强度下降。GEN: S. Monthey, "The Influence of Carbon Blacks on the Extrusion Operation for Hose Production," Rubber World, May, 2000, p. 38.

25. 相混炼

有专利报道，在与 NR（较少含量）共混的胶料中，通过相混炼技术将炭黑强制混入 NR 中，可以提高胶料的格林强度。GEN: W. Hess, C. Herd, P. Vegvari, "Characterization of Immiscible Elastomer Blends," Rubber Chemistry and Technology, July-August, 1993（66）: 329. Patent No. 4455399, June 19, 1984.

26. 电子束

对 EVM［乙烯-醋酸乙烯酯橡胶，VA 含量高于40%（质量分数）］胶料，可以通过电子束辐照，使胶料的穆尼黏度上升，格林强度提高。GEN: D. Keller, L. Bryant, J. Dewar, "Enhanced Viscosity EVM Elastomers for GP Molded and Extruded Applications," Rubber World, May, 1999, p. 34.

电子束也可以用来辐照溴化丁基胶，以提高格林强度。GEN: S. Mohammed, J. Timar J. Walker, "Green Strength Development by Electron Beam Irradiation of Halobutyl Rubbers," Rubber Chemistry and Technology, March-April, 1983（56）: 276.

通常电子束被用来提高 NR/SBR 轮胎胎体胶料的格林强度。RP: J. M. Long.

4.8   延长焦烧安全期

胶料焦烧安全期是指在一定温度下，胶料开始发生交联前所需要的一段时间。如果焦烧安全期太短，那么胶料在进入硫化工序之前的某个加工阶段就可能出现焦烧，而产生废品。因此有必要找到一些方法来提高胶料的焦烧安全期。

以下的实验方案可能会延长胶料的焦烧安全期。对书中的相关文献来源、包括后面引用的文献，读者都应该自己研究和阅读。注意：这些通用的实验方案不一定适用于每一个具体情况。能够延长焦烧安全期的任何一个变量都一定会影响其他性能，或好或坏，但本书不对其他性能的改变加以阐述。本书也不对安全和健康问题加以解释。

1. SBR

SBR 挤出胶料的焦烧安全期要比 BR 的长。RT：第 6 章，Elastomer Selection，R. School，p. 129.

2. NBR

ACN 含量低的或者是穆尼黏度低的 NBR 胶料具有更长的焦烧安全期。GEN：R. Del Vecchio，E. Ferro，"Effects of NBR Polymer Variations on Compound Properties," Presented at ACS Rubber Division Meeting，Spring，2001，Paper No. 21.

3. NR

在天然胶料中加入顺丁橡胶，一般可以延长焦烧时间。GEN：Lim Yew Swee（Lanxess），"Benefits of Butadiene Rubber in Natural Rubber- Based Truck Tread and Sidewall," Presented at the India Rubber Exposition and Conference，January，2011，Chennai，India.

4. 炭黑

填充低结构度或者是低比表面积炭黑的胶料可得到更长的焦烧安全期。胶料的炭黑填充量降低时，其焦烧安全期延长。RT：第 12 章，Compounding with Carbon Black and Oil，S. Laube，S. Monthey，M-J. Wang，p. 308.

5. 白炭黑

高比表面积的沉淀法白炭黑可以延长无卤胶料的焦烧安全期，同时也降低了硫化速度以及切口增长。GEN：W. Waddell，L. Evans，"Use of Nonblack Fillers in Tire Compounds," Rubber Chemistry and Technology，July- August，1996

RT：2001 年由 Hanser 出版社出版的 John S. Dick 编写的著作：Rubber Technology, Compounding and Testing for Performance；GEN：来自各种期刊或会议的一般参考文献；RP：来自本书顾问- 编审委员会成员的建议。

（69）: 377.

6. 提高氧化锌用量

含有次磺酰胺的硫化体系硫化二烯类橡胶时，如果氧化锌用量过低，会引起焦烧问题，因此往往要适当提高氧化锌的用量。GEN：W. Hall, H. Jones, "The Effect fo Zinc Oxide and Other Curatives on the Physical Properties of a Bus and Truck Tread Compound," Presented at ACS Rubber Div. Meeting, Fall, 1970.

7. 促进剂的选择

考虑选用以下促进剂：
1）次磺酰胺类：较长焦烧安全期。
2）次磺酰亚胺类：较长焦烧安全期。
3）噻唑类：焦烧安全期尚可。
4）秋兰姆类：焦烧安全期较短。
5）二硫代氨基甲酸盐类：焦烧安全期较短。
RT：第15章, Sulfur Cure Systems, B. H. To, p. 383.

8. 次磺酰胺类硫化体系

MBS 促进剂比 TBBS 能提供胶料更长的焦烧安全期，但是 MBS 能释放出亚硝胺，对人身安全有危害。RT：Chapter 15, Sulfur Cure Systems, B. H. To, p. 383.

9. 焦烧时间排序

在次磺酰胺类促进剂用量相同的条件下，它们的焦烧时间排序如下。
（最长）DCBS ≈ MBS ≈ TBBS ≈ CBS ≈ MBTS（最短）
GEN：F. Ignatz-Hoover, R. Genetti, B. To, "Vulcanization of General Purpose Elastomers," Paper No. D presented at the Spring Meeting of the Rubber Division, ACS, May 16-18, 2005, San Antonio, TX.

10. 次磺酰胺的助促进剂

在次磺酰胺类硫化体系中，加入 TATD 而不是低相对分子质量的秋兰姆作为助促进剂，可以防止焦烧安全期过短，但同时又提高了硫化速度。GEN：S. Hong, M. Hannon, J. Kounavis, P. Greene, Presented at ACS Rubber Division Meeting, Spring, 2001, Paper No. 37.

11. Ethylac 助促进剂

助促进剂与主促进剂一起使用，可以提高硫化速度和缩短焦烧时间。有研究发现，与其他助促进剂相比，Ethylac 作为助促进剂对焦烧时间的影响较

RT：2001 年由 Hanser 出版社出版的 John S. Dick 编写的著作：Rubber Technology, Compounding and Testing for Performance；GEN：来自各种期刊或会议的一般参考文献；RP：来自本书顾问-编审委员会成员的建议。

小。GEN: F. Eirich, Science and Technology of Rubber, Chapter 9, "The Rubber Compound and Its Composition," M, Studebaker J. Beatty, Academic Press, 1978: 367.

12. 减速剂

使用噻唑类促进剂硫化体系硫化二烯类橡胶时,可以采用水杨酸、苯甲酸或者邻苯二甲酸酐作为减速剂来延长焦烧安全期。RT: 第 15 章, Sulfur Cure Systems, B. H. To, p. 387.

13. 抑制剂

对于次磺酰胺类硫化体系来说,要谨慎使用环己基硫代邻苯二甲酰亚胺 (CTP) 作为一种预硫化抑制剂,它可以有效调整焦烧安全期。RT: 第 15 章, Sulfur Cure Systems, B. H. To, p. 383.

14. DTDM-有效硫化体系的硫给体

对低硫黄或者无硫黄硫化的有效硫化体系,要选用 DTDM 而不是 TMTD 作为硫给体,这样可以赋予胶料较长的焦烧安全期。RT: 第 16 章, Cures for Specialty Elastomers, B. H. To, p. 401-405.

15. ISB 促进剂

一种实验室级的促进剂 2-异丙基亚硫酰基苯并噻唑,和助促进剂如二硫化四乙基秋兰姆 (TETD) 或对环境不太友好的硫化四甲基秋兰姆并用,可以得到安全的焦烧期,并且硫化速度很快。GEN: R. Hopper, "2- (Isopropylsulfinyl)-benzothiazole as a Delayed Action Thiazole Accelerator," Rubber Chemistry and Technology, September-October, 1993, p. 623.

16. 硫化动力学与后续加工热历史

胶料在加入硫化剂后,要尽量减少后续加工的热历史,以保证胶料在进入硫化工序前有足够长的焦烧安全期。GEN: J. Dick, M. Ferraco, K. Immel, T. Mlinar, M. Senskey, J. Sezna, "Utilization of the Rubber Production Costs," Paper No. 15 presented at the Fall Meeting of the Rubber Division, ACS, October 16-19, 2001, Cleveland, OH.

17. 促进剂与硫化剂的相对用量

在低温硫化时,当次磺酰胺类促进剂用量高于硫黄用量时,会使焦烧时间变短,而在高温硫化时,则正好相反。GEN: T. Klniner, R. Schuster, "The Influence of Cure System and Polymer Structure on Network Properities," Paper No. C presented at the Spring Meeting of the Rubber Division, ACS, April 29- May 1, 2002, Savannah, GA.

RT: 2001 年由 Hanser 出版社出版的 John S. Dick 编写的著作: Rubber Technology, Compounding and Testing for Performance; GEN: 来自各种期刊或会议的一般参考文献; RP: 来自本书顾问-编审委员会成员的建议。

18. 次磺酰胺类促进剂避免受潮

对于次磺酰胺类促进剂的硫化体系（如 MBS 等）来说，要想有足够的焦烧安全期，一定要避免胶料受潮，否则促进剂就会发生水解，进而导致焦烧安全期降低。GEN：J. Butler, P. Freakley, "Effect of Humidity and Water Content on the Cure Behavior of a Natural Rubber Accelerated Sulfur Compound," Rubber Chemistry and Technology, May-June, 1992 (65)：374.

19. 避免使用过期次磺酰胺类促进剂

胶料中如果使用过期次磺酰胺类促进剂，容易引起焦烧。GEN：W. Cole (Flexsys), "Controlling Raw Material Quality Stability," Paper No. 16 presented at the Fall Meeting of the Rubber Division, ACS, October 16-19, 2001, Cleveland, OH.

20. 过氧化物硫化

对于过氧化物硫化体系来说，要想有更长的焦烧安全期，需考虑使用高性能 HP 过氧化物配方。用量较少的 BBPIB 替代 DCP，就可以延长过氧化物硫化胶料的焦烧安全期。另外，可以选用半衰期温度更高的过氧化物。过氧化物 2, 5-二甲基-2, 5-二（叔丁基过氧)-3-己炔（DMBPHy，商品名 Luperox 130）比 DCP 有更高的稳定温度，因此可以有更安全的焦烧期。RT：第 17 章，Peroxide Cure Systems, L. Palys, p. 418, 428.

为了有效地提高过氧化物硫化的焦烧安全期，可以使用一种硫化抑制剂，如丁基羟基甲苯（BHT）。其加入量可以通过实验方法获得，即让硫化仪最高扭矩值降低 25% ~50%，研究发现，BHT 的使用量一般为 0.1 ~1 份（质量份），然后再加入助硫化剂，让最高扭矩值回复，这样既可以保证提高焦烧安全期，又可以保证硫化速度快。GEN：P. Dluzneski, "Peroxide Vulcanization of Elastomers," Rubber Chemistry and Technology, July-August, 2001 (74)：451.

过氧化物 DCP 硫化的胶料往往容易焦烧，如果加入商业名称为"Tempo"的助剂，会有效延长焦烧安全期，这种助剂里不含硝酰基的自由基能够与碳自由基发生反应。GEN：Benny George, Rosamma Alex, "Scorch Control in Peroxide Vulcanization Using a Stable Free Radical," Paper presented at India Rubber Expo 2011, January 19, 2011, Chennai, India.

21. 过氧化物的助硫化剂

过氧化物硫化体系中的助硫化剂一般都能缩短焦烧安全期。RT：第 17 章，Peroxide Cure Systems, L. Palys, p. 432.

与其他助硫化剂相比，用低相对分子质量的液体高乙烯基 1, 2 聚丁二烯树脂（如 Ricon®）作为过氧化物硫化 EPDM 胶的助硫化剂能赋予胶料最好的

RT：2001 年由 Hanser 出版社出版的 John S. Dick 编写的著作：Rubber Technology, Compounding and Testing for Performance；GEN：来自各种期刊或会议的一般参考文献；RP：来自本书顾问-编审委员会成员的建议。

焦烧安全期。GEN：R. Drake，"Using Liquid Polybutadiene Resin to Modify Elastomeric Properties,"Rubber & Plastics News，February 28 and March 14，1983.

三羟甲基丙烷三丙烯酸酯（TMPTA）、三羟甲基丙烷三甲基丙烯酸酯（TMPTMA）、N，N′-间苯撑双马来酰亚胺（HVA-2），因为它们会缩短焦烧安全期。而1，2聚丁二烯、己二烯酞酸酯（DAP）、异氰脲酸三烯丙酯（TAIC）和氰脲酸三烯丙酯（TAC）对焦烧安全期的影响较小。GEN：P. Dluzneski，"Peroxide Vulcanization of Elastomers,"Rubber Chemistry and Technology，July-August，2001（74）：451.

当将二异丙苯过氧化物作为交联剂，将BMI-MP（N，N-间位苯二胺）和DPTT（四硫化双亚戊基秋兰姆）作为助交联剂来硫化饱和或低不饱和橡胶时，会延长焦烧时间，进而提高交联密度。GEN：M. A. Garima，J. G. Eriksson，A. G. Talma，R. N. Datta，and J. W. Noordermeer，"Mechanistic Studies into the New Concept of Co- agents for Scorch Delay and Property Improvement in Peroxide Vulcanization,"Paper No. 86 presented at the Fall Meeting of the Rubber Division，ACS，October 10，2006.

22. 过氧化物/硫黄硫化

用2.4phr DCP，4phr BMI-PP（N，N-对位苯二胺），0.7～0.96phr 含硫化合物DPTT（四硫化双亚戊基秋兰姆）来硫化二元乙丙胶，可以有效延长焦烧时间。这种含硫化合物能够延长过氧化物的焦烧时间。GEN：M. Grima，A. Talma，R. Datta，J. Noordermeer，"New Concept of Co- agents for Scorch Delay and Property Improvement in Peroxide Vulcanization,"Paper No. 33 presented at the Fall Meeting of the Rubber Division，ACS，November 1-3，2005，Pittsburgh，PA.

23. 避免尿烷硫化

据报道，尿烷会使天然胶胶料极易焦烧。GEN：T. Kempermann，"Sulfur-free Vulcanization Systems for Diene Rubber,"Rubber Chemistry and Technology，July- August，1988（61）：422.

24. 抗氧剂

当选择PPD类抗臭氧剂时，要避免选用二烷基类PPD，因为它是三类PPD中最容易使胶料焦烧的。RT：第19章，Antidegradants，F. Ignatz-Hoover，p. 457.

在胎侧胶料中，单独使用6PPD可能会缩短焦烧安全期，但如果将6PPD和TAPDT（一种高相对分子质量抗臭氧剂）并用，就可以既有一定的焦烧安全期，又能保证胶料有好的抗疲劳性和动态条件下的抗臭氧裂口性。GEN：S. Hong，C. Lin，"Improved Flex Fatigue and Dynamic Ozone Crack Resistance

---

RT：2001年由Hanser出版社出版的John S. Dick编写的著作：Rubber Technology，Compounding and Testing for Performance；GEN：来自各种期刊或会议的一般参考文献；RP：来自本书顾问-编审委员会成员的建议。

Through the Use of Antidegradants or Their Blends in Tire Compounds," Presented at ACS Rubber Division Meeting, Fall, 1999, Paper No. 27.

25. 混炼

密炼机排料温度要低，否则会增加胶料的热历史而缩短焦烧安全期。RT：第 8 章，Specialty Elastomers, J. Jones, D. Tracey, A. Tisler, p. 181.

选用的密炼机要带有冷却系统，这样不至于使胶料温度升高过快而缩短焦烧安全期。另外，如果胶料温度升高过快，黏度迅速下降，导致剪切力过低而不利于填料的均匀分散。假设已确定一次最佳混炼量，并且有冷却系统，如果还想调整胶料的混炼温度，就可以通过调整上顶栓压力或者转子转速来进行。总之尽量降低胶料在整个混炼过程中的热历史，才能改善焦烧安全期。RT：第 23 章，Rubber Mixing, W. Hacker, p. 514.

26. 混炼之后进行冷却

为了得到更长的焦烧安全期，胶料从密炼机排出后应进行适当冷却。GEN："Polysar Halobutyl Innerliner Problem Solving Guide," Processing Problem No. 3.

27. 低黏度胶料与黏性生热

往往低结构度炭黑填充胶料存在的焦烧问题较少，这是因为这种胶料的黏度较低，在混炼过程中因剪切而产生的黏性生热较少，因此与高结构炭黑填充胶料相比，其引起过早焦烧的可能性要低得多。GEN：F. Eirich, Science and Technology of Rubber, Chapter 9, "The Rubber Compound and Its Composition," M. Studebaker, J. Beatty, Academic Press, 1978：367；J. S. Dick, H. Pawlowski, "A short Rheological Test to Overcome the Inadequacies to Tradtitional Scorch Measurements," Presented at ACS Rubber Div. Meeting, Fall, 2002；J. Dick, H. Pawlowski, J. Moore, "Viscous Heating and Reinforcement Effects of Different Fillers Using the Rubber Process Analyzer," Rubber World, January, 2000, p. 22.

28. 卤化丁基胶 （HIIR）

对于卤化丁基胶来说，酸性组分通常会缩短焦烧时间，但是碱性组分往往能提高焦烧时间，这点和未卤化丁基胶料正好是相反的。因此对卤化丁基胶的硫化组分要仔细考虑和选择，以确保有足够的焦烧安全期又不至于降低其他方面的性能。GEN："Polysar Halobutyl Innerliner Problem Solving Guide," Processing Problem No. 3；RT：第 6 章，Elastomer Selection, R. School, p. 134；RT：第 8 章，Specialty Elastomers, J. Jones, D. Tracey, A. Tisler, p. 183.

氯化丁基胶的焦烧安全期比溴化丁基胶的更长。碱性填料（如硬脂酸钙）

RT：2001 年由 Hanser 出版社出版的 John S. Dick 编写的著作：Rubber Technology, Compounding and Testing for Performance；GEN：来自各种期刊或会议的一般参考文献；RP：来自本书顾问-编审委员会成员的建议。

会提高卤化丁基胶的焦烧安全期。卤化丁基胶中的酸性陶土会提高硫化速度，但需要和防焦烧抑制剂（如氧化镁等）一起并用，以保证足够的焦烧安全期。根据经验，对于卤化丁基胶料来说，酚醛树脂和其他增黏树脂会缩短焦烧安全期。氧化镁在卤化丁基胶中是一种防焦烧抑制剂，但在胺类硫化体系中除外。RT：第 8 章，Specialty Elastomers，J. Jones，D. Tracey，A. Tisler，p. 180.

在卤化丁基胶料中，要谨慎使用酚醛树脂、芳烃油、木松香等，因为这些组分都会直接或间接地缩短焦烧安全期。在卤化丁基胶料中，要注意一些胺类抗氧剂或抗臭氧剂，因为它们能缩短焦烧安全期。要谨慎选择卤化丁基胶的硫化体系，因为有一些是极易焦烧的，如 Vultac®烷基苯酚二硫化物系列。在卤化丁基胶料中，要禁用硬脂酸锌，因为锌是一种硫化剂，会引起焦烧问题。GEN："Polysar Halobutyl Innerliner Problem Solving Guide," Processing Problem No. 3, No. 1.

29. 溴化异丁烯-对甲基苯乙烯橡胶（BIMS）

与一般的卤化丁基胶相比，BIMS 具有更安全的焦烧期。GEN：G. Jones，"Exxpro Innerliners for Severe Service Tire Applications," Presented at ITEC，1998，Paper No. 7A.

30. 氯丁胶的硫化

在氯丁胶中，W 型具有更安全的焦烧期。RT：第 8 章，Specialty Elastomers，L. L. Outzs，p. 211.

对于氯丁胶来说，用 TMTM/DOTG/硫黄替代传统的亚乙基硫脲（ETU）硫化体系，可以使胶料具有更长的焦烧安全期。RT：第 16 章，Cures for Specialty Elastomers，B. H. To，p. 401-406.

提高氧化镁用量或者比表面积，可以延长氯丁胶料的焦烧安全期。通常选用高活性氧化镁（比表面积大于 $100m^2/g$）来硫化氯丁胶，一般用量为 4 质量份。GEN：R. Ohm，"New Developments in Curing Halogen- containing Polymers," Presented at ACS Rubber Division Eduction Symposium No. 45，"Automotive Applications II," Spring，1998，p. 3.

在氯丁胶中，可以考虑采用"包覆"形式的高活性氧化镁。因为一般粉状高活性氧化镁暴露在湿热环境中 30min 内就会迅速与潮气反应而失去活性。RP：L. L. Outzs.

在氯丁胶硫化体系中，硬脂酸往往起到硫化抑制剂的作用，会延长焦烧安全期和降低硫化速度。GEN：R. Ohm，"New Developments in Curing Halogen- containing Polymers," Presented at ACS Rubber Division Eduction Symposium No. 45，"Automotive Applications II," Spring，1998，p. 3.

RT：2001 年由 Hanser 出版社出版的 John S. Dick 编写的著作：Rubber Technology, Compounding and Testing for Performance；GEN：来自各种期刊或会议的一般参考文献；RP：来自本书顾问-编审委员会成员的建议。

氯丁胶硫化时，考虑选择较多用量的 MBTS 与 ETU 并用，可以赋予胶料较长的焦烧安全期和较快的硫化速度。GEN：R，Grossman，Q&A，Elastomerics，January，1989，37；R. M. Murray，D. C. Thompson，The Neoprenes，DuPont，1963，p. 28.

含有 ZMTI 的氯丁胶料容易焦烧，一个延长焦烧安全期的方法是加入 CBS 促进剂。GEN：R. Ohm，"Accelerators and Antidegradants Influence Fatigue Resistance"，Elastomerics，January，1988，p. 19.

在传统 ETU 硫化的氯丁胶料中，N-环己基硫代酞酰亚胺可以起到硫化抑制剂的作用，有效延长焦烧安全期。GEN：R. Tabar，P. Killgoar，R. Pett，"A Fatigue Resistant Polychloroprene Compound for High Temperature Dynamic Applications，" Rubber Chemistry and Technology，September- October，1979（52）：781.

在硫化 W 型氯丁胶时，以对称二苯硫脲（A-1）作为促进剂，环己基硫代邻苯二甲酰亚胺（CTP）可以是一种很好的硫化抑制剂，能有效延长焦烧安全期。RT：第 16 章，Cures for Specialty Elastomers，B. H. To，p. 401.

31. 噻二唑延长 CR 与 HIIR 的焦烧安全期

Vanderbilt 公司商品名称为 Vanax® 189 的一种噻二唑是硫化 CR 或者卤化丁基胶的一种促进剂，可以比其他很多促进剂赋予胶料更安全的焦烧期。GEN：R. Ohm，"New Developments in Curing Halogen- containing Polymers，" Presented at ACS Rubber Division Eduction Symposium No. 45，"Automotive Applications II，" Spring，1998，p. 2-4.

32. 氟橡胶

能赋予氟橡胶胶料较长焦烧安全期的硫化体系是双酚类而不是二胺类。RT：第 6 章，Elastomer Selection，R. School，p. 134；RT：第 8 章，Specialty Elastomers，R. Stevens，p. 230.

33. EPDM

相对分子质量分布宽的 EPDM 胶料具有更安全的焦烧期。GEN：R. Grossman，Q & A，Elastomerics，January，1989，p. 37.

34. EPDM 的"黑色"焦烧

EPDM 胶料的"黑色"焦烧与硫化剂无关，可以发生在无硫化剂的 EPDM 混炼胶料中，之所以称为"黑色"焦烧，是因为往往发生在炭黑填充的 EPDM 胶料中，可以通过加入少量的乙叉降冰片烯 ENB 来延长焦烧安全期。EPDM 中的"黑色"焦烧也可以通过使用低结构度炭黑来减轻。很有意思的一点是，EPDM 中的"黑色"焦烧可以通过早期加入少量硫黄来延迟；也有报道说，少量含硫促进剂也能改善"黑色"焦烧。但是，也有一些含硫促进剂能够使 EPDM 胶料更易发生"黑色"焦烧，这要通过试验才能确定。EPDM 胶料的"黑色"焦烧可以通过返炼胶料来加以改善。GEN：C. Daniel, J. Pillow, "Black Scorch in EPDM Compounds," Presented at the IRC meeting at Manchester, UK, June 10, 1999.

EPDM 胶料的"黑色"焦烧可以通过填充表面极性低的炭黑来加以改善。炭黑表面极性越强，就越不易与非极性的 EPDM 相容，越容易发生"黑色"焦烧。炭黑表面的极性会因生产厂家不同而有所不同。GEN：X. Zhang, R. Whitehouse, C. Liauw, "Compatibility of Carbon Black with Typical EPDM Extrusion Compounds: Phenomenon and Root Causes," Presented at the 1997 IRC Meeting in Malaysia.

RT：2001 年由 Hanser 出版社出版的 John S. Dick 编写的著作：Rubber Technology, Compounding and Testing for Performance；GEN：来自各种期刊或会议的一般参考文献；RP：来自本书顾问-编审委员会成员的建议。

4.9 提高硫化速度

胶料的硫化速度是一个非常重要的特征参数。硫化速度直接决定着橡胶制品从模具中移出的时间，在模具里停留的时间越短，生产成本就越低。

以下实验方案可能会提高胶料的硫化速度。对书中的相关文献来源、包括后面引用的文献，读者都应该自己研究和阅读。注意：这些通用的实验方案不一定适用于每一个具体情况。能够提高硫化速度的任何一个变量都一定会影响其他性能，或好或坏，但本书不对其他性能的改变加以阐述。本书也不对安全和健康问题加以解释。

1. 促进剂的选择

考虑选用含有以下促进剂的硫化体系：
1）醛胺类促进剂：硫化速度慢。
2）胍类促进剂：硫化速度中等。
3）噻唑类促进剂：硫化速度中快。
4）次磺酰胺类：硫化速度快速-延迟作用。
5）次磺酰亚胺类：硫化速度快速-延迟作用。
6）二硫代磷酸盐类：硫化速度快速。
7）秋兰姆类：硫化速度很快。
8）二硫代氨基甲酸盐类：硫化速度很快。
RT：第 15 章，Sulfur Cure Systems，B. H. To，p. 383.

2. 硫化速率排序

当次磺酰胺类促进剂用量相同时，它们的硫化速度排序如下：
（最快）TBBS ≈ CBS ≈ MBS ≈ DCBS（最慢）
GEN：F. Ignatz-Hoover, R. Genetti, B. To, "Vulcanization of General Purpose Elastomers," Paper No. D presented at the Spring Meeting of the Rubber Division, ACS, May 16-18, 2005, San Antonio, TX.

3. TBBS 促进剂

在次磺酰胺类促进剂中，TBBS 是硫化速度最快的。RT：第 15 章，Sulfur Cure Systems, B. H. To, p. 384；GEN：J. S. Dick, "Oils, Plasticizers, and Other Rubber Chemicals," Basic Rubber Testing, ASTM International, 2003, p. 146.

4. 助促进剂

在以次磺酰胺类促进剂（如 TBBS、MBS、CBS 等）为主促进剂时，选用 DPG、TATM、TBzTD、TMTD、TMTM、TETD、ZDMC、ZDEC、ZDBC 和

RT：2001 年由 Hanser 出版社出版的 John S. Dick 编写的著作：Rubber Technology, Compounding and Testing for Performance；GEN：来自各种期刊或会议的一般参考文献；RP：来自本书顾问-编审委员会成员的建议。

DOTG 等作为助促进剂，可以有效地提高硫化速度。RT：第 15 章，Sulfur Cure Systems，B. H. To，p. 383；GEN：S. Hong，M. Hannon，J. Kounavis，P. Greene，Presented at ACS Rubber Division Meeting，Spring，2001，Paper No. 37.

只以 TBBS 为促进剂的硫化体系中，可以加入 TMTM 作为助促进剂，来提高胶料的硫化速度。例如，将 TBBS 的用量从 1. 2 质量份降到 0. 6 质量份，而 TMTM 的用量是 TBBS 的 35% 即 0. 2 质量份时，就可以使硫化速度提高 25%。虽然硫化速度提高了 25%，但模量的变化不大，当然，胶料不同时结果有所差异。RP：T. D. Powell.

5. ISB 促进剂

一种实验室级的促进剂 2-异丙基亚硫酰基苯并噻唑，和助促进剂如二硫化四乙基秋兰姆（TETD）或对环境不太友好的硫化四甲基秋兰姆并用，可以得到安全的焦烧期，并且硫化速度很快。GEN：R. Hopper，"2- (Isopropylsulfinyl) - benzothiazole as a Delayed Action Thiazole Accelerator," Rubber Chemistry and Technology，September- October，1993，p. 623.

6. TATD 促进剂

用 TATD 替代二硫化四烷基秋兰姆，可以得到较快的硫化周期。GEN：M. Boisseau (Crompton Corp.)，"New Ultra Accelerator Good for Both NR, SR," Rubber & Plastics News，June 17，2002.

7. 硫化温度与硫黄用量影响硫化动力学

硫化温度高，硫化速度就快；另外，增加硫黄或者促进剂用量通常也能提高硫化速度。GEN：T. Kleiner，R. Schuster，"The Influence of Cure System and Polymer Structure on Network Properties," Paper No. C presented at the Spring Meeting of the Rubber Division，ACS，April 29- May 1，2002，Savannah，GA.

8. 提高氧化锌用量

胶料中如果促进剂用量较高，硬脂酸用量也足够，那么可以通过提高氧化锌的用量来提高硫化速度。GEN：W. Hall，H. Jones，"The Effect fo Zinc Oxide and Other Curatives on the Physical Properties of a Bus and Truck Tread Compound," Presented at ACS Rubber Div. Meeting，Fall，1970.

9. 避免使用减速剂

对二烯类橡胶采用传统的噻唑类促进剂硫化体系时，要避免选用水杨酸、苯甲酸或者邻苯二甲酸酐等其他有机酸类减速剂，因为会降低硫化速度。RT：第 15 章，Sulfur Cure Systems，B. H. To，p. 387.

RT：2001 年由 Hanser 出版社出版的 John S. Dick 编写的著作：Rubber Technology，Compounding and Testing for Performance；GEN：来自各种期刊或会议的一般参考文献；RP：来自本书顾问-编审委员会成员的建议。

10. 过氧化物硫化

使用高性能 HP 过氧化物配方，可以使胶料的硫化速度更快。用量较大的 DCP 相比 BBPIB 可以使胶料的硫化速度更快。过氧化缩酮过氧化物比二烷基过氧化物的硫化速度更快。

RT：第 17 章，Peroxide Cure Systems，L. Palys，p. 418，425。

11. 过氧化物的助硫化剂

在过氧化物硫化体系中，选用三羟甲基丙烷三丙烯酸酯（TMPTA）、三羟甲基丙烷三甲基丙烯酸酯（TMPTMA）、N，N′-间苯撑双马来酰亚胺（HVA-2），后面都正确。可以有效地提高硫化速率。而 1，2 聚丁二烯（PB）、己二烯酞酸酯（DAP）、异氰脲酸三烯丙酯（TAIC）和氰脲酸三烯丙酯（TAC）对硫化速率的影响较小。GEN：P. Dluzneski，"Peroxide Vulcanization of Elastomers，" Rubber Chemistry and Technology，July-August，2001（74）：451。

用少量低相对分子质量液态高乙烯基 1，2 聚丁二烯树脂（如 Ricon®）作为过氧化物硫化硅橡胶的助硫化剂，可以提高硫化速率。GEN：R. Drake，"Using Liquid Polybutadiene Resin to Modify Elastomeric Properties，" Rubber & Plastics News，February 28 and March 14，1983。

12. 硅橡胶的铂硫化

用金属铂催化剂硫化硅橡胶，要比过氧化物硫化硅橡胶提高 70% 的硫化速度。GEN：J. Sommer，Elastomer Molding Technology，Elastech，Hudson，OH，2003，p. 178。

13. IR

对于硫黄硫化 IR 来说，高顺式或反式结构比高 3，4 结构的聚异戊二烯胶料硫化速度更快。RT：第 7 章，General Purpose Elastomers and Blends，G. Day，p. 153。

14. BR

对于硫黄硫化 BR 来说，高顺式或反式结构比高 1，2 结构的聚丁二烯胶料硫化速度更快。同样，当高顺式或反式 BR 中加入苯乙烯或者 SBR 时，硫化速度就会下降。溶液聚合 BR 比乳液聚合 BR 的硫黄硫化速度更快，这是因为乳液聚合 BR 中有脂肪酸会减缓硫化速率。当过氧化物作为硫化剂时，3，4 结构的聚异戊二烯和 1，2 结构的聚丁二烯具有更高的硫化速度。微波硫化 BR 时，提高 1，2 结构的聚丁二烯含量，可以提高硫化速度。RT：第 7 章，General Purpose Elastomers and Blends，G. Day，p. 153-156。

RT：2001 年由 Hanser 出版社出版的 John S. Dick 编写的著作：Rubber Technology，Compounding and Testing for Performance；GEN：来自各种期刊或会议的一般参考文献；RP：来自本书顾问-编审委员会成员的建议。

15. SBR

硫黄硫化 SBR 时，如果苯乙烯含量高，那么硫化速度就低。例如含有 40%（质量分数）苯乙烯的 E-SBR1013 比含有 23.5%（质量分数）的 E-SBR1006 具有更低的硫化速度。S-SBR（如 711）比高温聚合 E-SBR（如 1006）具有更快的硫黄硫化速度，而高温聚合 E-SBR1006 比低温聚合 E-SBR1500 具有更快的硫化速度。因为乳液聚合过程中会使用脂肪酸和松香酸，这会抑制硫化反应。RT：第 7 章，General Purpose Elastomers and Blends, G. Day, p. 153.

16. NR、BR 和 SBR

通常情况下，NR 的硫化速度比顺式聚丁二烯要快，而顺式 BR 的硫化速度比 SBR 稍快。GEN：M. Studebaker, J. R. Beatty, "Vulcanization," Elastomers, February, 1977, p. 41.

17. ENR

通常情况下，环氧化天然胶的硫黄硫化速度快于天然胶，因为环氧基团也可通过非硫键进行化学交联。RT：第 7 章，General Purpose Elastomers and Blends, G. Day, p. 156.

18. 卤化丁基胶

溴化丁基胶的硫化速度要快于氯化丁基胶。与一般不饱和橡胶硫黄硫化体系相反，酸类助剂能促进卤化丁基胶的硫化速度，而碱类助剂则能抑制其硫化速度。

在卤化丁基胶料中，当氧化镁含量超过 0.5 质量份时，硫化速度开始降低。RT：第 8 章，Specialty Elastomers, J. Jones, D. Tracey, A. Tisler, p. 183, 185.

19. EPDM

第三单体非无规分布的 EPDM 可以有更快的硫化速度。GEN：R. Grossman, Q & A, Elastomerics, January, 1989, p. 37.

含有乙叉降冰片烯 ENB 的 EPDM 胶料有最快的硫化速度，之后是含有 1,4-己二烯（HD）的 EPDM，最后是含有二环戊二烯（DCPD）的 EPDM。

EPDM 中二烯类第三单体含量高时，硫化速度更快。RT：第 8 章，Specialty Elastomers, R. Vara, J. Laird, p. 191, 192.

20. NBR

硫黄硫化 NBR 时，ACN 含量越高，硫化速度越快。而过氧化物硫化 NBR 时，ACN 含量越低，硫化速度越快。含有脂肪酸乳液聚合的 NBR 的硫化速度比含有松香酸的或者是脂肪酸与松香酸混合的要快。以氯化钙作为凝聚剂乳液聚合的 NBR 有更快的硫化速度。RT：第 8 章，Specialty Elastomers，M. Gozdiff，p. 194，195.

21. ACM

在聚丙烯酸酯弹性体中，通常会选用碱性非炭黑填料，因为酸性填料会抑制硫化反应。RT：第 8 章，Specialty Elastomers，P. Manley，C. Smith，p. 206.

22. 氯丁胶

W 型氯丁胶选用对称二苯硫脲（A-1）作为促进剂，可以得到很快的硫化速度。RT：第 16 章，Cures for Specialty Elastomers，B. H. To，p. 401.

选择最佳比表面积和最佳用量的氧化镁，可以获得最快的硫化速度。将通常的 4 质量份氧化镁含量降低一些，可以提高硫化速度，不过同时也会缩短焦烧安全期。GEN：R. Ohm，"New Developments in Curing Halogen-containing Polymers，" Presented at ACS Rubber Division Eduction Symposium No. 45，"Automotive Applications II，" Spring，1998，p. 3.

在氯丁胶硫化体系中，将 MBTS 与 ETU 并用，可以得到较快的硫化速度和较长的焦烧安全期。GEN：R. Grossman，Q & A，Elastomerics，January，1989，p. 37.

23. AEM

对于三元共聚物乙烯基丙烯酸酯橡胶 AEM（杜邦公司的商品名为 Vamac）来说，其硫化体系为传统的二胺类，如六亚甲基四胺氨基甲酸酯（HMDC）和 DPG，如果加入过氧化二异丙苯 DCP 和 1，2-聚丁二烯（Ricon，152），能够将硫化速度提高 160%。GEN：H. Barager，K. Kammerer，E. McBride，"Increased Cure Rates of Vamac® Dipolymers and Terpolymers Using Peroxides，" Presented at ACS Rubber Division Meeting，Fall，2000，Paper No. 115.

24. FKM

对于氟橡胶胶料，通常是过氧化物硫化体系要比双酚硫化体系有更快的硫化速度。GEN：P. Surette（Daikin America），"New DAI-EL Fluoroelastomers for Extreme Environments，" Presented at the Fall Meeting of the Energy Rubber Group，September 17-18，2008，San Antonio，TX.

25. 硅橡胶

对于硅橡胶，用铂金硫化体系比用过氧化物硫化体系有更快的硫化速度。GEN：S. Richardson（Wacker Silicones），"Silicone Rubber，" Presented at a meeting of the Southern Rubber Group，March 8，2011，Greenville，SC.

RT：2001 年由 Hanser 出版社出版的 John S. Dick 编写的著作：Rubber Technology, Compounding and Testing for Performance；GEN：来自各种期刊或会议的一般参考文献；RP：来自本书顾问-编审委员会成员的建议。

26. HIIR 和 CR 的噻二唑促进剂

Vanderbilt 公司商品名称为 Vanax® 189 的一种噻二唑衍生物是硫化 CR 或者卤化丁基胶的一种促进剂，这种促进剂与其他很多种促进剂相比，不仅能使胶料具有较安全的焦烧期，还能提高硫化速度。GEN：R. Ohm，"New Developments in Curing Halogen- containing Polymers," Presented at ACS Rubber Division Eduction Symposium No. 45，"Automotive Applications II," Spring，1998，p. 2-4.

27. 炭黑

提高炭黑填充量可以提高硫化速度，但提高程度会因弹性体种类而有所不同。GEN：W. Wampler, M. Gerspacher, H. Yang, "CB's Role in Compound Curing Behavior," Rubber World, April, 1994, p. 39.

28. 厚制品的硫化速度

对厚制品胶料，往往需要加入一些金属粉，用以提高导热速度。通常可以选择的金属粉有银粉、铜粉和铝粉。银粉太贵，而铜粉是天然胶的氧化强化剂和降解剂，铝粉通常可以同时提高导电性能和导热性能，但铝粉又会使胶料的火灾隐患增加。事实上，铝粉等金属粉加到胶料中大大提高了胶料的可燃性。如果能提高胶料的导热性能，厚制品的硫化时间就会大大缩短。通常橡胶制品是热的不良导体，厚橡胶制品中心部分热历史少。一个厚度超过 6mm 的橡胶制件在 150℃下硫化时，一般需要多硫化 5min，才能实现完全硫化，提高导热性能，会大大缩短硫化时间。GEN：V. Vinod, S. Varghese, R. Alex, B. Kuriakose, "Effect of Aluminum Powder on Filled Natural Rubber Composites," Rubber Chemistry and Technology, May- June, 2001 (74): 236.

29. 感应加热

将胶料中填充二氧化硅包覆氧化铁（商品名称为"Magsilica"），并且在电磁场作用下胶料内部感应加热进行硫化，这样就可以使厚橡胶制品有较快的硫化速度。

GEN：O. Taikum, A. Korch, R. Friehmeit, F. Miniter, M. Schoiz, H. Herzog, S. Katusic (Evonik Degussa Corp.)，"Novel Silica Coated Iron Oxide 'Magsilica' to Speed Up Crosslinking in Rubber," Paper No. 16 presented at the Fall Meeting of the Rubber Division, ACS, October 11-13, 2011, Cleveland, OH.

RT：2001 年由 Hanser 出版社出版的 John S. Dick 编写的著作：Rubber Technology, Compounding and Testing for Performance；GEN：来自各种期刊或会议的一般参考文献；RP：来自本书顾问-编审委员会成员的建议。

4.10 降低硫化返原

有些胶料会发生硫化返原，因而降低了胶料的一些物理性能，尤其是天然胶最容易发生硫化返原。

以下实验方案会降低胶料的硫化返原。对书中的相关文献来源、包括后面引用的文献，读者都应该自己研究和阅读。注意：这些通用的实验方案不一定适用于每一个具体情况。能够降低硫化返原的任何一个变量都一定会影响其他性能，或好或坏，但本书不对其他性能的改变加以阐述。本书也不对安全和健康问题加以解释。

1. 天然胶

天然胶是最容易发生硫化返原的。RT：第 2 章，Compound Processing Characteristics and Testing，J. S. Dick，p. 41.

将天然胶在较低温度下硫化更长时间，可以保证胶料网络中具有较多的单硫键，这样就可改善硫化返原现象。GEN：M. Studebaker，J. R. Beatty，"Vulcanization，" Elastomers，February，1977，p. 41.

在一些特定的配方中，银菊胶比三叶胶的抗硫化返原性要好些。GEN：C. McMahan，K. Cornish，H. Pawlowski，J. Williams，"Dynamic Mechanical Properties of Latex Films，" Paper No. 62 presented at the Spring Meeting of the Rubber Division，ACS，May 16-18，2005，San Antonio，TX.

2. CR 代替 NR

氯丁胶的抗硫化返原能力远远高于天然胶，因此有些情况下，可以用 CR 代替 NR。GEN：R. Tabar，P. Killgoar，R. Pett，"A Fatigue Resistant Polychloroprene Compound for High Temperature Dynamic Applications，" Rubber Chemistry and Technology，September-October，1979（52）：781.

3. NR 中混入 BR 或 SBR

在 NR 胶中加入 BR 或者 SBR，可以降低 NR 的硫化返原效应，这是因为 NR 的返原倾向可以被 SBR 或者 BR 的高交联密度所抵消。GEN：M. Studebaker，J. R. Beatty，"Vulcanization，" Elastomers，February，1977，p. 41.

4. NR 中加入乙烯基结构的 BR

乙烯基 1，2 结构的聚丁二烯加入到 NR 后，可以降低 NR 的返原倾向。GEN：K. Nordsiek，"Rubber Microstructure and Reversion，" Rubber World，December，1987，p. 30.

RT：2001 年由 Hanser 出版社出版的 John S. Dick 编写的著作：Rubber Technology，Compounding and Testing for Performance；GEN：来自各种期刊或会议的一般参考文献；RP：来自本书顾问-编审委员会成员的建议。

5. NR 中加入 TOR

反式聚辛烯橡胶（TOR）加入到 NR 后，可以降低 NR 的返原倾向。GEN：K. Nordsiek, "Rubber Microstructure and Reversion," Rubber World, December, 1987, p. 30.

6. 混炼型聚氨酯橡胶

对于混炼型聚氨酯橡胶，过氧化物硫化相比硫黄硫化能赋予胶料更好的抗返原能力。GEN：C. Gibbs, S. Horne, J. Macey, H. Tucker, "Effect of Gel and Structure on the Properties of cis-1, 4-Polyisoprene," Rubber World, 1961, p. 69.

7. NBR 加入到混炼型聚氨酯橡胶

对硫黄硫化的混炼型聚氨酯橡胶，逐步加入一定量的 NBR，可以有效抵制硫化返原。GEN：T. Jablonowski, "Blends of PU with Conventional Rubbers," Rubber World, October, 2000, p. 41.

8. 降低硫化温度

对天然胶，将硫化温度降到 140℃，就可以有效地防止硫化返原。RT：第 2 章, Compound Processing Characteristics and Testing, J. S. Dick, p. 41.

9. 树脂硫化

对丁基胶，用酚醛树脂替代硫黄硫化，可以使胶料具有更好的抗硫化返原性。RT：第 8 章, Specialty Elastomers, J. Jones, D. Tracey, A. Tisler, p. 178.

10. 尿烷硫化 NR

如果天然胶采用尿烷来硫化（Hughson 化学公司 Novor® 交联剂为尿烷类），可以防止一定程度的硫化返原。GEN：T. Kempermann, "Sulfur-free Vulcanization Systems for Diene Rubber," Rubber Chemistry and Technology, July-August, 1988（61）：422.

11. 有效硫化体系

对于天然胶来说，考虑选用有效硫化体系（EV）或者半有效硫化体系（semi-EV），可以使胶料具有较好的抗硫化返原性。这是因为这两种硫化体系中，促进剂与硫黄的比例较高，有时甚至用硫给体替代单质硫，这样胶料的胶料网络中就存在更多的单硫键或者双硫键，会比多硫键更稳定而不易返原。RT：第 15 章, Sulfur Cure Systems, B. H. To, p. 387.

12. TBSI 硫化

N-叔丁基-2-苯并噻唑次磺酰胺（TBSI）是一种伯胺类的氨基促进剂，与

RT：2001 年由 Hanser 出版社出版的 John S. Dick 编写的著作：Rubber Technology, Compounding and Testing for Performance；GEN：来自各种期刊或会议的一般参考文献；RP：来自本书顾问-编审委员会成员的建议。

其他次磺酰胺类促进剂（如 DIBS、DCBS、MBS 等）相比，能赋予胶料更好的抗硫化返原性。RT：第 15 章，Sulfur Cure Systems，B. H. To，p. 389.

在后效性促进剂中，它们的抗硫化返原能力排序为：

TBSI ≈ DCBS ≈ MBS ≈ TBBS

GEN：F. Ignatz- Hoover，"Vulcanization of General Purpose Elastomers，" Paper No. D presented at the Spring Meeting of the Rubber Division，ACS，May 16-18，2005，San Antonio，TX.

13. 提高氧化锌用量

硫黄/次磺酰胺硫化体系中，如果提高氧化锌用量，可以使胶料具有较好的耐热老化性和抗返原性。GEN：W. Hall，H. Jones，"The Effect fo Zinc Oxide and Other Curatives on the Physical Properties of a Bus and Truck Tread Compound，" Presented at ACS Rubber Div. Meeting，Fall，1970.

14. ZBPD

邻二正丁基二硫代磷酸锌（ZBPD），是对次磺酰胺类硫化体系的一个补充，可以赋予天然胶料很好的抗返原性。RT：第 15 章，Sulfur Cure Systems，B. H. To，p. 391.

15. 烷基酚二硫

卤化丁基胶料中加入烷基酚二硫促进剂可以有效降低硫化返原。GEN：B. Rodgers，N. Tambe，S. Solis，B. Sharma（ExxonMobil Chemical Co.），"Alkyphenol Disulfide Polymer Accelerators and the Vulcanization of Isobutylene Based Elastomer，" Paper No. 160 presented at the Fall Meeting of the Fall Meeting of the Rubber Division，ACS，May 15-18，2007，Cleveland，OH.

16. HTS

六亚甲基-1，6-二硫代硫酸盐（HTS）是一种后硫化稳定剂，在天然胶次磺酰胺类硫化体系中加入，可以形成杂化交联键而赋予胶料较好的抗硫化返原性和耐曲挠疲劳性。RT：第 15 章，Sulfur Cure Systems，B. H. To，p. 391.

17. BCI-MX

1，3-甲基马来酰亚胺基甲基苯（BCI- MX）是一种抗硫化返原剂，能赋予天然胶料极好的抗硫化返原性和抗压缩疲劳性。RT：第 15 章，Sulfur Cure Systems，B. H. To，p. 391-393.

18. 新型硫化剂

朗盛公司提供了一种新型硫化剂 1，6-双（N，N-二苄基硫代二氨基硫代

RT：2001 年由 Hanser 出版社出版的 John S. Dick 编写的著作：Rubber Technology，Compounding and Testing for Performance；GEN：来自各种期刊或会议的一般参考文献；RP：来自本书顾问-编审委员会成员的建议。

盐）己烷，商品名称为"Vulcuren"，可以形成稳定的交联网络，因此具有较好的抗返原能力。GEN：S. Henning（Sartomer Co.），"The Use of Coagents in Sulfur Vulcanization：Functional Zinc Salts，" Paper No. 10 presented at the Spring Meeting of the Rubber Division, ACS, May 16-18, 2005, San Antonio, TX.

19. NR 中加入三丙烯酸酯助剂

正如 1,3-双（柠康亚酰胺甲基）苯（BCI-MX）的作用，在天然胶中加入季戊四醇三丙烯酸酯（SR444，来自 Sartomer 公司）和三羟甲基丙烷三丙烯酸酯（TMPTA）（SR351，来自 Sartomer 公司），都可以因为形成新的交联键而有效地抵抗硫化返原。GEN：E. Blok, M. Kralevich, J. Varner, "Preliminary Studies on New Anti-reversion Agents for the Sulfur Vulcanization of Diene Rubbers," Rubber Chemistry and Technology, March-April, 2000（73）：114.

在硫黄硫化的胶料中，甲基丙烯酸锌可以作为抗返原剂。GEN：S. Henning（Sartomer Co.），"The Use of Coagents in Sulfur Vulcanization：Functional Zinc Salts," Paper No. 10 presented at the Spring Meeting of the Rubber Division, ACS, May 16-18, 2005, San Antonio, TX.

20. 平衡硫化

对天然胶胶料，可以考虑用"平衡硫化"或者硅-69（TESPT）来提高抗硫化返原性。GEN：S. Wolff, "Chemical Aspects of Rubber Reinforcement," Rubber Chemistry and Technology, July-August, 1996（69）：325, S. Wolff, KGK, 32, 760（1979）.

21. BIIR 的 DNPD 和 ZnO 硫化

对溴化丁基胶，可以考虑用抗氧剂如 N, N'-二-β-萘基对苯二胺（DNPD）（Goodrich 公司的产品为 Agerite White®）并用氧化锌来作为硫化体系，这样可以提高胶料的硫化稳定性。GEN：D. Edwards, "A High-pressure Curing System for Halobutyl Elastomers," Rubber Chemistry and Technology, March-April, 1987（60）：62.

22. 秋兰姆硫化体系和过氧化物硫化体系

对天然胶料，采用能够参与硫化反应而被消耗掉的硫化体系，如过氧化物或者 TMTD 等，这样可防止硫化返原。GEN：M. Studebaker, J. R. Beatty, "Vulcanization," Elastomers, February, 1977, p. 41.

考虑选用秋兰姆类硫化体系可以赋予天然胶料较好的抗硫化返原能力，但前提是有很好的通风设备，不让亚硝胺危害人体健康。GEN：T. Kempermann, "Sulfur-free Vulcanization Systems for Diene Rubber," Rubber

RT：2001 年由 Hanser 出版社出版的 John S. Dick 编写的著作：Rubber Technology, Compounding and Testing for Performance；GEN：来自各种期刊或会议的一般参考文献；RP：来自本书顾问-编审委员会成员的建议。

Chemistry and Technology，July-August，1988（61）：422.

23. 硅橡胶的二次硫化

如果硅橡胶硫化时没有经过二次硫化，时间一长，胶料就会出现返原现象，这是因为胶料中还存在低相对分子质量硅橡胶和过氧化物分解产物。这种现象尤其在存在酸性残余物的情况下容易出现，因此硫化后必须将这些酸性物质排除，才能减轻硅橡胶的返原现象。RT：第8章，Specialty Elastomers，J. R. Halladay，p. 237.

24. 炭黑填充量

对天然胶，提高炭黑填充量可以抑制硫化返原。GEN：M. Studebaker，J. R. Beatty，"Vulcanization，" Elastomers，February，1977，p. 41.

然而，又有报道说，在天然胶料中降低炭黑填充量可以改善硫化返原。GEN：K. Boonkerd，W. Phasook，C. Deepraseertkul（Thailand），"Effects of Carbon Black on the Reversion Behavior of a Cured Natural Rubber Compound，" Paper No. 64 presented at the Fall Meeting of the Rubber Division，ACS，October 11-13，2011，Cleveland，OH.

热裂法炭黑比炉法炭黑有更好的抗硫化返原性。GEN：K. Boonkerd，W. Phasook，C. Deepraseertkul（Thailand），"Effects of Carbon Black on the Reversion Behavior of a Cured Natural Rubber Compound，" Paper No. 64 presented at the Fall Meeting of the Rubber Division，ACS，October 11-13，2011，Cleveland，OH.

25. 二硫代磷酸盐与二硫代氨基甲酸盐

二硫代磷酸盐与二硫代氨基甲酸盐相比，除了磷原子取代氮原子之外，其余是很相似的。但前者硫化的胶料要比后者的具有更好的耐热性和抗硫化返原性。GEN：S. Monthey，M. Saewe，V. Meenenga（Rhein Chemie），"Using Dithiophosphate Accelerators to Improve Dynamic Properties in Vibration Isolation Applications，" Presented to the Spring Meeting of the Southern Rubber Group，June 11-14，2012，Myrtle Beach，SC.

另外，在 BIIR 胶料中，选用 ZBPD（二丁基二硫代磷酸锌）可以改善胶料的硫化返原。GEN：N. Tambe，B. Roders，S. Solis，B. Sharma，W. Waddell（ExxonMobil），"Phosphate Accelerators in the Vulcanization of Isobutylene Based Elastomers，" Paper No. 88 presented at the Fall Meeting of the Rubber Division，ACS，October 10-12，2006，Cincinnati，OH.

RT：2001 年由 Hanser 出版社出版的 John S. Dick 编写的著作：Rubber Technology，Compounding and Testing for Performance；GEN：来自各种期刊或会议的一般参考文献；RP：来自本书顾问-编审委员会成员的建议。

4.11   降低逐步增高定伸

逐步增高定伸是指胶料在硫化过程中，模量或者定伸不断上升，似乎永远达不到一个平坦区。

以下实验方案可能会防止出现逐步增高定伸。对书中的相关文献来源、包括后面引用的文献，读者都应该自己研究和阅读。注意：这些通用的实验方案不一定适用于每一个具体情况。能够降低逐步增高定伸的任何一个变量都一定会影响其他性能，或好或坏，但本书不对其他性能的改变加以阐述。本书也不对安全和健康问题加以解释。

对氯丁胶的硫化，可以考虑选择 Vanderbilt 公司的 Vanax® 189———一种噻二唑衍生物专用促进剂，这种促进剂与其他很多种促进剂相比，不仅能使胶料有较安全的焦烧期，提高硫化速度，而且还降低了逐步增高定伸现象。GEN：R. Ohm，"New Developments in Curing Halogen- containing Polymers，" Presented at ACS Rubber Division Eduction Symposium No. 45，"Automotive Applications Ⅱ，"Spring，1998，p. 2-4.

RT：2001 年由 Hanser 出版社出版的 John S. Dick 编写的著作：Rubber Technology，Compounding and Testing for Performance；GEN：来自各种期刊或会议的一般参考文献；RP：来自本书顾问-编审委员会成员的建议。

4.12 减少冷流

人们本来认为放在仓库中的一包包橡胶都是固体的,但过了一段时间之后会发现橡胶流动了。人们把这种橡胶在贮存时间较长之后出现的流动,称为"冷流"。一些橡胶原材料的"冷流"现象很明显。

以下实验方案可能会减少冷流现象。对书中的相关文献来源、包括后面引用的文献,读者都应该自己研究和阅读。注意:这些通用的实验方案不一定适用于每一个具体情况。能够降低冷流的任何一个变量都一定会影响其他性能,或好或坏,但本书不对其他性能的改变加以阐述。本书也不对安全和健康问题加以解释。

1. BR

对高顺式的聚丁二烯橡胶,选用含有支化剂(如二乙烯基苯)的可以有效减少冷流。RT:第6章,Elastomer Selection,R. School,p. 130.

阴离子聚合 BR 时,与少量的二乙烯基苯发生共聚,会存在较长链的支化,这样就可以有效减少冷流,所以要避免选用没有支化的高线性 BR。RT:第7章,General Purpose Elastomers and Blends,G. Day,p. 145-146.

Budene 1280® 是高线性并且冷流和加工性能得以改善的顺丁橡胶。RP:R. Dailey.

2. NBR

相对分子质量分布窄的 NBR 具有更好的抗冷流性。RT:第 8 章,Specialty Elastomers,M. Gozdiff,p. 197.

RT:2001 年由 Hanser 出版社出版的 John S. Dick 编写的著作:Rubber Technology,Compounding and Testing for Performance;GEN:来自各种期刊或会议的一般参考文献;RP:来自本书顾问-编审委员会成员的建议。

第 5 章
减少不利加工因素

5.1 减少或消除未硫化和硫化胶中的泡孔、气泡或凹坑

在工厂中，橡胶制品存在泡孔缺陷是经常出现的问题，为此每年很多公司都要付出上百万美元的代价。

以下实验方案可能会减少泡孔的出现。对书中的相关文献来源、包括后面引用的文献，读者都应该自己研究和阅读。注意：这些通用的实验方案不一定适用于每一个具体情况。能够减少或消除泡孔的任何一个变量都一定会影响其他性能，或好或坏，但本书不对其他性能的改变加以阐述。本书也不对安全和健康问题加以解释。

1. 硫化压力

一定确保胶料在足够的压力下进行硫化，否则容易出现气泡。RT：Chapter 8，"Specialty Elastomers," J. R. Halladay, p. 237.

2. 出泡点

在橡胶制品硫化过程中，一定要提高硫化压力以保证泡孔处于被压缩状态。足够的压力会使气泡处于很小的尺寸，这样就可减少泡孔的出现。出泡点是指橡胶制品无泡孔出现的最短硫化时间点。如果气泡在橡胶制品中心部分已达到最佳硫化时间的 30% 之前出现，那么这种气泡的尺寸用肉眼几乎是看不到的。当然，30% 的比例是个很粗略的估计，会因胶种不同而不同，例如，有些胶种可能是 25%，而一些硫化模量很低的胶种就可能高达 98%。硫化过程中，模量会不断提高，气泡就越来越不易长大。有时硫化之后还会出现气泡，不过尺寸很小，肉眼观察不到。GEN：A. Kasner, E. Meinecke, "Porosity in Rubber：A Review," Rubber Chemistry and Technology, July-August, 1996（69）：424.

3. 高压罐逐步减压硫化

对在高压罐中硫化的橡胶制品，为了避免出现泡孔，在硫化后期，采取

RT：2001 年由 Hanser 出版社出版的 John S. Dick 编写的著作：Rubber Technology, Compounding and Testing for Performance；GEN：来自各种期刊或会议的一般参考文献；RP：来自本书顾问-编审委员会成员的建议。

逐步降低硫化压力的做法，被称作"逐步减压硫化"。在这个逐步减压的过程中，被包住的气体会逐渐从胶料中渗透出来。RP：L. L. Outzs.

4. 过氧化物硫化

对于过氧化物硫化胶料来说，由于硫化温度较高，硫化速度很快，气体来不及排除，制品表面就容易出现泡孔缺陷。一种可行的解决办法就是降低硫化温度。GEN：P. Dluzneski,"Peroxide Vulcanization of Elastomers,"Rubber Chemistry and Technology, July- August, 2001 (74)：451.

过氧化物在胶料硫化过程中会产生低分子副产物，这些低分子副产物的溢出会产生泡孔，一种解决办法是降低过氧化物使用量，增加助硫化剂用量，以保持相同的力学性能。RT：第 17 章, Peroxide Cure Systems, L. Palys, p.434. RP：L. L. Outzs.

5. 挥发性硫化副产物

硫化反应中产生的挥发性副产物能使制品出现泡孔缺陷。氟橡胶硫化过程中会产生挥发性副产物，过氧化物分解也能产生挥发性副产物。另外，尿烷硫化时会生成水，聚氨酯固化中二异氰酸酯与水反应会生成二氧化碳，都会引起泡孔问题。甚至硬脂酸和氧化锌反应生成的水也能带来泡孔问题，在下面会介绍一些其他的解决办法，例如可能会用硬脂酸锌替代氧化锌等。GEN：A. Kasner, E. Meinecke,"Porosity in Rubber：A Review,"Rubber Chemistry and Technology, July- August, 1996 (69)：424.

6. 混炼

橡胶在密炼过程中，要保证胶料在密炼室中的填充系数不能过低。GEN：B. Rodgers, D. Tracey, N. Tambe, D. Rouckhout (ExxonMobil),"Tire Halobutyl Rubber Innerliner,"Paper No. 94 presented at the Fall Meeting of the Rubber Division, ACS, October 10-12, 2006, Cincinnati, OH.

7. 黏度

要确保胶料的黏度不能过低，否则容易出现气泡。GEN：B. Shama, B. Rodgers, D. Tracey, N. Tambe, D. Rouckhout (ExxonMobil),"Tire Halobutyl Rubber Division, ACS, October 10-12, 2006, Cincinnati, OH.

8. 分散对泡孔的影响

要确保胶料各配合组分尤其是填料分散均匀，分散不好则会引起泡孔问题，这是因为未分散的颗粒可作为泡孔形成的泡核。GEN：A. Kasner, E. Meinecke,"Porosity in Rubber：A Review,"Rubber Chemistry and Technology, July- August, 1996 (69)：424.

RT：2001 年由 Hanser 出版社出版的 John S. Dick 编写的著作：Rubber Technology, Compounding and Testing for Performance；GEN：来自各种期刊或会议的一般参考文献；RP：来自本书顾问-编审委员会成员的建议。

9. 分散不良与过度塑炼

生胶的过度塑炼会引起泡孔问题，另一方面，分散不均也会导致泡孔问题。GEN：A. Kasner, E. Meinecke, "Porosity in Rubber：A Review," Rubber Chemistry and Technology, July-August, 1996（69）：424.

10. 避免原材料受潮

以下材料要尽量避免受潮：

1）生胶。

2）炭黑。

3）白炭黑。

4）陶土。

5）尼龙纤维。

6）纤维素纤维。

7）硬脂酸。

8）抗氧剂。

要将生胶和各种配合助剂放在干燥处，有时在使用前甚至要进行干燥处理。GEN：A. Kasner, E. Meinecke, "Porosity in Rubber：A Review," Rubber Chemistry and Technology, July-August, 1996（69）：424；J. S. Dick, Chapter 7 and 8, Basic Rubber Testing, ASTM, 2003；RP：J. M. Long.

11. 避免原材料中有挥发份

要避免使用含有高挥发份的加工油、填充油和增塑剂。GEN：A. Kasner, E. Meinecke, "Porosity in Rubber：A Review," Rubber Chemistry and Technology, July-August, 1996（69）：424；J. S. Dick, Chapter 7 and 8, Basic Rubber Testing, ASTM, 2003.

12. 混炼胶料要除潮

对放置的混炼胶料，在后续加工之前要进行除潮处理。以下是一些建议：

1）对于浸板胶来说，要有足够的时间来除湿。

2）混炼胶要放置在干燥的地方。

3）混炼胶不要放置太长时间，如超过 2~3 天。

4）如果有必要，将胶料放在开炼机上重新返炼以除掉水分。

5）考虑加入氧化钙作为干燥剂，但同时也要考虑氧化钙会降低硫化胶的一些物理性能。

GEN：A. Kasner, E. Meinecke, "Porosity in Rubber：A Review," Rubber Chemistry and Technology, July-August, 1996（69）：424.

RT：2001 年由 Hanser 出版社出版的 John S. Dick 编写的著作：Rubber Technology, Compounding and Testing for Performance；GEN：来自各种期刊或会议的一般参考文献；RP：来自本书顾问-编审委员会成员的建议。

13. 加工过程

考虑以下方案以减少泡孔的出现：

1）为避免包入气体，降低压延胶片的厚度，然后将薄胶片多层堆积以达到要求厚度。

2）用辊模头直接制备厚胶片而不是用压延机将多层堆积起来。

3）模压成型时，要避免预成型的压力过高。

4）模压成型时，要避免模具过大（与硫化板相比）。

5）模压成型时，要避免硫化时间过长。

6）挤出或注射成型时，要避免胶料的黏度过低，这样容易包入空气。

7）挤出或注射成型时，要避免胶料过强的剪切变稀行为。

8）注射成型时，要避免注射量过小。

9）注射成型时，要避免在模具中的停留时间过短。

10）选用带真空排气管的挤出机。

11）挤出机中螺杆转速要慢。

12）对蒸汽高压硫化罐外部加压，可以降低胶料出现气泡的几率。

13）用热空气或者蒸汽硫化，可以提供一定的压力，使胶料在较低温度下硫化并且减少气泡产生。

14）高压罐硫化时，外部包鞘可以保持一定压力，减少气泡产生。

15）在常压下连续硫化时，要避免硫化温度过高。

16）在连续硫化时，可以考虑使用"加压的液体中介"。

17）连续硫化能使胶料形成"交联表层"，这种表层能够减少气泡的产生，并且硫化速度越快，形成的交联表层越好。GEN：A. Kasner, E. Meinecke,"Porosity in Rubber：A Review,"Rubber Chemistry and Technology, July- August, 1996（69）：424.

14. 控制好挤出温度

当使用带有真空排气孔的挤出机时，可以考虑采用更高温度以尽快排出挥发组分。然而，对没有真空排气孔的挤出机，应该在较低温度下操作，以保证胶料黏度较高，有效避免气泡的产生。GEN：A. Kasner, E. Meinecke,"Porosity in Rubber：A Review,"Rubber Chemistry and Technology, July- August, 1996（69）：424.

15. 滑石粉

据报道，胶料中使用滑石粉可以有效减少包住的气体。但是，如果滑石粉分散不好，反而会引起气泡的产生。GEN：O. Noel, Education Symposium on Fillers, "Talc：A Functional Mineral for Rubber," Presented at ACS Rubber

---

RT：2001 年由 Hanser 出版社出版的 John S. Dick 编写的著作：Rubber Technology, Compounding and Testing for Performance；GEN：来自各种期刊或会议的一般参考文献；RP：来自本书顾问-编审委员会成员的建议。

Division Meeting, Spring, 1995; RP: O. Noel.

16. 硫化菜籽油

Lue 研究发现，使用硫化菜籽油作为胶料配合组分，可以减少泡孔的产生。GEN: A. Kasner, E. Meinecke, "Porosity in Rubber: A Review," Rubber Chemistry and Technology, July-August, 1996 (69): 424.

17. 硫化机放气

制件在预成型时容易包进气体，因此打开硫化仪放气可以在一定程度上减少气泡的产生。做法是将硫化仪稍微打开放气，然后再合上。GEN: A. Kasner, E. Meinecke, "Porosity in Rubber: A Review," Rubber Chemistry and Technology, July-August, 1996 (69): 424.

18. 真空条件下模塑成型

模塑成型时，要应用抽真空装置，使被包住的气体能够被排出去。GEN: A. Kasner, E. Meinecke, "Porosity in Rubber: A Review," Rubber Chemistry and Technology, July-August, 1996 (69): 424.

19. 排气孔

对一些形状复杂的橡胶制件，在模塑成型时，一般要考虑在设备上设排气孔。GEN: J. Sommer, Elastomer Molding Technology, Elastech, Hudson, OH, 2003, p. 107.

20. 轮胎内衬层

为了防止内衬层在加工过程中出现气泡，需要尽量减少胶料压延或挤出工序与轮胎各部分组装成型硫化工序之间的等待时间。另外，内衬层在复合过程中，压延滚轴在胶片上压力分布要均匀，这样可以降低产生气泡的概率。GEN: B. Shama, B. Rodgers, D. Tracey, N. Tambe, D. Rouckhout (ExxonMobil), "Tire Halobutyl Rubber Innerliner," Paper No. 94 presented at the Fall Meeting of the Rubber Division, ACS, October 10-12, 2006, Cincinnati, OH.

5.2　混炼：减少填料或炭黑混入时间

在混炼过程中，炭黑混入时间对于决定整个混炼步骤的快慢起着很关键的作用。当然，填料混入时间快并不能总是确保填料分散得好。

以下实验方案可能会减少填料混入时间。对书中的相关文献来源、包括后面引用的文献，读者都应该自己研究和阅读。注意：这些通用的实验方案不一定适用于每一个具体情况。能够减少填料混入时间的任何一个变量都一定会影响其他性能，或好或坏，但本书不对其他性能的改变加以阐述。本书也不对安全和健康问题加以解释。

1. 炭黑

炭黑的比表面积低，混入时间短。炭黑结构度低，混入时间短，但是分散不好。炭黑填充量低，混入时间短。RT：第 12 章，Compounding with Carbon Black and Oil，S. Laube，S. Monthey，M-J. Wang，p. 308.

2. 油

在 SBR 和 BR 胶料中，选用芳烃油作为加工油，可以减少填料的混入时间。RT：第 12 章，Compounding with Carbon Black and Oil，S. Laube，S. Monthey，M-J. Wang，p. 312.

3. NBR

低温乳聚的 NBR 具有更多的线性结构，因此有利于炭黑的快速混入。RT：第 8 章，Specialty Elastomers，M. Gozdiff，p. 198.

4. 茂金属催化 EPDM

单活性中心限制几何构型茂金属催化剂技术使得高乙烯含量 EPDM 的规模化生产成为可能。利用这种技术可以调控乙烯含量，并且进一步影响熔融吸热的分布，进而减少炭黑的混入时间。GEN：D. Parikh，M. Hughes，M. Laughner，L. Meiske，R. Vara，"Next Generation of Ethylene Elastomers," Presented at ACS Rubber Division Meeting，Fall，2000.

5. TOR 作为助剂

反式聚辛烯橡胶（TOR）可以和 NR、BR、SBR、NBR、CR 以及 EPDM 等共混，可以减少一些填料的混入时间。GEN：A. Draxler，"A New Rubber：trans-polyoctenamer," Chemische Werke Huels AG，Postfach，Germany.

6. 脂肪胺加工助剂

脂肪胺加工助剂可以用来减少高填充量细粒径炭黑的混入时间，通过延

RT：2001 年由 Hanser 出版社出版的 John S. Dick 编写的著作：Rubber Technology，Compounding and Testing for Performance；GEN：来自各种期刊或会议的一般参考文献；RP：来自本书顾问-编审委员会成员的建议。

长混炼时间，可以提高炭黑的分散度。GEN：H. Takino, S. Iwama, Y. Yamada, S. Kohjiya, "Carbon Black Dispersion and Grip Property of High-performance Tire Tread Compound," Presented at ACS Rubber Division Meeting, Spring, 1996, Paper No. 2.

7. 醋酸乙烯酯蜡助剂

醋酸乙烯酯蜡助剂可以用来减少高填充量细粒径炭黑的混入时间，通过延长混炼时间，可以提高炭黑的分散度。GEN：H. Takino, S. Iwama, Y. Yamada, S. Kohjiya, "Carbon Black Dispersion and Grip Property of High-performance Tire Tread Compound," Presented at ACS Rubber Division Meeting, Spring, 1996, Paper No. 2.

8. 低相对分子质量橡胶

采用低相对分子质量橡胶，其往往具有较低的穆尼黏度，例如低黏度HNBR，可以减少填料的混炼时间。GEN：E. Campomizzi, L. Ferrari, R. Pazur (Lanxess), "Enhancing Compound Properties and Aging Resistance by Using Low Viscosity HNBR," Paper No. 69 presented at the Spring Meeting of the Rubber Division, ACS, May, 2005, San Antonio, TX.

RT：2001 年由 Hanser 出版社出版的 John S. Dick 编写的著作：Rubber Technology, Compounding and Testing for Performance；GEN：来自各种期刊或会议的一般参考文献；RP：来自本书顾问-编审委员会成员的建议。

5.3　混炼：缩短总混炼时间

胶料混炼周期短，混炼质量高，会给生产节约很大成本。

以下实验方案可能会降低总混炼时间。对书中的相关文献来源、包括后面引用的文献，读者都应该自己研究和阅读。注意：这些通用的实验方案不一定适用于每一个具体情况。能够降低总混炼时间的任何一个变量都一定会影响其他性能，或好或坏，但本书不对其他性能的改变加以阐述。本书也不对安全和健康问题加以解释。

1. 高相对分子质量聚合物

对 NR 和 IR，选用较高相对分子质量的，可以缩短混炼时间。S-SBR 与 E-SBR 相比具有更高的平均相对分子质量和更窄的相对分子质量分布，通常在密炼机中的混炼时间会更短。RT：第 7 章，General Purpose Elastomers and Blends，G. Day，p. 145，153.

2. EPDM

对 EPDM 胶料，要选用相对分子质量分布窄且长链支化少的品种。因为相对分子质量分布宽并且长链支化多的 EPDM 在油加入的情况下剪切变稀性增强，不利于炭黑的快速浸润，另外，剪切变稀会引起剪切力下降，导致混炼速度下降。GEN：K. Beardsley，R. Tomlinson，"Processing of EPDM Polymers as Related to Structure and Rheology，" Rubber Chemistry and Technology，September-October，1990（63）：540.

3. 茂金属催化 EPDM

茂金属催化 EPDM 技术的发展，使得独立控制相对分子质量分布和长链支化成为可能，这样也就可能制备出混炼时间较短的 EPDM 品种。GEN：D. Parikh，M. Hughes，M. Laughner，L. Meiske，R. Vara，"Next Generation of Ethylene Elastomers，" Presented at ACS Rubber Division Meeting，Fall，2000.

4. 星形支化聚合物

星形支化卤化丁基胶比普通卤化丁基胶的混炼时间短。RT：第 8 章，Specialty Elastomers，J. Jones，D. Tracey，A. Tisler，p. 181.

5. 粉末状橡胶

普通块状橡胶中加入粉末状橡胶，可以减少在密炼机中的混炼时间。RT：第 23 章，Rubber Mixing，W. Hacker，p. 516.

RT：2001 年由 Hanser 出版社出版的 John S. Dick 编写的著作：Rubber Technology, Compounding and Testing for Performance；GEN：来自各种期刊或会议的一般参考文献；RP：来自本书顾问-编审委员会成员的建议。

6. 加工助剂

在单一胶种或橡胶共混物胶料中，加入树脂类的均质剂，可以减少混炼时间。RT：第14章，Ester Plasticizers and Processing Additives，W. Whittington，p. 372.

7. 碳酸镁处理硫黄

对于NBR胶料来说，传统橡胶硫化用硫黄是很难在NBR胶料中均匀分散的，因此需要用碳酸镁将硫黄处理一下再加入到胶料中，这样在极性的NBR中比较容易分散均匀。RT：第16章，Cures for Specialty Elastomers，B. H. To，p. 398.

8. 经油或蜡处理的橡胶化学助剂

发泡剂碳酸氢钠在胶料中是很难分散均匀的，为了提高其在胶料中的分散性，可以考虑选用油或者蜡对碳酸氢钠进行包覆，这样可以改善其在胶料中的分散。通常情况下，有机发泡剂比无机发泡剂更容易在胶料中分散。RT：第21章，Chemical Blowing Agents，R. Annicelli，p. 478-479.

9. 密炼机一次混炼量

在密炼机中为了获得最短的混炼时间，需要知道密炼机的一次最佳混炼量。通常是通过这个混炼量之上或之下的都会需要更长的混炼时间来确定最佳混炼量。当然最佳混炼量会因胶种不同而有所不同。RT：第23章，Rubber Mixing，W. Hacker，p. 511.

10. 密炼机转子转速

提高密炼机转子转速通常情况下会降低混炼时间，当然，这种情况是需要密炼机具有高效的冷却系统的。GEN：W. Hess，"Characterization of Dispersions," Rubber Chemistry and Technology，July-August，1991 (64)：386.

11. 密炼机转子

采用专利技术六棱VCMT转子，可以缩短混炼周期。GEN：R. Jorkasky Ⅱ (Kobelco Stewart Bolling, Inc.)，"Effect of Rotor Type on Cycle Times of Various Rubber System," Paper No. 23 A presented at ITEC 2002，September，2002，Akron，OH.

12. 炭黑/油母胶

选用炭黑/油母胶（如SBR1606），而不是纯SBR（如SBR1500）与炭黑一起混炼，可以减少混炼时间。RT：第4章，Rubber Compound Economics，J. Long，p. 80；RT：第23章，Rubber Mixing，W. Hacker，p. 516.

13. 炭黑

选用炭黑时，要尽量避免颗粒很软的炭黑，因为其会产生很多细粉，需

RT：2001年由Hanser出版社出版的John S. Dick编写的著作：Rubber Technology, Compounding and Testing for Performance；GEN：来自各种期刊或会议的一般参考文献；RP：来自本书顾问-编审委员会成员的建议。

要更长的时间来浸润。低比表面积炭黑具有更好的分散性。

为了使炭黑以最快的速度分散好，最好选用大粒径和高结构度，因为粒径大则容易被浸润，结构度高则会使胶料黏度提高，增加剪切力，有利于分散。对应于最佳分散，有最佳炭黑填充量。RT：第 12 章，Compounding with Carbon Black and Oil, S. Laube, S. Monthey, M-J. Wang, p. 303, 308；GEN：W. Hess, "Characterization of Dispersions," Rubber Chemistry and Technology, July-August, 1991 (64)：386.

14. 滑石粉

滑石粉区别于其他填料的一个优势是"亲有机物"，因此在胶料中的混炼时间比其他白色填料要短。GEN：O. Noel, Education Symposium on Fillers, "Talc：A Functional Mineral for Rubber," Presented at ACS Rubber Division Meeting, Spring, 1995；RP：O. Noel.

有研究报道，在炭黑填充胶料中加入滑石粉，可以提高炭黑的分散性，使混炼时间缩短 20% 左右。GEN：O. Noel, G. Meli（Rio Tinto Minerals/Luzenac），"Synergism of Talc with Carbon Black," Paper No. 13 presented at the Fall Meeting of the Rubber Division, ACS, October 14-16, 2008, Louisville, KY.

15. 纳微米填料

据报道，一种商品名称为"Vaporlink"的纤维板条状晶体结构的纳微米填料可以替代普通填料，使混炼时间缩短。GEN："Specialty Fillers for Rubber Application," Paper No. 20 presented at the India Rubber Expo 2011, January 19, 2011, Chennai, India.

16. 油

对于 SBR 和 BR 胶料来说，胶料组分中加入芳烃油作为加工油，会使胶料的混炼时间变短。RT：第 12 章，Compounding with Carbon Black and Oil, S. Laube, S. Monthey, M-J. Wang, p. 312.

17. 加工助剂

适量添加加工助剂、塑炼剂或者分散剂，可以缩短混炼时间。GEN：C. Ryan（ChemSpec），"Definition of a Processing Additive," Presented at the Summer Meeting of the Southern Rubber Group, June 11-13, 2012, Myrtle Beach, SC.

RT：2001 年由 Hanser 出版社出版的 John S. Dick 编写的著作：Rubber Technology, Compounding and Testing for Performance；GEN：来自各种期刊或会议的一般参考文献；RP：来自本书顾问-编审委员会成员的建议。

5.4　混炼：减少或消除排胶时结团

排胶时有结团是胶料混炼的一种质量问题。

以下方案可能会解决这一问题。对书中的相关文献来源、包括后面引用的文献，读者都应该自己研究和阅读。注意：这些通用的实验方案不一定适用于每一个具体情况。能够减少排料时结团的任何一个变量都一定会影响其他性能，或好或坏，但本书不对其他性能的改变加以阐述。本书也不对安全和健康问题加以解释。

对卤化丁基胶排料时出现结团的问题，考虑选用星形支化卤化丁基胶来替代一般卤化丁基胶。RT：第 8 章，Specialty Elastomers，J. Jones，D. Tracey，A. Tisler，p. 181.

RT：2001 年由 Hanser 出版社出版的 John S. Dick 编写的著作：Rubber Technology, Compounding and Testing for Performance；GEN：来自各种期刊或会议的一般参考文献；RP：来自本书顾问-编审委员会成员的建议。

5.5 混炼：减少脱辊现象

胶料混炼时脱辊是一件很令人头疼的事情，对混炼过程不利。

以下实验方案可能会解决这一问题。对书中的相关文献来源、包括后面引用的文献，读者都应该自己研究和阅读。注意：这些通用的实验方案不一定适用于每一个具体情况。能够减少脱辊的任何一个变量都一定会影响其他性能，或好或坏，但本书不对其他性能的改变加以阐述。本书也不对安全和健康问题加以解释。

避免选用高顺式结构的聚丁二烯。乳液聚合的 SBR 与溶液聚合的 SBR 相比，脱辊现象发生得更少，因为 SSBR 的平均相对分子质量更高，相对分子质量分布更窄。RT：第 7 章，General Purpose Elastomers and Blends，G. Day，p. 145，153.

在热开炼机辊上加入一些牛奶，可以暂时地增加黏性，而防止胶料脱辊，因为这是一种暂时的方法，所以每混炼 3 ~ 4 次料就要再加入，有报道说，奶粉也可以用来防止脱辊。RP：L. L. Outzs.

RT：2001 年由 Hanser 出版社出版的 John S. Dick 编写的著作：Rubber Technology, Compounding and Testing for Performance；GEN：来自各种期刊或会议的一般参考文献；RP：来自本书顾问-编审委员会成员的建议。

5.6   混炼：减少后辊包胶现象

工厂中一个经常出现的麻烦就是胶料包到开炼机的后辊上。

以下方法可能会减少后辊包胶现象。对书中的相关文献来源、包括后面引用的文献，读者都应该自己研究和阅读。注意：这些通用的实验方案不一定适用于每一个具体情况。能够减少后辊包胶的任何一个变量都一定会影响其他性能，或好或坏，但本书不对其他性能的改变加以阐述。本书也不对安全和健康问题加以解释。

开炼机辊距往往影响胶料是包在前辊还是包在后辊。能使胶料发生转移的这个辊距叫作"前后辊转折点"。当然，辊温、速比和辊径都能影响包辊现象。GEN：N. Tokita，"Analysis of Band Formation in Mill Operation，"Rubber Chemistry and Technology，May-June，1979（52）：387.

RT：2001 年由 Hanser 出版社出版的 John S. Dick 编写的著作：Rubber Technology, Compounding and Testing for Performance；GEN：来自各种期刊或会议的一般参考文献；RP：来自本书顾问-编审委员会成员的建议。

5.7 挤出：降低口型膨胀（改善尺寸稳定性）

未硫化胶料的弹性大，在挤出时往往会引起口型膨胀和尺寸稳定性的问题。

以下实验方案可能会降低口型膨胀。对书中的相关文献来源、包括后面引用的文献，读者都应该自己研究和阅读。注意：这些通用的实验方案不一定适用于每一个具体情况。能够降低口型膨胀的任何一个变量都一定会影响其他性能，或好或坏，但本书不对其他性能的改变加以阐述。本书也不对安全和健康问题加以解释。

1. 填料

胶料中填充填料以后，会降低口型膨胀。RT：第 8 章，Specialty Elastomers，J. Jones, D. Tracey, A. Tisler, p. 182.

2. 炭黑

炭黑填充量高的胶料要比填充量低的胶料的挤出膨胀小。RT：第 12 章，Compounding with Carbon Black and Oil, S. Laube, S. Monthey, M-J. Wang, p. 308；GEN：R. Kannabrian, "Correlation Between End Correction and Extrudate Swell for Some Raw Elastomers and Black- Filled Rubber Compounds," Rubber Chemistry and Technology, November- December, 1984 (57)：1001.

高结构度炭黑填充胶料比低结构度炭黑填充胶料的挤出口型膨胀小，这是因为被炭黑聚集体包住的胶料已失去"弹性记忆"，结构度高的炭黑能包住更多这样的胶料，因此口型膨胀变小。口型膨胀小，能更好地控制壁厚或者尺寸稳定性。高比表面积炭黑填充胶料比低比表面积炭黑填充胶料的口型膨胀小。但是，炭黑粒径大小对口型膨胀的影响要比结构度的影响小。RT：第 12 章，Compounding with Carbon Black and Oil, S. Laube, S. Monthey, M-J. Wang, p. 308, 312；GEN：S. Monthey, "The Influence of Carbon Blacks on the Extrusion Operation for Hose Production," Rubber World, May, 2000, p. 38；RP：M-J. Wang.

在天然胶中，用 60 份（质量份）补强炭黑 N110 替代 60 份（质量份）半补强炭黑 N762，结果口型膨胀变大，但是用 40 份（质量份）N110 替代 40 份（质量份）N762 时，口型膨胀又变小，以上现象至今未能解释清楚。GEN：J. Leblanc, "Factors Affecting the Extrudate Swell and Melt Fracture Phenomena of Rubber Compounds," Rubber Chemistry and Technology, November- December, 1981 (54)：905.

RT：2001 年由 Hanser 出版社出版的 John S. Dick 编写的著作：Rubber Technology, Compounding and Testing for Performance；GEN：来自各种期刊或会议的一般参考文献；RP：来自本书顾问-编审委员会成员的建议。

3. 相对分子质量

低穆尼黏度的 NBR 具有更低的口型膨胀。GEN: "A Comparative Evaluation of Hycar Nitrile Polymers," Manual HM-1, Revised, B. F. Goodrich Chemical Co.

4. 天然胶种类

对于 NR/BR 共混胶料来说，NR 种类不同，胶料的口型膨胀也不同。5L 天然胶的口型膨胀小，5CV 天然胶口型膨胀也小，但是 5L 的更小。SMR10 和 SMR20 天然胶的口型膨胀大。GEN: J. Leblanc, "Factors Affecting the Extrudate Swell and Melt Fracture Phenomena of Rubber Compounds," Rubber Chemistry and Technology, November-December, 1981 (54): 905.

5. 异戊胶与天然胶

一般情况下，合成聚异戊二烯橡胶（即异戊胶）的口型膨胀要比天然胶的低。RT: 第6章，Elastomer Selection, R. School, p. 131.

6. BR/NR 共混物

在 BR/NR 共混物中，随着 BR 含量的降低，胶料的口型膨胀变小。GEN: J. Leblanc, "Factors Affecting the Extrudate Swell and Melt Fracture Phenomena of Rubber Compounds," Rubber Chemistry and Technology, November-December, 1981 (54): 905.

7. NBR

一般情况下，高丙烯腈含量的 NBR 具有更低的口型膨胀，但也有例外的情况。GEN: "A Comparative Evaluation of Hycar Nitrile Polymers," Manual HM-1, Revised, B. F. Goodrich Chemical Co.

8. CR

在氯丁胶料中，加入 Neoprene WB® 和 Neoprene T 都能降低胶料的口型膨胀。RP: L. L. Outzs.

9. 带凝胶的 NBR

凝胶含量高的 NBR 具有更好的尺寸稳定性。

用双官能团单体交联的凝胶型热聚 NBR，与 10~25 份（质量份）的其他聚合物，如 XNBR、SBR 或者冷聚 NBR 共混，可以获得尺寸更稳定的挤出物。RT: 第8章，Specialty Elastomers, M. Gozdiff, p. 197-198.

10. 长链支化

胶料中如果选用具有长链支化的橡胶原材料，可以影响挤出胀大。GEN: D. Reynolds（Bytewise），"Mistake-Proofing the Tire Manufacturing Process,"

RT: 2001 年由 Hanser 出版社出版的 John S. Dick 编写的著作：Rubber Technology, Compounding and Testing for Performance；GEN: 来自各种期刊或会议的一般参考文献；RP: 来自本书顾问-编审委员会成员的建议。

Presented at a Rubber Seminar in Qingdao, China, August 23, 2011.

11. TOR 作为一种助剂

据报道，少量的反式聚辛烯橡胶（TOR）与 NR、BR、SBR、CR 或者 EPDM 等共混，可以改善胶料在高温下的尺寸稳定性。GEN：A. Draxler, "A New Rubber: trans-polyoctenamer," Chemische Werke Huels AG, Postfach, Germany.

12. 油的影响

胶料中，保持炭黑的份数不变而增加油的份数，会增加口型膨胀，这是因为炭黑的实际填充量降低的缘故。GEN：W. Hess, "Characterization of Dispersions," Rubber Chemistry and Technology, July-August, 1991（64）: 386.

13. 硫化的植物油

在 NR 或者 SBR 中加入硫化的植物油（VVO），可以降低口型膨胀，赋予胶料更好的尺寸稳定性。GEN：S. Botros, F. El-Mohsen, E. Meinecke, "Effect of Brown Vulcanized Vegetable Oil on Ozone Resistance, Aging, and Flow Properties of Rubber Compounds," Rubber Chemistry and Technology, March-April, 1987, p. 159.

14. 混炼

通过延长混炼周期来提高炭黑的分散度，可以降低胶料的口型膨胀。

在混炼周期中的第二个能量高峰过后，进一步混炼，挤出胀大比随混炼时间延长而下降。Hess 研究认为，挤出胀大比的下降是因为橡胶的断裂或炭黑吸附了橡胶的缘故。RT：第 12 章, Compounding with Carbon Black and Oil, S. Laube, S. Monthey, M-J. Wang, p. 309; F. Myers, S. Newell, "Use of Power Integrator and Dynamic Stress Relaxometer to Shorten Mixing Cycles and Establish Scale-up Criteria for Internal Mixers," Rubber Chemistry and Technology, May-June, 1978（51）: 180; B. B. Boonstra, A. I. Medalia, "Effect of Carbon Black Dispersion on the Mechanical Properties of Rubber Vulcanizates," Rubber Chemistry and Technology, January-March, 1963（36）: 115; GEN：W. Hess, "Characterization of Dispersions," Rubber Chemistry and Technology, July-August, 1991（64）: 386; RP：J. Stevenson.

15. 增加操作时间

在胶料进入挤出机之前，提高塑炼时间或者开炼时间，经毛细管流变仪测定发现，胶料的口型膨胀变小。GEN：J. Leblanc, "Factors Affecting the Extrudate Swell and Melt Fracture Phenomena of Rubber Compounds," Rubber Chemistry and Technology, November-December, 1981（54）: 905; RP：J. Stevenson.

RT：2001 年由 Hanser 出版社出版的 John S. Dick 编写的著作：Rubber Technology, Compounding and Testing for Performance；GEN：来自各种期刊或会议的一般参考文献；RP：来自本书顾问-编审委员会成员的建议。

16. 使用高捏合螺杆

高捏合螺杆挤出机一般会使胶料的挤出物尺寸稳定性变好。GEN：J. F. Stevenson, J. S. Dick, Rubber Extrusion Technology Short Course, Section VI. B. 1, University of Wisconsin, Milwaukee, February 12-14, 2003.

17. 相混炼

对于炭黑填充的 NR/BR 共混胶料来说，其口型膨胀如何随剪切速率的增加而增加取决于混炼方法。如果将 NR 母胶和 BR 母胶共混混炼，那么口型膨胀随剪切速率的增加几乎呈线性增加。这可能是因为炭黑在 NR 和 BR 两相中的分布比较均匀。用这种方法混炼 NR/BR 共混物，可以通过控制螺杆转速来控制口型膨胀。GEN：J. Leblanc, "Factors Affecting the Extrudate Swell and Melt Fracture Phenomena of Rubber Compounds," Rubber Chemistry and Technology, November-December, 1981 (54)：905.

18. 挤出中的剪切速率

降低螺杆转速即降低剪切速率，可以降低口型膨胀。GEN：J. Leblanc, "Factors Affecting the Extrudate Swell and Melt Fracture Phenomena of Rubber Compounds," Rubber Chemistry and Technology, November-December, 1981 (54)：905；R. Kannabrian, "Application of Flow Behavior to Design of Rubber Extrusion Dies," Rubber Chemistry and Technology, March-April, 1986 (59)：142. ；RP：J. Stevenson.

19. 挤出温度

挤出温度对挤出胀大具有明显影响。GEN：D. Reynolds（Bytewise）, "Mistake-Proofing the Tire Manufacturing Process," Presented at a Rubber Seminar in Qingdao, China, August 23, 2011.

20. 口模工作带长度

增加口模工作带长度，可以降低口型膨胀。GEN：J. Leblanc, "Factors Affecting the Extrudate Swell and Melt Fracture Phenomena of Rubber Compounds," Rubber Chemistry and Technology, November-December, 1981 (54)：905；R. Kannabrian, "Application of Flow Behavior to Design of Rubber Extrusion Dies," Rubber Chemistry and Technology, March-April, 1986 (59)：142. ；RP：J. Stevenson.

21. 泡孔

挤出胶料时，如果胶料中有气泡产生，往往会增加口型膨胀。对于如何避免产生气泡，请参考5.1节内容。GEN：A. Kasner, E. Meinecke, "Porosity in Rubber：A Review," Rubber Chemistry and Technology, July-August, 1996 (69)：424.

RT：2001 年由 Hanser 出版社出版的 John S. Dick 编写的著作：Rubber Technology, Compounding and Testing for Performance；GEN：来自各种期刊或会议的一般参考文献；RP：来自本书顾问-编审委员会成员的建议。

5.8　挤出：改善挤出物表面光洁性

很多橡胶挤出制品的表面光洁性对其在市场上是否能够畅销起着很关键的作用。

以下实验方法可能会改善挤出产品的表面光洁性。对书中的相关文献来源、包括后面引用的文献，读者都应该自己研究和阅读。注意：这些通用的实验方案不一定适用于每一个具体情况。能够改善挤出物表面光洁性的任何一个变量都一定会影响其他性能，或好或坏，但本书不对其他性能的改变加以阐述。本书也不对安全和健康问题加以解释。

1. 相对分子质量

避免使用相对分子质量很高的 SBR。如果必须使用 SBR，那么就选择充油 SBR。RT：第 7 章，General Purpose Elastomers and Blends，G. Day，p. 145，153.

2. Ziegler-Natta 催化 EPDM

通过 Ziegler-Natta 催化技术制备的 EPDM，其乙烯序列结构会在高温下结晶，因而挤出物表面光洁。这种催化而产生的特殊的乙烯序列结构能够在高于75℃时有多级结晶结构的转变。GEN：S. Brignac, H. Young, "EPDM with Better Low-temperature Performance," Rubber & Plastics News, August 11, 1997, p. 14.

3. 气相法 EPDM

高乙烯含量的超低穆尼黏度气相法 EPDM，在填料填充量较高的情况下，可以使挤出物表面光洁。GEN：A. Paeglis, "Very Low Mooney Granular Gas-phase EPDM," Presented at ACS Rubber Division Meeting, Fall, 2000, Paper No. 12.

4. IR 与 NR

IR 胶料挤出物的表面要比 NR 相似胶料挤出物表面更光洁。RT：第 6 章，Elastomer Selection, R. School, p. 131.

5. 避免选用 BR

避免选用高顺式结构的 BR，因为其挤出物表面粗糙。RT：第 7 章，General Purpose Elastomers and Blends, G. Day, p. 145.

6. CR

氯丁胶料中加入 10～20 份（质量份）的 Neoprene WB® 可以使胶料挤出物表面光洁，并且口型膨胀减小。RP：L. L. Outzs.

RT：2001 年由 Hanser 出版社出版的 John S. Dick 编写的著作：Rubber Technology, Compounding and Testing for Performance；GEN：来自各种期刊或会议的一般参考文献；RP：来自本书顾问-编审委员会成员的建议。

7. T 型氯丁胶

在氯丁胶中，T 型比其他类型具有更光洁的挤出物表面。RT：第 8 章，Specialty Elastomers, L. L. Outzs, p. 211.

8. CR/SBR 共混物

在 CR 中加入少量的 SBR，可以改善胶料的加工性。GEN：F. Eirich, Science and Technology of Rubber, Chapter 9, "The Rubber Compound and Its Composition," M. Studebaker, J. Beatty, Academic Press, 1978：367.

9. FKM

要想改善氟橡胶的挤出表面，考虑选用 3M 公司生产的商品名称为"RA5300"的性能助剂，这种助剂含有硅氧烷弹性体以及滑石粉。GEN：J. Denham（3M），"Optimizing Performance and Improving Productivity," Presented at the Spring Meeting of the Energy Rubber Group, May 18, 2011, Arlington, TX.

10. 炭黑

胶料中存在一个炭黑的最佳填充量，可以使挤出物具有最佳的表面。高结构度炭黑填充的胶料比低结构度炭黑填充的胶料具有更光洁的表面。低比表面积炭黑填充的胶料具有更光洁的表面。RT：第 12 章，Compounding with Carbon Black and Oil, S. Laube, S. Monthey, M-J. Wang, p. 308, 321；GEN：S. Monthey, "The Influence of Carbon Blacks on the Extrusion Operation for Hose Production," Rubber World, May, 2000, p. 38.

11. 超干净炭黑

据报道，超干净炭黑中不含有各种大颗粒杂质，如焦炭、难炼物或者金属杂质等。RT：第 12 章，Compounding with Carbon Black and Oil, S. Laube, S. Monthey, M-J. Wang, p. 308, 321；GEN：S. Monthey, "The Influence of Carbon Blacks on the Extrusion Operation for Hose Production," Rubber World, May, 2000, p. 38.

12. 碳酸钙

胶料中加入碳酸钙，可以改善挤出物的表面光洁性。RT：第 13 章，Precipitated Silica and Non-black Fillers, W. Waddell, L. Evans, p. 326.

13. 滑石粉

如果制品表面光洁性要求较高，可以考虑加入滑石粉来改善。RT：第 13 章，Precipitated Silica and Non-black Fillers, W. Waddell, L. Evans, p. 328.

14. 涂布黏土

胶料中加入涂布黏土，可以使挤出胶料表面光滑。涂布黏土是将具有多

RT：2001 年由 Hanser 出版社出版的 John S. Dick 编写的著作：Rubber Technology, Compounding and Testing for Performance；GEN：来自各种期刊或会议的一般参考文献；RP：来自本书顾问-编审委员会成员的建议。

层堆积结构的普通高岭土，通过机械力的作用，将其分离成具有更高纵横比的片层结构黏土。GEN：D. Askea（Polymer Valley Chemicals），Paper presented at the Fall Meeting of the Energy Rubber Group, September 15, 2011, Galveston, TX.

15. 液体 NBR 作为助剂

在 NBR 胶料中，可以考虑加入液体 NBR（如 Hycar1312）作为一种不可萃取的增塑剂，来提高挤出物的表面光洁性。GEN："A Comparative Evaluation of Hycar Nitrile Polymers," Manual HM-1, Revised, B. F. Goodrich Chemical Co.

16. 加工助剂

在胶料中考虑加入加工助剂（如脂肪酸锌或钾皂）来提高挤出物表面光洁性。RT：第 14 章，Ester Plasticizers and Processing Additives, W. Whittington, p. 375-376.

17. 硫化的植物油

在 NR 或者是 SBR 胶料中加入硫化的植物油（VVO），可以提高胶料的表面光洁度。GEN：S. Botros, F. El-Mohsen, E. Meinecke, "Effect of Brown Vulcanized Vegetable Oil on Ozone Resistance, Aging, and Flow Properties of Rubber Compounds," Rubber Chemistry and Technology, March-April, 1987, p. 159；GEN：J. Sommer, Elastomer Molding Technology, Elastech, Hudson, OH, 2003, p. 107.

18. 贮存时间与结合胶含量

要避免将混炼胶放置太长时间，因为时间一长，结合胶含量增加，屈服应力增加，会引起熔体破裂（当熔融强度低于屈服强度）和表面问题。S. Schaal, A. Coran, "The Rheology and Processability of Tire Compounds," Rubber Chemsitry and Technology, May-June, 2000（73）：225.

19. 齿轮泵挤出机

为了改善挤出物的表面光洁性，考虑选用齿轮泵挤出机，使胶料在最后被挤出之前处于被拉紧状态。GEN：J. F. Stevenson, J. S. Dick, Rubber Extrusion Technology Short Course, Section II, A. 4, University of Wisconsin, Milwaukee, February 12-14, 2003；RP：J. Stevenson.

20. 加热模头

通过将模头加热，降低胶料黏度，使胶料快速通过口模，可以避免挤出物出现撕裂边。GEN：J. F. Stevenson, "Die Design for Rubber Extrusion," Rubber World, May, 2003（228）：23；GEN：J. F. Stevenson, J. S. Dick,

---

RT：2001 年由 Hanser 出版社出版的 John S. Dick 编写的著作：Rubber Technology, Compounding and Testing for Performance；GEN：来自各种期刊或会议的一般参考文献；RP：来自本书顾问-编审委员会成员的建议。

Rubber Extrusion Technology Short Course, Section VI, C. 7, University of Wisconsin, Milwaukee, February 12-14, 2003.

21. 选用高捏合螺杆

要改善挤出物表面以及尺寸稳定性, 可以选用高捏合螺杆挤出机。GEN: J. F. Stevenson, J. S. Dick, Rubber Extrusion Technology Short Course, Section VI. B. 1, University of Wisconsin, Milwaukee, February 12- 14, 2003; RP: J. Stevenson.

22. 避免挤出机欠料

如果挤出机处于"欠料"状态 (没有填满螺杆), 那么挤出物表面会很粗糙, 为了避免挤出机欠料, 需做以下几点:

1) 确保喂料计量速度与螺杆挤出能力相匹配。

2) 确保喂料口不是太小。

3) 确保喂料螺杆能够提供足够的料以满足计量要求 (避免两段螺杆中的料出现不平衡)。

GEN: J. F. Stevenson, J. S. Dick, Rubber Extrusion Technology Short Course, Section VI. B. 2, University of Wisconsin, Milwaukee, February 12- 14, 2003.

23. 挤出速率与熔体破裂

要想使挤出物表面光洁, 应该保证在临界剪切应力以下挤出, 否则会出现挤出瑕疵和表面问题。填料种类和填充量会影响临界剪切应力。提高挤出温度会降低胶料黏度, 进而提高临界剪切速率, 避免了挤出物表面问题 (前提是无焦烧问题出现)。GEN: J. F. Stevenson, J. S. Dick, Rubber Extrusion Technology Short Course, Section VI. B. 1, University of Wisconsin, Milwaukee, February 12- 14, 2003; G. Colbert, "Time Uniformity of Extrusion Melt Temperature," Rubber World, July, 1990 (202): 27; RP: J. Stevenson.

24. 增长挤出机筒

增长挤出机机筒, 可以使挤出物表面光洁性提高, 这是因为机筒长, 热量在机筒中停留的时间就长。GEN: G. Colbert, "Time Uniformity of Extrusion Melt Temperature," Rubber World, July, 1990 (202): 27; RP: J. Stevenson.

RT: 2001 年由 Hanser 出版社出版的 John S. Dick 编写的著作: Rubber Technology, Compounding and Testing for Performance; GEN: 来自各种期刊或会议的一般参考文献; RP: 来自本书顾问-编审委员会成员的建议。

5.9　挤出：提高挤出速率并保持高质量挤出物

提高挤出速率并保持高质量挤出物会显著提高挤出产品的生产效率。

以下实验方案可能会提高挤出速率并保持高质量挤出物。对书中的相关文献来源、包括后面引用的文献，读者都应该自己研究和阅读。注意：这些通用的实验方案不一定适用于每一个具体情况。能够提高挤出速率并保持高质量挤出物的任何一个变量都一定会影响其他性能，或好或坏，但本书不对其他性能的改变加以阐述。本书也不对安全和健康问题加以解释。

1. 相对分子质量

避免使用相对分子质量很高的 SBR。如果必须使用 SBR，那么就选择充油 SBR。RT：第 7 章，General Purpose Elastomers and Blends，G. Day，p. 153.

2. IR 和 NR

IR 胶料的挤出速率在通常情况下高于 NR 胶料。RT：第 6 章，Elastomer Selection，R. School，p. 131.

3. 恒黏天然胶

恒黏（CV）天然胶替代泰国标准胶，可以提高胶料挤出速率。恒黏天然胶是将中性硫酸羟胺加入天然胶乳中之后再凝结，这样可以防止天然胶在跨越海洋的长途运输过程中黏度增加过多。

GEN：B. Rodgers，D. Tracey，W. Waddell（ExxonMobil Chemical Co.），"Production，Classification，and Properties of Natural Rubber," Paper No. 37 Presented at the Spring Meeting of the Rubber Division，ACS，May 16-18，2005，San Antonio，TX.

4. 液体 IR 作为助剂

液体聚异戊二烯橡胶可以作为一种加工助剂，硫化时可以与胶料一起被交联而不再析出。RT：第 7 章，General Purpose Elastomers and Blends，G. Day，p. 143.

5. 液体 EPDM 作为助剂

在 EPDM 胶料中加入液体 EPDM，可以提高挤出速率，而硬度损失很少。GEN：W. Sigworth，"Liquid EP（D）M Polymers in Mechanical Goods Applications," Presented at ACS Rubber Div. Meeting，Fall，2000，Paper No. 9.

6. TOR 作为一种助剂

少量反式聚辛烯橡胶 TOR 与 NR、BR、SBR、NBR、CR 和 EPDM 等共混，

RT：2001 年由 Hanser 出版社出版的 John S. Dick 编写的著作：Rubber Technology，Compounding and Testing for Performance；GEN：来自各种期刊或会议的一般参考文献；RP：来自本书顾问-编审委员会成员的建议。

可以提高挤出速率。GEN：A. Draxler，"A New Rubber：trans-Polyoctenamer，" Chemische Werke Huels AG. Postfach，Germany.

7. EPDM

结晶度高的 EPDM 的挤出速率高。GEN：S. Brignac，H. Young，"EPDM with Better Low-temperature Performance，" Rubber & Plastics News，August 11，1997，p. 14.

8. 茂金属催化 EPDM

茂金属催化 EPDM 技术的发展，使得独立控制相对分子质量分布和长链支化成为可能，这样也就可能制备出剪切变稀性更强和挤出速率更快的 EPDM 品种了。GEN：D. Parikh，M. Hughes，M. Laughner，L. Meiske，R. Vara，"Next Generation of Ethylene Elastomers，" Presented at ACS Rubber Division Meeting，Fall，2000.

9. HNBR

早期的 HNBR 胶的穆尼黏度通常都较高，最新生产的 HNBR 的穆尼黏度有些是较低的，这样它们的挤出速度较快。GEN：F. Guerin，S. Guo（Lanxess），"Improving the Processibility of HNBR，" Paper No. 62 presented at the Fall Meeting of the Rubber Division，ACS，October 5-8，2004，Columbus，OH；E. Campomizzi，L. Ferrari，R. Pazur（Lanxess），"Enhancing Compound Properties and Aging Resistance by Using Lowing Viscosity HNBR，" Paper No. 69 presented at the Spring Meeting of the Rubber Division，ACS，May 16-18，2005，San Antonio，TX.

10. 再生胶

用再生胶替代部分原生胶，可以提高挤出速度。GEN：H. Gandhi，A. Barvey（Gujarat Reclaim and Rubber Products Ltd.），Paper No. 10 presented at the Fall Meeting of the Rubber Division，ACS，October 10-12，2006，Cincinnati，OH.

11. 嵌段聚合物

在无规 SBR 中，如果存在少量的嵌段苯乙烯，就可以提高胶料的挤出速率。RT：第 7 章，General Purpose Elastomers and Blends，G. Day，p. 148.

12. T 型氯丁胶

T 型氯丁胶比其他类型氯丁胶有更快的挤出速率。RT：第 8 章，Specialty Elastomers，L. L. Outzs，p. 211.

13. 氯化聚乙烯 CM

对氯含量较低的氯化聚乙烯胶料，可以配合大量的增塑剂，因而可以提

RT：2001 年由 Hanser 出版社出版的 John S. Dick 编写的著作：Rubber Technology，Compounding and Testing for Performance；GEN：来自各种期刊或会议的一般参考文献；RP：来自本书顾问-编审委员会成员的建议。

高胶料的挤出速率。RT：第 8 章，Specialty Elastomers，L Weaver，p. 213.

14. 炭黑

低比表面积炭黑填充的胶料的挤出速率高。RT：第 12 章，Compounding with Carbon Black and Oil，S. Laube，S. Monthey，M-J. Wang，p. 321.

15. 白炭黑

有机硅烷与白炭黑并用，而不是和 N330 并用，可以提高胶料的挤出速率。GEN：J. Fusco，J. Hoover，"Using a Dispersion Aid to Facilitate Application of Silica at High Loadings，" ITEC'98 Select，p. 78.

16. 滑石粉

在胶料中添加一些特种滑石粉，可以有效地提高胶料的挤出速率并保持高质量挤出物。GEN：O. Noel，Education Symposium on Fillers，"Talc：A Functional Mineral for Rubber，" Presented at ACS Rubber Division Meeting，Spring，1995；RP：O. Noel.

17. 挤出产量，黏性生热和热量传递

挤出产量和螺杆转速是呈正比关系的，然而，黏性生热等于螺杆转速的平方，因此黏性生热是一个限制性因素，取决于挤出机中的热量传递速率，当然这与挤出机的设计是密切相关的。如果胶料能够被很快冷却下来，就可以实现较高的挤出产量而又不会面临过多的生热。GEN：P. Johnson，"Developments in Extrusion Science and Technology，" Rubber Chemistry and Technology，July-August，1983，p. 575.

18. 齿轮泵

在挤出头上安装一个齿轮泵，比在计量段或者是压缩段安装要好。齿轮泵会使挤出机具有很好的加热与捏合功能，使其产量高，并且较低的温度下也有很好的均匀性。GEN：D. Eckenberg and G. Folie，"Continuous Production of Rubber Profiles-State of Extrusion Line Technology，" Paper No. 43，ACS Rubber Div.，October 17-19，1995；R. Uphus，"Extruder/Gear Pump Combinations for processing，" Rubber World，July，2001（224）：23；GEN：J. F. Stevenson，J. S. Dick，Rubber Extrusion Technology Short Course，Section II，C. 3，University of Wisconsin，Milwaukee，February 12-14，2003；RP：J. Stevenson.

19. 销钉机筒挤出机

销钉机筒挤出机的产量比相同大小的传统挤出机的产量要低，但在必要的情况下，通过改进也可以提高销钉机筒挤出机的产量和挤出物质量，并且通过拔出销钉可以调整挤出机温度和速率。GEN：K. C. Shin，J. L. White，

RT：2001 年由 Hanser 出版社出版的 John S. Dick 编写的著作：Rubber Technology，Compounding and Testing for Performance；GEN：来自各种期刊或会议的一般参考文献；RP：来自本书顾问-编审委员会成员的建议。

"Basic Studies of Extrusion of Rubber Compounds in a Pin Barrel Extruder," Rubber Chemistry and Technology, March- April, 1993 （66）: 121; RP: J. Stevenson.

20. 环状挤出机

为了提高生产率和降低生产成本，可以考虑采用连续混炼装置，如环状挤出机。GEN: Gerard Nijman (Vredestein Banden BV), "Continuous Mixing: A Challenging Opportunity?," Paper No. 72 presented at the Fall Meeting of the Rubber Division, ACS, October 8-11, 2002, Pittsburgh, PA.

21. 多段剪切传递混合挤出机

多段剪切传递混合挤出机使挤出物具有较高的产量和质量。GEN: F. W. Fisher, M. W. Hohl, "MCTD Extruders: from Theory to Practice," Rubber World, July, 2000 （222）: 25; RP: J. Stevenson.

22. 预热与捏合喂料

将胶料捏合预热，加入到冷喂料挤出机中，可以提高挤出产量和质量。GEN: J. F. Stevenson, J. S. Dick, Rubber Extrusion Technology Short Course, Section V, B. I, University of Wisconsin, Milwaukee, February 12-14, 2003; RP: J. Stevenson.

23. 螺杆温度

用销钉机筒挤出机挤出天然胶料，提高螺杆温度可以提高挤出产量，胶料温度上升很少。恰恰相反的是，机筒温度对胶料的温度影响很大，而对挤出产量的影响很小。因此，同时升高螺杆温度和降低机筒温度，就可以实现产量提高而胶料温度上升小。GEN: J. F. Stevenson, J. S. Dick, Rubber Extrusion Technology Short Course, Section VI, A. I, University of Wisconsin, Milwaukee, February 12-14, 2003; RP: J. Stevenson.

24. 挤出机温度和喂料温度

经验获知，尽量减小挤出机与喂料的温度差，可以实现挤出高产量与高质量。GEN: G. Colbert, "Time Uniformity of Extrudate Melt Temperature," Rubber World, July, 1990 （202）: 27; RP: J. Stevenson.

25. 临界剪切应力

要实现高产量与高质量挤出物，必须保证不超过临界剪切应力。一旦高于这个值，那么挤出物的质量就会下降。GEN: J. Leblanc, "Factors Affecting the Extrudate Swell and Melt Fracture Phenomena of Rubber Compounds," Rubber Chemistry and Technology, November- December, 1981 （54）: 905; RP:

Stevenson.

26. 天然胶的临界剪切应力

挤出天然胶料时，如果超过临界剪切应力，挤出物质量就会很差，这是因为在挤出机中天然胶发生了应变诱导结晶。可以通过额外捏合或预热胶料来提高临界剪切应力，便能提高挤出物质量。GEN：V. L. Folt, R. W. Smith, C. E. Wilkes, "Crystallization of cis- Polyisoprenes, in a Capillary Rheometer," Rubber Chemistry and Technology, March, 1971（44）：1；J. F. Stevenson, J. S. Dick, Rubber Extrusion Technology Short Course, Section Ⅵ. B1,（Data of E. L. Ong）, University of Wisconsin, Milwaukee, February 12-14, 2003；RP：J. Stevenson.

27. 挤出级别 EPDM

研究发现，要想使 EPDM 挤出物的表面质量较好，需要选用低穆尼黏度级别的 EPDM。GEN：N. P. Cheremisinoff, C. Shulman, Automotive Polymers and Design, June, 1989, p. 82；RP：J. Stevenson.

28. 超声辅助挤出

通常，碳纳米管填充天然胶料很难挤出，不过，在实验室中，通过采用超声辅助挤出，可以显著降低挤出难度。GEN：J. Choi, A. Isayev（University of Akron）, "Natural Rubber/Carbon Nanotube Nanocomposites Prepared by Ultrasonically Aided Extrusion," Paper No. 77 presented at the Fall Meeting of the Rubber Division, ACS, October 12-14, 2011, Cleveland, OH.

5.10   压延：消除气泡

在工厂里，压延过程中往往会产生气泡，这是一种会导致成本增加的主要质量问题。

以下实验方案可能会帮助消除气泡。对书中的相关文献来源、包括后面引用的文献，读者都应该自己研究和阅读。注意：这些通用的实验方案不一定适用于每一个具体情况。能够消除气泡的任何一个变量都一定会影响其他性能，或好或坏，但本书不对其他性能的改变加以阐述。本书也不对安全和健康问题加以解释。

1. 黏度

提高胶料黏度，可以减少气泡。GEN：B. Shama, B. Rodgers, D. Tracey, N. Tambe, D. Rouckhout（ExxonMobil），"Tire Halobutyl Rubber Innerliner," Paper No. 94 presented at the Fall Meeting of the Rubber Division, ACS, October 10-12, 2006, Cincinnati, OH.

2. 星形支化聚合物

选用星形支化卤化丁基胶代替普通的卤化丁基胶，可以提高压延胶料的格林强度，防止其包住空气，进而减少气泡的产生。RT：第8章，Specialty Elastomers, J. Jones, D. Tracey, A. Tisler, p.182.

3. AEM

对于乙烯基丙烯酸酯橡胶 AEM 来说，选用三元共聚物级别的而不是二元共混物的 AEM，以过氧化物作为硫化剂，可以产生更少的气泡。RT：第8章，Specialty Elastomers, T. Dobel, p.224.

4. 避免丁基胶

丁基胶因其极好的气密性很容易产生气泡，所以尽量避免选用丁基胶。GEN：M. Chase, "Roll Coverings Past, Present and Future," Presented at Rubber Roller Group Meeting New Orleans, May 15-17, 1996, p.8.

5. 开炼

开炼时，要尽量保持较少的堆积胶；调整辊距，降低胶片厚度。GEN："Polysar Halobutyl Innerliner Problem Solving Guide," Processing Problem No. 6.

6. 湿度影响

确保胶料中各配合组分都不含挥发组分和水分。混炼好的胶料要尽量避免暴露在含水的环境中。GEN："Polysar Halobutyl Innerliner Problem Solving

---

RT：2001 年由 Hanser 出版社出版的 John S. Dick 编写的著作：Rubber Technology, Compounding and Testing for Performance；GEN：来自各种期刊或会议的一般参考文献；RP：来自本书顾问-编审委员会成员的建议。

Guide," Processing Problem No. 6.

7. 轮胎内衬层

　　为了防止内衬层在加工过程中出现气泡，需要尽量减少胶料压延或挤出工序与轮胎各部分组装成型硫化工序之间的等待时间。另外，内衬层在复合过程中，压延滚轴在胶片上压力分布要均匀，这样可以降低产生气泡的概率。GEN：B. Shama，B. Rodgers，D. Tracey，N. Tambe，D. Rouckhout（ExxonMobil），"Tire Halobutyl Rubber Innerliner，" Paper No. 94 presented at the Fall Meeting of the Rubber Innerliner，" Paper No. 94 presented at the Fall Meeting of the Rubber Division，ACS，October 10‑12，2006，Cincinnati，OH。

RT：2001 年由 Hanser 出版社出版的 John S. Dick 编写的著作：Rubber Technology，Compounding and Testing for Performance；GEN：来自各种期刊或会议的一般参考文献；RP：来自本书顾问‑编审委员会成员的建议。

5.11   压延：改善压延胶料脱辊性

从压延机出来的胶料如果脱辊不好，会导致最终制品存在质量问题。

以下实验方案可能会改善压延胶料脱辊性。对书中的相关文献来源、包括后面引用的文献，读者都应该自己研究和阅读。注意：这些通用的实验方案不一定适用于每一个具体情况。能够改善压延胶料脱辊的任何一个变量都一定会影响其他性能，或好或坏，但本书不对其他性能的改变加以阐述。本书也不对安全和健康问题加以解释。

1. 星形聚合物

用星形支化卤化丁基胶替代一般卤化丁基胶，会使压延出的胶料实现快速应力松弛，进而容易脱辊。RT：第 8 章，Specialty Elastomers, J. Jones, D. Tracey, A. Tisler, p. 182.

2. CR

在氯丁胶中加入 5～10 份（质量份）高顺式结构的聚丁二烯，可以使压延胶料容易脱辊。在胶料中加入 2～3 份（质量份）的聚乙烯蜡，也可以改善压延胶料的脱辊性。RP：L. L. Outzs.

RT：2001 年由 Hanser 出版社出版的 John S. Dick 编写的著作：Rubber Technology, Compounding and Testing for Performance；GEN：来自各种期刊或会议的一般参考文献；RP：来自本书顾问-编审委员会成员的建议。

5.12 生胶与混炼胶贮存：提高有效保存期限

如果生胶在工厂不利环境中贮存时间太长，会使混炼胶料的一些性能变差。有时甚至混炼胶料也会贮存很长时间，过长的保存时间会使混炼胶料加工性能变差，甚至最终硫化胶料的性能也变差。

以下实验方案可能会防止产生混炼胶料的一些质量问题。对书中的相关文献来源、包括后面引用的文献，读者都应该自己研究和阅读。注意：这些通用的实验方案不一定适用于每一个具体情况。能够提高胶料有效贮存期限的任何一个变量都一定会影响其他性能，或好或坏，但本书不对其他性能的改变加以阐述。本书也不对安全和健康问题加以解释。

当选用预称量粉状混合型硫化体系时，要避免把硫化体系混入，这是因为硫化体系中的各组分之间有可能发生反应，如 DPG 和次磺酰胺类促进剂发生反应，这样就会使混炼胶料的贮存时间变短。GEN：J. Sommer，"Stabilized Curative Blends for Rubber," Rubber Chemistry and Technology，March- April，1988（61）：149.

RT：2001 年由 Hanser 出版社出版的 John S. Dick 编写的著作：Rubber Technology, Compounding and Testing for Performance；GEN：来自各种期刊或会议的一般参考文献；RP：来自本书顾问- 编审委员会成员的建议。

5.13   混炼胶贮存：减少喷霜

喷霜是指胶料混炼冷却后，一种或多种配合组分渗到胶料表面的现象。这种组分的析出往往是因为其化学不溶或者不相容造成的。喷霜可以发生在放置一段时间的混炼胶和硫化胶中。未硫化胶喷霜会降低胶料的自黏性，引起粘合问题。喷霜也可以发生在橡胶制品表面上。

以下实验方案可能会减少喷霜。对书中的相关文献来源、包括后面引用的文献，读者都应该自己研究和阅读。注意：这些通用的实验方案不一定适用于每一个具体情况。能够减少胶料喷霜的任何一个变量都一定会影响其他性能，或好或坏，但本书不对其他性能的改变加以阐述。本书也不对安全和健康问题加以解释。

1. 油

减少胶料中加工油的含量，可减少喷霜的发生。

选用的油最好与基体胶料有很好的相容性，一般黏度比重常数（VGC）大的油往往与 SBR 和 BR 有更好的相容性，而黏度比重常数小和低芳烃含量的油往往与 EPDM 和丁基胶有更好的相容性。RT：第 12 章，Compounding with Carbon Black and Oil, S. Laube, S. Monthey, M- J. Wang, p. 311；GEN：J. Dick，"Oils, Plasticizers and Other Rubber Chemicals," Basic Rubber Testing, ASTM, 2003, p. 124.

2. 增塑剂

胶料中要避免使用过多的合成增塑剂，因为这类增塑剂极性大，容易在硫化胶中喷霜。

在极性弹性体中选用含有低碳线性醇段的合成酯类增塑剂，可以有效防止喷霜的发生。RT：第 14 章，Ester Plasticizers and Processing Additives, W. Whittington, p. 356, 363.

3. 促进剂

EPDM 胶料中使用的一些硫化促进剂，由于其含量高，在橡胶中达到了饱和状态，因此容易发生喷霜现象。为了减少硫化 EPDM 胶料的喷霜，可以考察采用"三个 8"硫化体系（质量份），即硫黄 2.0 份，MBT 1.5 份，TeDE 0.8 份，DPTT 0.8 份，TMTD 0.8 份。EPDM 胶料不喷霜的另一个配方称作"通用型"（质量份），即硫黄 2.0 份，MBTS 1.5 份，ZBDC 2.5 份，TMTD 0.8 份。RT：第 16 章，Cures for Specialty Elastomers, B. H. To, p. 395；GEN：Compounds Pocket Book, Flexsys, 2002, p. 122-123.

RT：2001 年由 Hanser 出版社出版的 John S. Dick 编写的著作：Rubber Technology, Compounding and Testing for Performance；GEN：来自各种期刊或会议的一般参考文献；RP：来自本书顾问-编审委员会成员的建议。

4. 不溶性硫黄

用不溶性硫黄替代斜方结晶硫黄，可以防止硫黄喷霜。GEN：S. Tobing, "Co-vulcanization in NR/EPDM Blends", Rubber World, February, 1988, p. 33.

在用作硫化剂前，要采取措施确保不溶性硫黄没有恢复到斜方结晶硫黄。例如，不要在高于40℃的环境下储存不溶性硫黄，或者要避免与碱性原料靠在一起储存。另外，要避免连续高温混炼，尤其是配方中含有碱性组分时。当不溶性硫黄用在预混硫化体系时，要确保一起使用的次磺酰胺类促进剂没有过期。最好有货物清单，采用先进先出规则，缩短不溶性硫黄在仓库中的储存时间。GEN：B. To (Flexsys), "Insoluble Sulfur Compounding Technology," Presented at the ITEC Meeting, September, 2002, Akron, OH.

5. 过氧化物

Arkema公司生产的Luperox TBEC（叔丁基过氧化碳酸-2-乙基己酯），在硫化时不会产生能引起喷霜的副产物。避免使用DCP或者BBPIB，因为它们会分解出如双异丙醇苯、1-乙酰基-4-（双异丙醇）苯或者乙酰苯等容易喷霜的副产物。RT：第17章，Peroxide Cure Systems, L. Palys, p. 422-427.

6. 过氧化物助交联剂

低相对分子质量（液体）高乙烯基1，2聚丁二烯树脂（Ricon®）作为过氧化物硫化EPDM胶的助交联剂，与其他助交联剂相比，能减少喷霜的发生。GEN：R. Drake, "Using Liquid Polybutadiene Resin to Modify Elastomeric Properties," Rubber & Plastics News, February 28 and March 14, 1983.

7. 抗氧剂

当选择PPD类抗臭氧剂时，要避免选用二烷基类PPD，因为它是最容易喷霜的一类，尽可能选择其他类PPD。RT：第19章，F. Ignatz-Hoover, p. 458.

8. BIMS

与一些弹性体相比，溴化异丁烯-对甲基苯乙烯橡胶（BIMS）更不容易发生喷霜，这是因为BIMS胶不需要添加容易喷霜的抗臭氧剂，BIMS则由于全是饱和主链而自身具有很好的抗臭氧性。GEN：A. Tisler, K. McElrath, D. Tracey, M. Tse, "New Grades of BIMS for Non-stain Tire Sidewalls," Presented at ACS Rubber Division Meeting, Fall, 1997, Paper No. 66.

9. EPDM中油喷霜

在高乙烯含量的EPDM中，如果石蜡油的含量太高则容易喷霜，考虑采

RT：2001年由Hanser出版社出版的John S. Dick编写的著作：Rubber Technology, Compounding and Testing for Performance；GEN：来自各种期刊或会议的一般参考文献；RP：来自本书顾问-编审委员会成员的建议。

用环烷油和石蜡油混合物替代纯石蜡油，并且换用低乙烯含量的 EPDM 胶料。
RP：L. L. Outzs.

10. 亚甲基给体

当采用酚醛或者间苯二酚树脂时，尽量减少作为亚甲基给体的 HMT（六次甲基四胺）的使用，过多的 HMT 往往导致喷霜发生，选用其他的亚甲基给体 HMMM 就会减少喷霜的发生。RP：M. A. Lawrence.

11. 混炼

使用带冷却系统的密炼机，这样胶料的温度就不会上升很快。提升胶料温度等于增加了胶料的热历史，会降低胶料黏度，使剪切力下降，分散不均匀，往往增加喷霜的可能性。因此保持胶料长时间在较低温度下混炼，可以改善其分散状态，减少喷霜的发生。假设密炼机为最佳混炼量，并且有冷却系统，如果还想调节胶料的温度，可以通过调整上顶栓的压力或者转子的转速来达到。RT：第 23 章，Rubber Mixing，W. Hacker，p. 514.

12. 滑石粉

胶料中加入细粒径滑石粉，可以减少荧光性喷霜。RP：O. Noel.

RT：2001 年由 Hanser 出版社出版的 John S. Dick 编写的著作：Rubber Technology，Compounding and Testing for Performance；GEN：来自各种期刊或会议的一般参考文献；RP：来自本书顾问-编审委员会成员的建议。

5.14 模压/传递/注射成型：改善脱模性

成型时，如果脱模不好，就会降低制品出模的速度，有时甚至会损坏制品。

以下实验方案可能会改善脱模性。对书中的相关文献来源、包括后面引用的文献，读者都应该自己研究和阅读。注意：这些通用的实验方案不一定适用于每一个具体情况。能够改善脱模性的任何一个变量都一定会影响其他性能，或好或坏，但本书不对其他性能的改变加以阐述。本书也不对安全和健康问题加以解释。

1. 聚丙烯酸酯

在聚丙烯酸酯胶料中，增加硬脂酸的用量，可以改善脱模性。RT：第 8 章，Specialty Elastomers, P. Manley, C. Smith, p. 206.

2. 氟橡胶

在氟橡胶中加入棕榈蜡可以改善脱模性。GEN：J. Sommer, Elastomer Molding Technology, Elastech, Hudson, OH, 2003, p. 276.

氟橡胶硫化时，采用双酚和过氧化物硫化要比二胺类硫化剂更容易脱模。GEN：J. Denham（3M）, "Basic Fluoroelastomer Technology," Presented at a meeting of the Energy Rubber Group, September 13, 2011, Galveston, TX.

要想改善氟橡胶的脱模性，考虑选用 3M 公司生产的商品名称为"RA5300"的性能助剂，这种助剂含有硅氧烷弹性体以及滑石粉。GEN：J. Denham（3M）, "Optimizing Performance and Improving Productivity," Presented at the Spring Meeting of the Energy Rubber Group, May 18, 2011, Arlington, TX.

3. 外部脱模剂

以下文献报道了很多有助于脱模的外部脱模剂。GEN：M. Kuschnerus, M. Hensel, R. Mille（Schill + Seilacher Struktol GmbH）, "Release Agent Systems for Moulding and Shaped Hose Application, Ways to Reduce Production Downtime," Paper No. 39 presented at the Indian Rubber Expo 2011, January 19, 2011, Chennai, India.

4. 氯丁胶

据报道，在氯丁胶胶料中使用低相对分子质量聚乙烯脱模剂可以改善脱模性。GEN：J. C. Bament, Neoprene Synthetic Rubber, "A Guide to Grades, Compounding and Processing," DuPont, p. 24; GEN：J. Sommer, Elastomer Molding Technology, Elastech, Hudson, OH, 2003, p. 276-277.

RT：2001 年由 Hanser 出版社出版的 John S. Dick 编写的著作：Rubber Technology, Compounding and Testing for Performance；GEN：来自各种期刊或会议的一般参考文献；RP：来自本书顾问-编审委员会成员的建议。

在氯丁胶料中，考虑使用 Struktol WB16（钙皂与饱和脂肪酸酰胺混合物）。钙皂与金属表面亲和性好，但酰胺的极性使表面活性提高，两者结合可以改善脱模性和流动性。GEN：C. Clarke, M. Hensel（Struktol），"High Technology Process Additives Developed for Use with Different Mixting Techniques for Improved Performance," Paper No. 36 presented at the Indian Rubber Expo 2011, January 19, 2011, Chennai, India.

5. 硅橡胶

有报道说，硅橡胶中加入硅藻土，可以获得比填充气相法白炭黑更好的脱模性。GEN：R. Singh（World Minerals），"Diatomaceous Earth：Filler for Rubber Reinforcement," Paper No. 94 presented at the Fall Meeting of the Rubber Division, ACS, October 13-15, 2009, Pittsburgh, PA.

6. 模具涂覆层

在模具上涂覆一层 Teflon®，可以改善脱模性。GEN：J. Sommer, Elastomer Molding Technology, Elastech, Hudson, OH, 2003, p. 282.

RT：2001 年由 Hanser 出版社出版的 John S. Dick 编写的著作：Rubber Technology, Compounding and Testing for Performance；GEN：来自各种期刊或会议的一般参考文献；RP：来自本书顾问-编审委员会成员的建议。

5.15 模压/传递/注射成型：减少或消除模具积垢

模具的不断重复使用会形成积垢，积垢太多，就会影响模具到胶料的热传递，更严重的情况是积垢粘结到成型的制品上，引起制品表面质量问题。

以下实验方案可能会减少或消除模具积垢。对书中的相关文献来源、包括后面引用的文献，读者都应该自己研究和阅读。注意：这些通用的实验方案不一定适用于每一个具体情况。能够减少或消除模具积垢的任何一个变量都一定会影响其他性能，或好或坏，但本书不对其他性能的改变加以阐述。本书也不对安全和健康问题加以解释。

1. 抗热撕裂性

抗热撕裂性能好的胶料往往容易脱模，因此不易形成模具积垢。对高填充大粒径矿物填料的胶料，应该降低填料用量，否则会引起较差的抗热撕裂性能（见 2.7 节和 2.8 节关于改善抗撕裂性能和抗热撕裂性能）。GEN：J. Sommer, Elastomer Molding Technology, Elastech, Hudson, OH, 2003, p. 270.

2. 喷霜

喷霜会引起模具积垢，例如一些通用弹性体配方中的 TMTD 促进剂往往容易喷霜，如果用 TBTD 替代 TMTD，会减少喷霜的发生，因为 TBTD 更容易溶到通用弹性体中。因此，选用 TBTD 会减少模具积垢（见 5.13 节减少喷霜的方法）。GEN：J. Sommer, Elastomer Molding Technology, Elastech, Hudson, OH, 2003, p. 271.

3. 硫化温度

在注射成型时，如果胶料能在较低的温度下硫化较长时间，就不易产生模具积垢。GEN：J. Sommer, Elastomer Molding Technology, Elastech, Hudson, OH, 2003, p. 271-273.

4. 模具

据报道，用高质量级别钢材制造的模具不易产生模具积垢。GEN：J. Sommer, Elastomer Molding Technology, Elastech, Hudson, OH, 2003, p. 271.

5. 二烯类弹性体

二烯类橡胶的模具积垢严重。以下为几种弹性体积垢情况的排序：

NR（高积垢）＞ IR ＞ NBR ＞ SBR-BR（低积垢）

一般来讲，二烯类橡胶因为极易被氧化而容易引起积垢问题。因此，在

RT：2001 年由 Hanser 出版社出版的 John S. Dick 编写的著作：Rubber Technology, Compounding and Testing for Performance；GEN：来自各种期刊或会议的一般参考文献；RP：来自本书顾问-编审委员会成员的建议。

胶料中加入有效的抗氧剂可以减少积垢的产生。GEN：J. Sommer, Elastomer Molding Technology, Elastech, Hudson, OH, 2003, p. 271-274.

6. 氟橡胶

一般氟橡胶会使模具有积垢，但报道的一种新型氟橡胶没有此问题。另外，采用不锈钢模具，也会减少这种积垢。GEN：S. Boers, E. Thomas, Rubber & Plastics News, February 5, 2001, Vol. 30, p. 23；Rubber & Plastics News, February 19, 2001, Vol. 30, p. 14；J. Sommer, Elastomer Molding Technology, Elastech, Hudson, OH, 2003, p. 276.

要想改善氟橡胶模具积垢，考虑选用 3M 公司生产的商品名称为"RA5300"的性能助剂，这种助剂含有硅氧烷弹性体以及滑石粉。GEN：J. Denham (3M), "Optimizing Performance and Improving Productivity," Presented at the Spring Meeting of the Energy Rubber Group, May 18, 2011, Arlington, TX.

另外，采用加工助剂 Struktol HT290（脂肪酸衍生物与蜡的混合物），可以使氟橡胶在注射时模具积垢减少。GEN：J. Bertrand, C. Clarke, M. Hensel (Struktol), "Hi-tech Fluoro Polymers, Now Used in Increasing Volume Production, Gain Important Benefit from Hi-tech Process Additives," Paper No. 21 presented at the Spring Meeting of the Rubber Division, ACS, May 17-19, 2004, Grand Rapids, MI.

7. 氯丁胶

氯丁胶也往往引起模具积垢问题。有人建议，在成型氯丁胶时，最好选用镍铬合金做的模具，这样产生的积垢较少。另外，M 型氯丁胶相比其他类型的氯丁胶能产生的积垢较少。还可以采取在氯丁胶料中加入 4 份（质量份）以上的高活性氧化镁，可以减少积垢。另外，可以添加低相对分子质量聚乙烯脱模剂，以减少积垢产生。还要尽量降低模具温度，一般在 $180 \sim 185℃$ 范围。最后，还要注意不要使用含有游离酸性杂质的增塑剂。GEN：J. Sommer, Elastomer Molding Technology, Elastech, Hudson, OH, 2003, p. 276.

8. NBR

各类乳液聚合 NBR 具有不同的积垢特点。其中，Perbunan® NT NBR 很少产生积垢。另外，穆尼黏度为 30 的 Chemigum® N683B 和 Paracril® X3684 的两种 NBR 也只产生很少的积垢。GEN：J. Sommer, Elastomer Molding Technology, Elastech, Hudson, OH, 2003, p. 276-277.

9. ECO

表氯醇橡胶（ECO）中的氯会引起积垢问题。用乙烯硫脲硫化的 ECO 积垢较严重，而用三嗪衍生物与合适的酸受体（如氧化镁等）硫化的 ECO，会

RT：2001 年由 Hanser 出版社出版的 John S. Dick 编写的著作：Rubber Technology, Compounding and Testing for Performance；GEN：来自各种期刊或会议的一般参考文献；RP：来自本书顾问-编审委员会成员的建议。

减少积垢的产生。GEN：J. Sommer, Elastomer Molding Technology, Elastech, Hudson, OH, 2003, p. 278-280.

10. CSM

氯磺化聚乙烯橡胶硫化时，会放出亚硫酸，进而腐蚀模具。因此，在成型 CSM 胶料时建议使用不锈钢模具。GEN：J. Sommer, Elastomer Molding Technology, Elastech, Hudson, OH, 2003, p. 280.

11. EPDM 胶料

EPDM 硫化时，有时会选用多用促进剂与硫化剂并用，有些促进剂（如 TMTD）会引起积垢问题。因此，就要选用不能引起积垢的硫化体系。另外，EPDM 中经常填充大量的填料与油，有些油含有易挥发组分，会引起模具积垢。为了解决这个问题，可以通过以下方面解决：选用含低挥发份油；降低含易挥发份油的填充量；用油胶代替含易挥发份油。也可以将上述三种方法联用，可以降低模具积垢。GEN：J. Sommer, Elastomer Molding Technology, Elastech, Hudson, OH, 2003, p. 281.

12. 特种助剂

据报道，一些特种助剂（如 PPA-790®）可以在某些情况下有效减少积垢的产生。GEN：J. Sommer, Elastomer Molding Technology, Elastech, Hudson, OH, 2003, p. 282.

13. 谨慎使用脱模剂

要谨慎使用一些脱模剂，如乳化硅油，因为它们会增加模具积垢。GEN：J. Sommer, Elastomer Molding Technology, Elastech, Hudson, OH, 2003, p. 280.

14. 合成乳化体系

对乳液聚合的 NBR，要选基于合成乳化体系的，而不是松香酸、脂肪酸或两个混合等体系的，因为它们会增加模具积垢的生成。RT：第 8 章，Specialty Elastomers, M. Gozdiff, p. 195.

15. 加工油

减少配方中的加工油使用量，往往能减少模具积垢的生成。RT：第 12 章，Compounding with Carbon Black and Oil, S. Laube, S. Monthey, M-J. Wang, p. 311.

16. 炭黑

选用超低结构度和半补强炭黑，而不是通过加入加工助剂来降低胶料黏度，可以使胶料在模具中有很好的流动，而减少积垢的产生。GEN：S. Bussolari, S. Laube, "A New Cabot Carbon Black for Improved Performance in

---

Peroxide Cured Injection Molded Compounds," Presented at ACS Rubber Division Meeting, Fall, 2000, Paper No. 98.

17. 模具涂覆层

在模具上涂覆一层 Teflon®，可以改善脱模性。GEN：J. Sommer, Elastomer Molding Technology, Elastech, Hudson, OH, 2003, p. 282.

RT：2001 年由 Hanser 出版社出版的 John S. Dick 编写的著作：Rubber Technology, Compounding and Testing for Performance；GEN：来自各种期刊或会议的一般参考文献；RP：来自本书顾问-编审委员会成员的建议。

5.16　模压/传递/注射成型：改善胶料在模具中的流动性

改善胶料在模具中的流动性可以防止缺胶现象的发生。

以下实验方案可能会改善胶料在模具中的流动性。对书中的相关文献来源、包括后面引用的文献，读者都应该自己研究和阅读。注意：这些通用的实验方案不一定适用于每一个具体情况。能够改善胶料在模具中流动性的任何一个变量都一定会影响其他性能，或好或坏，但本书不对其他性能的改变加以阐述。本书也不对安全和健康问题加以解释。

对乳液聚合 NBR，要选脂肪酸基乳化体系的，而不是松香酸或脂肪酸与松香酸的混合体系，也不要选合成乳化体系的，因为这些类型的 NBR 流动性较差。

选用带有固体 EPDM 的液体型 EPDM 胶，可以提高注射速率，而制品硬度损失很小。

在胶料中加入细粒径的滑石粉而不是煅烧类陶土填料，可以改善胶料在模具中的流动性。RT：第 8 章, Specialty Elastomers, M. Gozdiff, p. 195. GEN：W. Sigworth, "Liquid EP（D）M Polymers in Mechanical Goods Applications," Presented at ACS Rubber Div. Meeting, Fall, 2000, Paper No. 9.

The addition of fine particle size talc as a compounding ingredient reportedly can improve mold flow compared to some other fillers such as calcined clay. GEN：O. Noel, " Talc for Injection Molding of Rubber," Technical Seminar on Injection Molding of Rubber for the Canadian Society of Chemistry, Sponsored by the Ontario Rubber Group, May, 2000；RP：O. Noel.

另外，总体来讲，胶料在模具中的流动性是与胶料的黏度、收缩性和焦烧时间紧密相关的。对于注射成型来说，胶料在模具中的流动还与剪切变稀性有关。因此，读者可以通过参考以下章节来综合考虑如何改善胶料在模具中的流动性：

4.1 节　降低黏度

4.2 节　提高剪切变稀性（注射成型）

4.3 节　降低收缩性

4.8 节　延长焦烧安全期

在氯丁胶料中，考虑使用 Struktol WB16（钙皂与饱和脂肪酸酰胺混合物）。钙皂与金属表面亲和性好，但酰胺的极性使表面活性提高，两者结合可以改善胶料的流动性。GEN：C. Clarke, M. Hensel（Struktol），" High Technology Process Additives Developed for Use with Different Mixing Techniques for

---

RT：2001 年由 Hanser 出版社出版的 John S. Dick 编写的著作：Rubber Technology, Compounding and Testing for Performance；GEN：来自各种期刊或会议的一般参考文献；RP：来自本书顾问-编审委员会成员的建议。

Improved Performance," Paper No. 36 presented at the Indian Rubber Expo 2011, January 19, 2011, Chennai, India.

　　早期的 HNBR 胶的穆尼黏度通常都较高，最新生产的 HNBR 的穆尼黏度有些是较低的，这样它们的流动性就变好。GEN：F. Guerin, S. Guo (Lanxess), "Improving the Processibility of HNBR," Paper No. 62 presented at the Fall Meeting of the Rubber Division, ACS, October 5-8, 2004, Columbus, OH; E. Campomizzi, L. Ferrari, R. Pazur (Lanxess), "Enhancing Compound Properties and Aging Resistance by Using Low Viscosity HNBR," Paper No. 69 presented at the Spring Meeting of the Rubber Division, ACS, May 16-18, 2005, San Antonio, TX.

　　在轮胎硫化过程中，往往要留有一些气孔，以便于包在胶料中的气体能够溢出，避免轮胎表面出现畸变或缺陷。GEN：M. Stefanidis, G. Alloys, R. Coleman, "Spring Vent Technical Paper," Paper No. 9A presented at a meeting of ITEC, September 15-17, 2008, Akron, OH.

5.17 模压/传递/注射成型：降低制品收缩

橡胶制品完成成型之后，如果发生过度收缩现象就会达不到制品尺寸的要求。

以下实验方案可能会降低或消除制品的收缩。对书中的相关文献来源、包括后面引用的文献，读者都应该自己研究和阅读。注意：这些通用的实验方案不一定适用于每一个具体情况。能够降低制品收缩性的任何一个变量都一定会影响其他性能，或好或坏，但本书不对其他性能的改变加以阐述。本书也不对安全和健康问题加以解释。

1. 去挥发份

除掉橡胶和其他配合组分中的挥发份，可以减少气泡和微孔的产生（肉眼看不到的），并且提高交联密度，因此脱模后收缩率降低。GEN：A. Kasner, E. Meinecke, "Porosity in Rubber：A Review," Rubber Chemistry and Technology, July-August, 1996（69）：424.

2. 合成酯类增塑剂

对于 NBR 胶料来说，减少其中的合成酯类增塑剂的用量，可以降低制品的收缩率。GEN：J. R. Beatty, "Effect of Composition on Shrinkage of Mold Cured Elastomeric Compounds," Rubber Chemistry and Technology, November-December, 1978（51）：1044.

3. 填料用量

一般来说，增加填料用量，可以降低制品收缩率。不过有些填料在降低收缩率上要优于其他一些填料，例如陶土要明显优于白垩粉、炭黑和氧化锌等。GEN：J. R. Beatty, "Effect of Composition on Shrinkage of Mold Cured Elastomeric Compounds," Rubber Chemistry and Technology, November-December, 1978（51）：1044.

4. 陶土用量

提高陶土用量，可以有效地降低制品的收缩率。GEN："A Comparative Evaluation of Hycar Nitrile Polymers," Manual HM-1, Revised, B. F. Goodrich Chemical Co.

5. 滑石粉

在胶料中加入滑石粉，可以降低制品收缩率。RP：O. Noel.

6. 硫黄用量

若胶料中硫黄用量超过 3 份（质量份），制品的收缩率就会变大。如果调

RT：2001 年由 Hanser 出版社出版的 John S. Dick 编写的著作：Rubber Technology, Compounding and Testing for Performance；GEN：来自各种期刊或会议的一般参考文献；RP：来自本书顾问-编审委员会成员的建议。

整硫黄用量，控制在 3 份以内，对制品的收缩率影响不明显。GEN：J. R. Beatty，"Effect of Composition on Shrinkage of Mold Cured Elastomeric Compounds," Rubber Chemistry and Technology，November-December，1978（51）：1044.

7. 硫化压力

在胶料硫化时，增大所施加的压力，可以减少气泡和微孔的产生（肉眼看不到的），并且提高交联密度，因此脱模后收缩率降低。GEN：A. Kasner, E. Meinecke，"Porosity in Rubber：A Review," Rubber Chemistry and Technology，July-August，1996（69）：424.

8. 模具温度

模具温度对制品的收缩率影响很大。对于注射成型来说，模具温度越高，制品收缩率就越大。而对于模压成型来说，模具温度对制品收缩率的影响就要小得多。GEN：J. Sommer, Elastomer Molding Technology, Elastech, Hudson, OH，2003，p. 185.

9. 胶料取向

胶料在挤出和注射时，可能会产生一定程度的取向，这会影响制品的收缩率。在横向上的收缩率会大于在纵向上的收缩率。GEN：J. R. Beatty，"Effect of Composition on Shrinkage of Mold Cured Elastomeric Compounds," Rubber Chemistry and Technology，November-December，1978（51）：1044.

10. 后硫化

如果可能，尽量避免胶料经过后硫化，因为后硫化会增加制品的收缩率。GEN：J. R. Beatty，"Effect of Composition on Shrinkage of Mold Cured Elastomeric Compounds," Rubber Chemistry and Technology，November-December，1978（51）：1044.

RT：2001 年由 Hanser 出版社出版的 John S. Dick 编写的著作：Rubber Technology, Compounding and Testing for Performance；GEN：来自各种期刊或会议的一般参考文献；RP：来自本书顾问-编审委员会成员的建议。

5.18 模压/传递/注射成型：改善表面光洁性

改善制品表面光洁性会有助于产品的销售。

以下实验方案可能会改善制品表面光洁性。对书中的相关文献来源、包括后面引用的文献，读者都应该自己研究和阅读。注意：这些通用的实验方案不一定适用于每一个具体情况。能够改善表面光洁性的任何一个变量都一定会影响其他性能，或好或坏，但本书不对其他性能的改变加以阐述。本书也不对安全和健康问题加以解释。

在通用胶料中，考虑加入脂肪酸锌或钾皂等作为加工助剂，可以改善注射制品的表面光洁性。RT：第 14 章，"Ester Plasticizers and Processing Additives，" C. Stone，p. 375-376.

RT：2001 年由 Hanser 出版社出版的 John S. Dick 编写的著作：Rubber Technology，Compounding and Testing for Performance；GEN：来自各种期刊或会议的一般参考文献；RP：来自本书顾问-编审委员会成员的建议。

5.19　在泡沫橡胶硫化过程中提高发泡速率

对于泡沫橡胶的制备来说，要保持"硫化-发泡"之间的平衡是很重要的。例如，如果发泡剂的分解速率远远低于硫化速率，那么就有可能形不成泡孔或者是泡孔太小，反过来，如果发泡剂分解速率远远高于硫化速率，那么就会形成很大的泡孔。

以下实验方案可能会在硫化过程中提高发泡速率。对书中的相关文献来源、包括后面引用的文献，读者都应该自己研究和阅读。注意：这些通用的实验方案不一定适用于每一个具体情况。能够提高发泡速率的任何一个变量都一定会影响其他性能，或好或坏，但本书不对其他性能的改变加以阐述。本书也不对安全和健康问题加以解释。

1. 无机与有机发泡剂

通常，像碳酸氢钠这类无机发泡剂往往会形成开孔泡，而像 ADC 或者 OBSH 这类有机发泡剂往往会形成闭孔泡。RT：第 21 章，Chemical Blowing Agents，R. Annicelli，p. 476.

2. ADC 与 OBSH

4，4-氧双（苯磺酰肼）（OBSH）发泡剂与偶氮二酰胺（ADC）发泡剂相比，其分解温度较低，分解速度较快。有时在一些胶料中并用这两种发泡剂。RT：第 21 章，Chemical Blowing Agents，R. Annicelli，p. 479-485.

3. 发泡剂颗粒大小

粒径越小的 ADC 发泡剂，其分解速度就越快。GEN：J. S. Dick，R. Annicelli，"Compound Changes to Balance the Cure and Blow Reactions Using the MDR-P to Control Cellular Density and Structure," Rubber &Plastics News，November 16，1998；Gummi Fasern Kunststoffe，April，1999.

4. 发泡活性剂

对 ADC 发泡剂，可以通过加入合适的发泡活性剂来降低其分解温度。氧化锌就是 ADC 的一种有效活性剂。尿素、三乙醇胺、硬脂酸钡/钙、聚乙烯二醇等都可以作为 ADC 的活性剂用在胶料配方中。

对于 OBSH 发泡剂来说，最能降低其分解温度的活性剂是尿素和三乙醇胺，其次是二苯胍、硬脂酸钡/钙和硬脂酸等。RT：第 21 章，Chemical Blowing Agents，R. Annicelli，p. 480-483.

RT：2001 年由 Hanser 出版社出版的 John S. Dick 编写的著作：Rubber Technology, Compounding and Testing for Performance；GEN：来自各种期刊或会议的一般参考文献；RP：来自本书顾问-编审委员会成员的建议。

5. 降低胶料黏度

用来制备泡沫橡胶的胶料黏度应该较低才好，以便让气泡产生出来。所以在很多情况下，这种胶料往往还含有较多的加工油和大粒径填料，这样胶料的黏度就会较低，有利于泡孔的形成。GEN：J. S. Dick，R. Annicelli，"Compound Changes to Balance the Cure and Blow Reactions Using the MDR-P to Control Cellular Density and Structure，" Rubber &Plastics News，November 16，1998；Gummi Fasern Kunststoffe，April，1999.

6. EPDM

要选用二烯单体含量高的 EPDM，这样硫化速度快，会和发泡剂的分解速度相匹配。RT：第 8 章，Specialty Elastomers，R. Vara，J. Laird，p. 193.

7. 硫化-发泡平衡

要想形成细小的闭孔泡沫橡胶，实现"硫化-发泡"之间的平衡是很重要的。如果硫化速率太慢，气体就可能流失，形成开孔泡，反过来，如果硫化速率过快，胶料模量迅速上升，形成的泡孔就会太小。因此，控制两者的平衡是非常关键的。RT：第 21 章，Chemical Blowing Agents，R. Annicelli，p. 480-487.

8. 无机发泡剂的活性剂

通常选用脂肪酸类（如硬脂酸或者油酸）作为碳酸氢钠的活性剂来提高发泡率。RT：第 21 章，Chemical Blowing Agents，R. Annicelli，p. 478.

9. 碳酸氢钠的分散

碳酸氢钠作为发泡剂往往不易分散，为了提高其分散度，可以考虑将碳酸氢钠先用油或蜡包覆起来。RT：第 21 章，Chemical Blowing Agents，R. Annicelli，p. 478.

RT：2001 年由 Hanser 出版社出版的 John S. Dick 编写的著作：Rubber Technology，Compounding and Testing for Performance；GEN：来自各种期刊或会议的一般参考文献；RP：来自本书顾问-编审委员会成员的建议。

5.20   防止成型时包入空气

成型时包入空气会极大地增加废品率。

以下实验方案可能会防止成型时包入空气。对书中的相关文献来源、包括后面引用的文献，读者都应该自己研究和阅读。注意：这些通用的实验方案不一定适用于每一个具体情况。能够防止包入空气的任何一个变量都一定会影响其他性能，或好或坏，但本书不对其他性能的改变加以阐述。本书也不对安全和健康问题加以解释。

1. 平板硫化机减压排气

在成型早期，将加压平板硫化机减压几次，来排除一些残留气体，这样可减少被包住的气体。RT：第 8 章，Specialty Elastomers, J. Jones, D. Tracey, A. Tisler, p. 182.

2. 含凝胶聚合物

将双官能团交联的热法 NBR 与 SBR、XNBR 或者冷法 NBR 共混，以提供足够的模具力和背压，避免包入空气。RT：第 8 章，Specialty Elastomers, M. Gozdiff, p. 198.

3. 胶粉

在胶料中加入废旧胶粉，可以减少成型时包住的空气。RP：J. M. Long.

4. 模压成型时提高黏度

表氯醇橡胶模压成型时如果黏度高些（如穆尼黏度在 90 ~ 120 范围）会更好。这样高的黏度一般是因为填料含量高，另外还要加入 2 ~ 5 份（质量份）的增塑剂来促进流动。如果胶料太软，则在模压成型时容易包入气体。RT：第 8 章，Specialty Elastomers, C. Cable, p. 219.

5. 注射成型时降低黏度

在注射成型表氯醇橡胶时，胶料本身黏度低些会更好。不过由于螺杆和机筒的作用，塑化产生的热会将胶料的黏度降低，因此故意降低表氯醇胶料黏度或许是没必要的。RT：第 8 章，Specialty Elastomers, C. Cable, p. 219.

RT：2001 年由 Hanser 出版社出版的 John S. Dick 编写的著作：Rubber Technology, Compounding and Testing for Performance；GEN：来自各种期刊或会议的一般参考文献；RP：来自本书顾问-编审委员会成员的建议。

5.21 减少开模缩裂

当胶料硫化完毕后，打开模具时，会发生胶料开裂的情况。开模缩裂可能是因为模具打开，硫化胶突然膨胀而导致在分模线部位出现开裂现象。开模时，硫化胶料在有限的区域内膨胀，并且超过其自身的韧性极限，就会导致胶料撕裂，发生开模缩裂。开模缩裂的后果就是在制品的分模线部位出现撕裂或者凹陷等缺陷，多发生在模压成型中，不过传递和注射成型中有时也会发生。

以下实验方案可能会减少开模缩裂现象。对书中的相关文献来源、包括后面引用的文献，读者都应该自己研究和阅读。注意：这些通用的实验方案不一定适用于每一个具体情况。能够减少开模缩裂的任何一个变量都一定会影响其他性能，或好或坏，但本书不对其他性能的改变加以阐述。本书也不对安全和健康问题加以解释。

1. 模具温度

一般采用低温长时间硫化工艺，可以保证胶料在焦烧和硫化开始前就已经充满模腔。这种胶料一般在低温下的抗撕裂性能好。GEN：J. Sommer, Elastomer Molding Technology, Elastech, Hudson, OH, 2003, p. 180；R. M. Murray, D. C. Thompson, The Neoprenes, DuPont, 1963, p. 15.

2. 模具设计

在模具设计时，让分模线处在一个不重要的位置，这样就不会影响制品的外观了。成型制品尺寸大，用的模具也大，容易发生开模缩裂。设计模具时，如果表面积与体积的比值增大，那么开模缩裂的发生就少。GEN：R. M. Murray, D. C. Thompson, The Neoprenes, DuPont, 1963, p. 15.

3. 冷却模具

冷却模具，降低开模时的模具压力，可以减少开模缩裂的发生。GEN：R. M. Murray, D. C. Thompson, The Neoprenes, DuPont, 1963, p. 15.

4. 预热胶料

在胶料入模前，先进行预热，可以减少开模缩裂。预热实际也是使胶料在入模前膨胀。GEN：J. Sommer, Elastomer Molding Technology, Elastech, Hudson, OH, 2003, p. 180.

5. 延长焦烧时间

通过改性胶料来延长其焦烧安全期（见4.8节），可以减少开模缩裂的发

RT：2001 年由 Hanser 出版社出版的 John S. Dick 编写的著作：Rubber Technology, Compounding and Testing for Performance；GEN：来自各种期刊或会议的一般参考文献；RP：来自本书顾问-编审委员会成员的建议。

生，这是因为可以使胶料在硫化发生前有足够的时间充满模腔。GEN：J.
Sommer, Elastomer Molding Technology, Elastech, Hudson, OH, 2003, p. 181；

6. 提高抗撕裂性能

提高胶料的抗撕裂性能（见 2.7 节）尤其是抗热撕裂性能（见 2.8 节），
可以减少开模缩裂的产生。GEN：R. M. Murray, D. C. Thompson, The
Neoprenes, DuPont, 1963, p. 15.

RT：2001 年由 Hanser 出版社出版的 John S. Dick 编写的著作：Rubber Technology, Compounding and Testing for Performance；GEN：来自各种期刊或会议的一般参考文献；RP：来自本书顾问-编审委员会成员的建议。

第 6 章
轮胎性能

6.1 改善轮胎抗湿滑性

轮胎的抗湿滑性很重要。

以下实验方案可能会改善轮胎抗湿滑性。对书中的相关文献来源、包括后面引用的文献，读者都应该自己研究和阅读。注意：这些通用的实验方案不一定适用于每一个具体情况。能够改善轮胎抗湿滑性的任何一个变量都一定会影响其他性能，或好或坏，但本书不对其他性能的改变加以阐述。本书也不对安全和健康问题加以解释。

1. BR 的分子结构

溶液聚合的高 1，2 结构的聚丁二烯橡胶，用在胎面胶中会因玻璃化转变温度的升高而有效地提高抗湿滑性，并且对滚动阻力的影响不大。RT：第 7 章，General Purpose Elastomers and Blends，G. Day，p. 157.

2. E-SBR/BR 共混

在传统的乳聚丁苯胶与顺丁胶并用轮胎胎面胶料中，提高 E-SBR 的相对含量，可以提高轮胎的抗湿滑性。GEN：J. Palombo（Kumho），"Compounding for Rolling Resistance, Traction and Tread Wear: A Review of the Fundamentals," Paper No. 36 presented at the Spring Meeting of the Rubber Division, ACS, April 29-May 1, 2002, Savannah, GA.

3. 环氧化天然胶 ENR

环氧化天然胶的玻璃化温度升高，抗湿滑性提高。

通常情况下，ENR 和天然胶 SIR10 相容性不好，因而阻尼因子提高。ENR50 与 SIR10 共混并用的胎面胶可以有效地提高抗湿滑性。RT：第 7 章，General Purpose Elastomers and Blends，G. Day，p. 144，169.

4. BR/BIIR 并用

在 BR 中加入 BIIR，可以显著提高抗湿滑性。但是由于 BIIR 与炭黑之间

RT：2001 年由 Hanser 出版社出版的 John S. Dick 编写的著作：Rubber Technology, Compounding and Testing for Performance；GEN：来自各种期刊或会议的一般参考文献；RP：来自本书顾问-编审委员会成员的建议。

的相互作用弱，使胶料的耐磨性下降。如果采用了硅烷偶联剂与沉淀法白炭黑，可以使这两种性能达到较好的平衡。GEN：R. Resendes, K. Kulbaba, A. Nizioiek（Lanxess），"BIIR in Treads：Preparation of High Traction Tread Compounds Through Polymer- Filler Modification," Paper No. 15 presented at the Fall Meeting of the Rubber Division, ACS, October 5-8, 2004, Columbus, OH.

5. 改善抗湿滑性的其他胶种

在胎面胶料中加入 5 ~ 20phr 的 NBR 和少量的 DOP，可以改善抗湿滑性。虽然 NBR 与 SBR 相容性不好，但与常用在绿色轮胎配方中的沉淀法白炭黑有较好的相容性。通常采用 0℃ 下的 tanδ 值来表征胶料的湿滑性。GEN：R. Engehausen, A. Rawlinson（Bayer），"A Comparison of Wet Grip Enhancing Polymers in Tire Tread Compounds," Paper No. 5A presented at the ITEC Meeting, September 10-12, 2002, Akron, OH.

在胎面胶料中加入 5 ~ 20phr 的 NSBR（丙烯腈-苯乙烯-丁二烯共聚物），可以改善抗湿滑性。与 NBR 相比，NSBR 与 SBR 相容性更好，并且与常用在绿色轮胎配方中的沉淀法白炭黑也有较好的相容性。通常采用 0℃ 下的 tanδ 值来表征胶料的湿滑性。GEN：R. Engehausen, A. Rawlinson（Bayer），"A Comparison of Wet Grip Enhancing Polymers in Tire Tread Compounds," Paper No. 5A presented at the ITEC Meeting, September 10-12, 2002, Akron, OH.

在胎面胶料中加入 5 ~ 20phr 的 3, 4 聚异戊二烯（3, 4- IR），可以改善抗湿滑性。这种异戊胶的玻璃化转变温度较高，与 SBR 和 BR 的 相容性都不好。虽然这种胶往往使胶料的耐磨性降低，但已经被用于某些高性能轮胎胎面胶料中用于提高抗湿滑性。GEN：R. Engehausen, A. Rawlinson（Bayer），"A Comparison of Wet Grip Enhancing Polymers in Tire Tread Compounds," Paper No. 5A presented at the ITEC Meeting, September 10-12, 2002, Akron, OH.

6. 高苯乙烯含量

通常情况下，SBR 和 NR 的相容性很好。苯乙烯含量为 40%（质量分数）的 SBR1013 与 NR 的相容性变差，是因为其苯乙烯含量太高的缘故，但是这两种胶的共混胶料对提高抗湿滑性有利。

乳液聚合的 SBR 中，如果提高其苯乙烯含量，也会改善胶料的抗湿滑性。RT：第 7 章, General Purpose Elastomers and Blends, G. Day, p. 169；GEN：E. McDonel, K. Baranwal, J. Andries, Polymer Blends, Vol. 2, Chapter 19, "Elastomer Blends in Tires," Academic Press, 1978, p. 283.

据报道，胎面胶如果使用 SBR1721（含有 40% 苯乙烯的乳聚丁苯胶，并且充有芳烃油），可以改善胶料抗湿滑性。当然，芳烃油已从 2010 年起禁止在

RT：2001 年由 Hanser 出版社出版的 John S. Dick 编写的著作：Rubber Technology, Compounding and Testing for Performance；GEN：来自各种期刊或会议的一般参考文献；RP：来自本书顾问-编审委员会成员的建议。

欧洲使用。GEN：R. Engehausen, G. Marwede（Bayer AG），"The Influence of Rubber/Filler Systems on the Wet Traction of Radical Tires," Paper No. 22 presented at ITEC, September, 1998, Akron, OH.

7. 高乙烯基 SBR

据报道，在胎面胶料中使用高乙烯基 SBR，可以改善抗湿滑性。GEN：R. Engehausen, G. Marwede（Bayer AG），"The Influence of Rubber/Filler Systems on the Wet Traction of Radical Tires," Paper No. 22 presented at ITEC, September, 1998, Akron, OH; H. Colvin（Solvay Engineered Polymers），"Effect of SBR Structure on Compounded Properties," Paper D presented at the Spring Meeting of the Rubber Division, ACS, April 29- May 1, 2002, Savannah, GA.

8. 异戊二烯和丁二烯共聚物 IBR

异戊二烯和丁二烯共聚物 IBR 在抗湿滑性方面有优势。RP：R. Dailey.

9. CIIR/BR

10% ~ 30%（质量分数）BIIR 或者 CIIR 与 BR 并用的胎面胶料可以有效地提高抗湿滑性，且滚动阻力上升不大。GEN：J. Fusco, "New Isobutylene Polymers for Improved Tire Processing," Presented at the Akron Rubber Group Meeting, January 24, 1991; L. Chang, J. Shackleton, "An Overview of Rolling Resistance," Elastomerics, March, 1983, p. 23.

10. 溴化异丁烯- 对甲基苯乙烯橡胶（BIMS）

在75 份（质量份）硅烷偶联白炭黑、25 份（质量份）BR 和25 份（质量份）NR 或50 份（质量份）SSBR 并用的胎面胶料中，用 25 ~ 50 份（质量份）的溴化异丁烯- 对甲基苯乙烯橡胶（BIMS）来替代 NR 或者是 SSBR，可以有效地提高抗湿滑性。GEN：R. Poulter, Presented at ITEC 2000, Paper No. 12C.

采用四步法混炼的炭黑与沉淀法白炭黑填充的顺丁胶、溶聚丁苯胶和溴化异丁烯- 对甲基苯乙烯胶（BIMS）胶料，可以通过调整白炭黑填充的 BIMS 母胶量，来调整胶料的抗湿滑性。GEN：R. Rahalkar, "Dependence of a Tire Tread Compound," Paper No. 32 presented at the Spring Meeting of the Rubber Division, ACS, April 13- 16, 1999, Chicago, IL.

11. IIR 和乙烯基 BR

如果仅仅关注抗湿滑性的话，那么丁基胶与乙烯基结构的聚丁二烯橡胶能使胎面胶料具有很好的抗湿滑性。GEN：R. Rahalkar, "Dependence of Wet Skid Resistance upon the Entanglement Density and Chain Mobility According to the Rouse Theory of Viscoelasticity," Rubber Chemistry and Technology, May- June,

---

RT：2001 年由 Hanser 出版社出版的 John S. Dick 编写的著作：Rubber Technology, Compounding and Testing for Performance；GEN：来自各种期刊或会议的一般参考文献；RP：来自本书顾问- 编审委员会成员的建议。

1989（62）：246.

12. SIBR

SIBR 集成橡胶有两个玻璃化转变温度（T_g）。其中低的 T_g 关系到胶料的滚动阻力和油耗，而高的 T_g 关系到胶料的抗湿滑性。调整好 SIBR 在胎面胶料中的比例，就可以使滚动阻力和抗湿滑性达到一个较好的平衡。GEN：A. Halasa，B. Gross，W. Hsu（Goodyear Tire and Rubber Company），"Multiple Glass Transition Terpolymers of Isoprene, Butadiene, and Styrene," Paper No. 91 presented at the Fall Meeting of the Rubber Division, ACS, October, 2009, Cleveland, OH.

13. 高结构度长链炭黑（LL 炭黑）

用高结构度长链炭黑（这种长链在混炼中不易被破坏）替代一般高结构度炭黑，可以赋予胎面胶料很好的抗湿滑性。根据研究，一般高结构度炭黑往往在混炼中被破坏，变成普通炭黑，而这种长链炭黑在混炼中是具有抗碾压性的。GEN：H. Mouri，K. Akutagawa，"Reducing Energy Loss to Improve Tire Rolling Resistance," Presented at ACS Rubber Division Meeting, Spring, 1997, Paper No. 14.

在胎面胶料中，采用高结构度炭黑或者是高比表面积炭黑，以及提高炭黑的用量都能提高胶料抗湿滑性。GEN：J. Palombo（Kumho），"Compounding for Rolling Resistance, Traction and Tread Wear: A Review of the Fundamentals," Paper No. 36 presented at the Spring Meeting of the Rubber Division, ACS, April 29- May 1, 2002, Savannah, GA.

14. 炭黑偶联剂

在炭黑填充的胶料中，使用炭黑-橡胶偶联剂（或叫化学改进剂），可以提升胶料的回弹性和模量，同时还可以降低磨耗损失。它也能提高抗湿滑性和改善滚动阻力。在过去，人们使用的偶联剂有 N-（2-甲基-2-硝基丙基）-4-硝基苯胺、N-4-二亚硝基-N-甲基苯胺、p-亚硝基二苯胺、p-亚硝基-N-N-二甲基苯胺，现在人们不再使用这些亚硝基化合物，这是因为它们能释放出一种亚硝胺的致癌物。人们开始尝试不同的偶联剂，例如，最新研究的 p-氨基苯磺酰叠氮（或叫胺类-BSA）可以改善胶料的回弹性、模量和提高耐磨性、抗湿滑性和滚动阻力。GEN：L. Gonzalez，A. Rodriguez，J. deBenito，A. Marcos，"A New Carbon Black- Rubber Coupling Agent to Improve Wet Grip and Rolling Resistance of Tires," Rubber Chemistry and Technology, May- June, 1996（69）：266.

15. 炭黑与白炭黑并用

采用卡博特公司的双相填料 CRX4210A（炭黑与白炭黑并用）以及宽粒

RT：2001 年由 Hanser 出版社出版的 John S. Dick 编写的著作：Rubber Technology, Compounding and Testing for Performance；GEN：来自各种期刊或会议的一般参考文献；RP：来自本书顾问-编审委员会成员的建议。

径分布的 Vulcan 1436 炭黑和偶联剂 Si-69，可以赋予胶料较好的低滚动阻力和抗湿滑性。GEN：C. Flanigan, L. Beyer, D. Klekamp, D. Rohweder（Ford Motor Co.），B. Stuck, E. Terrill（ARDL），"Comparative Study of Silica, Carbon Black and Novel Fillers in Tread Compounds," Paper No. 34 presented at the Fall Meeting of the Rubber Division, ACS, October 11-13, 2011, Cleveland, OH.

16. 处理过的芳纶纤维颗粒

在胎面胶料中，加入 2phr 的处理过的芳纶纤维颗粒（Sulfron 3001），可以在不增加滚动阻力的情况下，改善抗湿滑性。GEN：C. Flanigan, L. Beyer, D. Klekamp, D. Rohweder（Ford Motor Co.），B. Stuck, E. Terrill（ARDL），"Comparative Study of Silica, Carbon Black and Novel Fillers in Tread Compounds," Paper No. 34 presented at the Fall Meeting of the Rubber Division, ACS, October 11-13, 2011, Cleveland, OH.

17. 油与炭黑填充量

固定炭黑用量，提高油的填充量，对胶料抗湿滑性的提高要比滚动阻力的提高更明显。GEN：W. Hess, W. Klamp, "The Effects of Carbon Black and Other Compounding Variables on the Tire Rolling Resistance and Traction," Rubber Chemistry and Technology, May-June, 1983（56）：390.

18. 胎面胶硬度与滞后损失

对于由 IIR、NR、SBR 或者 BR 组成的胎面胶料来说，如果提高其硬度，也会提高其高速下的湿地转弯系数。据报道，高速下的抗湿滑性需要胎面胶同时具备高硬度和高滞后损失。GEN：W. Hess, W. Klamp, "The Effects of Carbon Black and Other Compounding Variables on the Tire Rolling Resistance and Traction," Rubber Chemistry and Technology, May-June, 1983（56）：390.

19. 胎面胶硬度

胎面胶硬度过低时，抗湿滑性会变差。RT：第 12 章，Compounding with Carbon Black and Oil, S. Laube, S. Monthey, M-J. Wang, p. 310.

20. S-SBR 和白炭黑

据报道，用白炭黑填充化学改性的 S-SBR，可以较好地平衡抗湿滑性和滚动阻力。据报道，用白炭黑填充 NS-116 胶料，可以有较低的滚动阻力和较高的抗湿滑性。GEN：F. Suzuki, "Rubbers for Low Rolling Resistance," Tire Technology International, 1997, p. 87.

乳聚 SBR 在乳液聚合过程中，采用丙烯腈（ACN）进行官能化，这种三元共混物中的 ACN 含量大约为 1.9%，ACN 的加入提高了共聚物的玻璃化转

变温度，因此，可以改善胶料的抗湿滑性。当然，这种胶料中因使用白炭黑，还需要使用昂贵的有机硅烷偶联剂。GEN：V. Monroy, S. Hofmann, R. Tietz (Dow Chemical)，"Effects of Chemical Functionalzation of Polymers in Tire Sllica Compounds：Emulsion Polymers，" Paper No. 63A presented at the Fall Meeting of the Rubber Division，ACS，October 16-19，2001，Cleveland，OH.

21. 白炭黑

在 SSBR 胶料中填充易分散的硅烷偶联白炭黑，在混炼过程中可以发生硅烷化反应，能很好地提高抗湿滑性。GEN：A. McNeish，"Nanoblacks for Rolling Resistance，" Presented at the Fall 2000 ITEC Meeting，Paper No. 23A.

22. 白炭黑/硅烷偶联剂胎面胶

采用硅烷偶联剂处理的沉淀法白炭黑填充胎面胶具有较低滚动阻力和较高抗湿滑性，如果选用比表面积为 $160m^2/g$ 的白炭黑替代比表面积为 $125m^2/g$ 的白炭黑，可以赋予胶料更好的抗湿滑性。GEN：H. Luginsland，W. Niedermeier (Degussa)，"New Reinforcing Materials for Rising Tire Performance Demands，" Paper No. 48 presented at the Spring Meeting of the Rubber Division，ACS，April 18-30，2003，San Francisco，CA. 同样，如果提高白炭黑的用量，也可以提高胶料的抗湿滑性。GEN：H. Luginsland，W. Niedermeier (Degussa)，"New Reinforcing Materials for Rising Tire Performance Demands，" Paper No. 48 presented at the Spring Meeting of the Rubber Division，ACS，April 18-30，2003，San Francisco，CA.

在较高混炼温度下采用较长混炼时间，可以使原位硅烷化反应充分，不仅可以降低滚动阻力，而且还可以提高抗湿滑性。GEN：H. Luginsland，A. Hasse (Degussa)，"Processing of Silica/Silane Filled Tread Compounds，" Paper No. 34 presented at the Spring Meeting of the Rubber Division，ACS，April 4-6，2000，Dallas，TX.

23. 高分散白炭黑

在胎面胶料中，选用高分散白炭黑，可以改善抗湿滑性。GEN：S. Uhrlandt，A. Blume (Degussa)，"Unique Production Process，Unique Silica Structure，" Paper No. 15 presented at the Spring Meeting of the Rubber Division，ACS，April 29-May 1，2002，Savannah，GA.

24. 氢氧化铝填料

在胎面胶料配方中，用氢氧化铝替代部分炭黑，可以提高抗湿滑性和降低滚动阻力，只是耐磨性稍有损失。GEN：H. Mouri，K. Akutagawa，"Improved Tire Wet Traction Through the Use of Mineral Filler，" Rubber Chemistry and Technology，

RT：2001 年由 Hanser 出版社出版的 John S. Dick 编写的著作：Rubber Technology, Compounding and Testing for Performance；GEN：来自各种期刊或会议的一般参考文献；RP：来自本书顾问-编审委员会成员的建议。

November-December, 1999（72）：960.

25. 海泡石填料

据报道，采用来自西班牙的由硅酸镁组成的海泡石替代部分炭黑（30%），可以降低胎面胶料成本，同时可以提高抗湿滑性，如果使用硅烷偶联剂，还可以降低滚动阻力。GEN：L. Hernandez, L. Rueda, C. Anton, "Magnesium Silicate Filler in Rubber Tread Compounds," Rubber Chemistry and Technology, September-October, 1987（60）：606.

26. 高黏度油与树脂

用高黏度油或者树脂替代传统填充油，可以改善抗湿滑性。

在 SBR/BR 胎面胶料中，考虑加入 20 份（质量份）的软化点在 90～100℃的 C9 烃类树脂（如 RhenosinTT100®），可以改善抗湿滑性。GEN：L. Steger（Rhein Chemie）, K. Hillner, S. Schroter, "Resins in Tyre Compounds."

27. 胎面设计

根据 A. Veith 的研究，抗湿滑性与胎面设计有关，主要包括胎面花纹沟体积（会让耐磨性下降）和胎面宽度（胎面压痕宽度，与轮胎的纵横比有关）。抗湿滑性主要与轮胎压痕前沿的排水能力有关，也和压痕界面处的排水能力有关。GEN：A. Veith, "Tread Groove Void and Developed Tread Width（Aspect Ratio）：Their Joint Influence on Wet Traction," Rubber Chemistry and Technology, September-October, 1999（72）：684.

RT：2001 年由 Hanser 出版社出版的 John S. Dick 编写的著作：Rubber Technology, Compounding and Testing for Performance；GEN：来自各种期刊或会议的一般参考文献；RP：来自本书顾问-编审委员会成员的建议。

6.2　改善轮胎干地制动性

改善轮胎干地制动性是确保轮胎具有令人满意性能的一个重要方面。

以下实验方案可能会改善轮胎干地制动性。对书中的相关文献来源、包括后面引用的文献，读者都应该自己研究和阅读。注意：这些通用的实验方案不一定适用于每一个具体情况。能够改善轮胎干地制动性的任何一个变量都一定会影响其他性能，或好或坏，但本书不对其他性能的改变加以阐述。本书也不对安全和健康问题加以解释。

1. 胎面硬度

胎面硬度过高，会导致轮胎干地制动性不好。RT：第 12 章，Compounding with Carbon Black and Oil, S. Laube, S. Monthey, M-J. Wang, p. 310.

采用 10phr 的硫化植物油（VVO）替代部分的环保芳烃油，可以改善轮胎的干地制动性。GEN：C. Flanigan, L. Beyer, D. Klekamp, D. Rohweder (Ford Motor Co.), B. Stuck, E. Terrill (ARDL), "Comparative Study of Silica, Carbon Black and Novel Fillers in Tread Compounds," Paper No. 34 presented at the Fall Meeting of the Rubber Division, ACS, October 11-13, 2011, Cleveland, OH.

2. 高苯乙烯含量的 SBR

高性能轮胎胎面胶料中选用高苯乙烯含量的 SBR 可以得到较好的干地制动性。GEN：H. Takino, S. Iwama, Y. Yamada, S. Kohjiya, "Carbon Black Dispersion and Grip Property of High- performance Tire Tread Compound," Presented at ACS Rubber Division Meeting, Spring, 1996, Paper No. 2.

3. 高补强炭黑/芳烃油

超耐磨炭黑（SAF）或超细粒径炭黑 100 份（质量份），配合高填充量的芳烃油，可以赋予轮胎胎面很好的干地制动性。GEN：H. Takino, S. Iwama, Y. Yamada, S. Kohjiya, "Carbon Black Dispersion and Grip Property of High-performance Tire Tread Compound," Presented at ACS Rubber Division Meeting, Spring, 1996, Paper No. 2.

4. 炭黑与白炭黑

据报道，在提高轮胎干地抓着力或者干地制动性方面，炭黑比白炭黑更有优势。GEN：A. McNeish, "Nanoblacks for Rolling Resistance," Presented at the Fall 2000 ITEC Meeting, Paper No. 23A.

5. 醋酸乙烯酯与分散

在高性能胎面胶料中填充大量超细粒径炭黑时，为了提高其分散性，往

RT：2001 年由 Hanser 出版社出版的 John S. Dick 编写的著作：Rubber Technology, Compounding and Testing for Performance；GEN：来自各种期刊或会议的一般参考文献；RP：来自本书顾问-编审委员会成员的建议。

往需要加入醋酸乙烯酯蜡，这样同时也能提高胶料在较高温度下的干地抓着力。GEN：H. Takino, S. Iwama, Y. Yamada, S. Kohjiya, "Carbon Black Dispersion and Grip Property of High-performance Tire Tread Compound," Presented at ACS Rubber Division Meeting, Spring, 1996, Paper No. 2.

6. 轮胎温度

在高性能轮胎中，轮胎温度对其干地抓着力的影响是很大的，因为轮胎在连续高速运行下会积热导致温度升高，这时其干地抓着力就会下降。GEN：H. Takino, S. Iwama, Y. Yamada, S. Kohjiya, "Carbon Black Dispersion and Grip Property of High-performance Tire Tread Compound," Presented at ACS Rubber Division Meeting, Spring, 1996, Paper No. 2.

7. 轮胎压痕

提高轮胎接触地面宽度（即压痕宽）或者提高轮胎直径，通常都能改善轮胎的干地抓着力。GEN：C. Ettles, J. Shen, "The Influence of Frictional Heating on the Sliding Friction of Elastomers and Polymers," Rubber Chemistry and Technology, March-April, 1988 (61)：119.

RT：2001 年由 Hanser 出版社出版的 John S. Dick 编写的著作：Rubber Technology, Compounding and Testing for Performance；GEN：来自各种期刊或会议的一般参考文献；RP：来自本书顾问-编审委员会成员的建议。

6.3　改善冬季轮胎制动性和冰上抓着力

冬季轮胎制动性和冰上抓着力是很重要的性能。

以下实验方案可能会提供一种思路来提高轮胎性能。对书中的相关文献来源、包括后面引用的文献，读者都应该自己研究和阅读。注意：这些通用的实验方案不一定适用于每一个具体情况。能够改善冬季轮胎制动性和冰上抓着力的任何一个变量都一定会影响其他性能，或好或坏，但本书不对其他性能的改变加以阐述。本书也不对安全和健康问题加以解释。

1. 低玻璃化转变聚合物

要想轮胎具有好的冰上抓着力，应该选玻璃化转变温度低的弹性体，如天然胶和顺式聚丁二烯橡胶都有较好的冰上抓着力。另外，低温下较软并且回弹性好的胎面胶料具有好的冰上抓着力。GEN：A. Ahagon, T. Kobayashi, M. Misawa, "Friction on Ice," Rubber Chemistry and Technology, March- April, 1988, p. 14.

2. 溴化异丁烯-对甲基苯乙烯橡胶 BIMS

在75份（质量份）硅烷偶联白炭黑、25份（质量份）BR和25份（质量份）NR或者50份（质量份）SSBR并用的胎面胶料中，用25～50份（质量份）的溴化异丁烯-对甲基苯乙烯橡胶（BIMS）来替代NR或者是SSBR，可以有效地提高胶料的冰上抓着力。GEN：R. Poulter, Presented at ITEC 2000, Paper No. 12C.

3. 硫化植物油

采用10phr的硫化植物油（VVO）替代部分的环保芳烃油，可以改善轮胎的冬季制动性。GEN：C. Flanigan, L. Beyer, D. Klekamp, D. Rohweder (Ford Motor Co.), B. Stuck, E. Terrill (ARDL), "Comparative Study of Silica, Carbon Black and Novel Fillers in Tread Compounds," Paper No. 34 presented at the Fall Meeting of the Rubber Division, ACS, October 11- 13, 2011, Cleveland, OH.

4. SSBR

陶氏化学报道了一种新型官能化溶聚丁苯胶用于胎面胶，可以赋予胶料很好的冰地附着力，是通过检测 $-10℃$ 下的 $\tan\delta$ 来判断的。GEN：S. Thiele, D. Bellgardt, M. Holzieg (Dow Chemical), "Novel, Functionalized SSBR for Silica Containing Tires," Paper No. 91 presented at the Fall Meeting of the Rubber Division, ACS, October 16-18, 2007, Cleveland, OH.

RT：2001年由 Hanser 出版社出版的 John S. Dick 编写的著作：Rubber Technology, Compounding and Testing for Performance；GEN：来自各种期刊或会议的一般参考文献；RP：来自本书顾问-编审委员会成员的建议。

5. 化学改性 SBR

研究发现，化学改性 SBR 比未改性的 SBR 有更好的冰上抗湿滑性。GEN：F. Suzuki，"Rubbers for Low Rolling Resistance," Tire Technology International，1997，p. 87.

6. IBR

异戊二烯与丁二烯共聚橡胶（IBR）具有较好的抗湿滑性和冰上抓着力。RP：R. Dailey.

7. 白炭黑与偶联剂

研究发现，用较多的偶联剂和白炭黑替代一部分炭黑，会显著地改善胶料的冰上抓着力。另外还发现，这种替代能够降低 NR/BR/SBR 并用乘用车胎面胶料的滚动阻力，并且在耐磨性和抗湿滑性上没有多少损失。GEN：W. Waddell，L. Evans，"Use of Nonblack Fillers in Tire Compounds," Rubber Chemistry and Technology，July-August，1996（69）：377.

8. SBR/BR 和 NR/BR

天然胶在冰面条件下具有很好的摩擦力，然而，随着炭黑填充量的变化，其对应的冰面抓着力的温度范围也发生变化。另外，SBR/BR = 50/50（质量比）并用胶料能使胎面胶在冰面上具有较高的摩擦力。NR/BR 共混胶也能使胶料在较宽的温度范围内都具有较高的冰面摩擦力。当然，弹性体的种类、炭黑与油的填充量都会对胶料的冰面摩擦力和对应的温度范围有较大的影响。GEN：K. Grosch，"The Rolling Resistance, Wear, and Traction Properties of Tread Compounds," Rubber Chemistry and Technology，July-August，1996（69）：495.

9. 软化剂

在胎面胶料中，加入与基体弹性体溶解度参数相近的软化剂，可以改善胶料的冰面抓着力。GEN：A. Ahagon，T. Kobayashi，M. Misawa，"Friction on Ice," Rubber Chemistry and Technology，March-April，1988，p. 14.

RT：2001 年由 Hanser 出版社出版的 John S. Dick 编写的著作：Rubber Technology, Compounding and Testing for Performance；GEN：来自各种期刊或会议的一般参考文献；RP：来自本书顾问-编审委员会成员的建议。

6.4　降低轮胎滚动阻力

在过去的 25 年里，为了适应政府对降低汽油消耗的要求，轮胎的滚动阻力变成了一项非常重要的性能。

以下实验方案可能会降低轮胎滚动阻力。对书中的相关文献来源、包括后面引用的文献，读者都应该自己研究和阅读。注意：这些通用的实验方案不一定适用于每一个具体情况。能够改善滚动阻力的任何一个变量都一定会影响其他性能，或好或坏，但本书不对其他性能的改变加以阐述。本书也不对安全和健康问题加以解释。

1. 弹性体的比较

在 1977 年，Hunt 等人就弹性体对滚动阻力的影响进行了研究并排序如下：

聚合物	滚动阻力指数
NR	100
高顺式 BR	94
SSBR	93
ESBR	90
IIR	73

从那之后，针对 SSBR 和 BR 又有了很多降低滚动阻力的专利，它们在表中的排序应该是更高了，但是还都能保持可以接受的制动摩擦性。GEN：L. Chang, J. Shackleton, "An Overview of Rolling Resistance," Elastomerics, March, 1983, p. 22.

2. 顺丁胶

钕系顺丁分子量分布窄，乙烯基含量低，同样的条件下，交联密度高，因此赋予胶料很好的回弹性。另外，也赋予胎面胶较低的滚动阻力。GEN：Lim Yew Swee (Lanxess), "Benefits of Butadiene Rubber in Natural Rubber-Based Truck and Sidewall," Presented at the India Rubber Exposition and Conference (IRE 2011), January 19, 2011, Chennai, India.

3. SSBR

用 SSBR 替代 ESBR，往往可以赋予胶料较好的回弹性和较低的滚动阻力。SSBR 比 ESBR 具有更多的线性结构。RT：第 7 章，General Purpose Elastomers and Blends, G. Day, p. 149.

RT：2001 年由 Hanser 出版社出版的 John S. Dick 编写的著作：Rubber Technology, Compounding and Testing for Performance；GEN：来自各种期刊或会议的一般参考文献；RP：来自本书顾问-编审委员会成员的建议。

采用烷基吡咯烷酮对溶液聚合的丁苯胶（SSBR）进行端基改性，可以改善滚动阻力。GEN：S. Thiele, S. Knoll（Styron Deutschland GmbH, Merseburg, Germany），"Novel Functionalized SSBR for Silica and Carbon Black Containing Tires," Presented at the Fall Meeting of the Rubber Division, ACS, October 11, 2011, Cleveland, OH.

SSBR 在聚合过程中，通过 GPMOS（氧丙基三甲氧基硅烷）和 DMI（二甲基咪唑啉酮；）改性后，用硅烷偶联剂 TEPST 与白炭黑填充胎面胶料中，可以降低滚动阻力。GEN：Akira Saito, Haruo Yamada, Takaaki Matsuda, Nobuaki Kubo, Norifusa Ishimura, "Improvement of Rolling Resistance of Silica Tire Compounds by Modified S-SBR," Paper No. 39 presented at the Spring Meeting of the Rubber Division, ACS, April 29, 2002, Savannah, GA.

SSBR 在聚合过程中，采用羧酸官能化高乙烯基 SBR，用于胎面胶，可以提高填料与聚合物之间的相互作用，进而使胶料的滞后损耗降低，所以滚动阻力降低。GEN：Thomas Gross, Judy Hannay（Lanxess），"New Solution SBRs to Meet Future Performance Demands," Paper No. 11A presented at a meeting of ITEC, September, 2008.

4. 锡偶联

用四氯化锡多功能剂在阴离子聚合 BR 的过程中进行封端终止，这种锡偶联的 BR 胶料会有较低的滚动阻力。RT：第 7 章，General Purpose Elastomers and Blends, G. Day, p. 146.

5. 化学改性 SSBR

SSBR 在聚合过程中，可以通过四氯化锡、四氯化硅或二氧化碳等进行封端改性。链端改性的目的是为了将多个聚合物链连接起来。在和炭黑等填料混炼的过程中，锡偶联的聚合物链端会解偶联，与炭黑颗粒发生反应，因此赋予胶料低滞后以及胎面胶的低滚动阻力。然而这种反应往往不会降低在 0℃ 附近的滞后，也就是说不会损失胶料的抗湿滑性。因此，这种胶料能够降低滚动阻力但不损失抗湿滑性。RT：第 7 章，General Purpose Elastomers and Blends, G. Day, p. 150；GEN：V. Quiteria, C. Sierra, J. Fatou, C. Calan, L. Fraga, Presented at ACS Rubber Division Meeting, Fall, 1995, Paper No. 78；F. Tsutsumi, M. Sakakibara, N. Oshima, "Structure and Dynamic Properties of Solution SBR Coupled with Tin Compounds," Rubber Chemistry and Technology, March-April, 1990（63）：8.

也可以考虑用 4, 4-双（二乙氨基）二苯甲酮（EAB）对 SBR 进行端基改性，这种改性能提高 SBR 与炭黑结合的活性，因此可以降低胶料的滞后和

RT：2001 年由 Hanser 出版社出版的 John S. Dick 编写的著作：Rubber Technology, Compounding and Testing for Performance；GEN：来自各种期刊或会议的一般参考文献；RP：来自本书顾问-编审委员会成员的建议。

滚动阻力。

SBR 中乙烯基（或者 1，2 结构）结构含量高，并且链端部分的苯乙烯含量高（Shell 公司的 SSCP-901），与其他弹性体并用，可以赋予胶料较低的滚动阻力和较好的抗湿滑性。GEN：L. Chang，J. Shackleton，"An Overview of Rolling Resistance," Elastomerics, March, 1983, p. 23.

6. SIBR

由苯乙烯-异戊二烯-丁二烯三元共聚的集成橡胶（SIBR），可以赋予胎面胶料较低的滚动阻力。用锡偶联或者 EAB 对 SIBR 进行端基改性，可以赋予胶料更低的滚动阻力。RT：第 7 章，General Purpose Elastomers and Blends，G. Day，p. 150.

7. 橡胶共混物

通常情况下，胎面胶都是采用几种橡胶并用的，如 NR、BR 和 SSBR 共混，以满足低的滚动阻力和高的抗湿滑性。RT：第 12 章，Compounding with Carbon Black and Oil，S. Laube，S. Monthey，M-J. Wang，p. 318.

8. 炭黑填充量

很多情况下，减少炭黑的填充量可以降低胶料的滚动阻力。GEN：W. Hess，W. Klamp，"The Effects of Carbon Black and Other Compounding Variables on the Tire Rolling Resistance and Traction," Rubber Chemistry and Technology，May-June，1983（56）：390.

9. 炭黑表面积

低比表面积炭黑往往能赋予胶料较低的滚动阻力，例如 N330，填充量在 40～60 份（质量份）。RT：第 12 章，Compounding with Carbon Black and Oil，S. Laube，S. Monthey，M-J. Wang，p. 318.

10. 炭黑一次结构粒子分布

选择一次结构粒子分布宽的炭黑，往往能赋予胶料较低的滚动阻力。GEN：W. Hess，W. Klamp，"The Effects of Carbon Black and Other Compounding Variables on the Tire Rolling Resistance and Traction," Rubber Chemistry and Technology，May-June，1983（56）：390.

一次结构粒子分布宽的炭黑，能够减少炭黑粒子之间的接触，从而实现更有效的堆积，进而降低滞后，滚动阻力就得到降低。GEN：R. Swor，"Utilisation of Very High Structure Tread Blacks to Lower the Rolling Resistance of U. S. and European Radial Tires," Tire Technology International，1994.

使用 Sid Richardson 公司利用特殊反应技术生产的 SR129（胎面胶型号）

RT：2001 年由 Hanser 出版社出版的 John S. Dick 编写的著作：Rubber Technology，Compounding and Testing for Performance；GEN：来自各种期刊或会议的一般参考文献；RP：来自本书顾问-编审委员会成员的建议。

和 SR401（非胎面胶型号）低滞后炭黑，粒径分布较宽，高结构度，能赋予胶料低的滚动阻力。GEN：Leszek Nikiel, Wesley Wampler, Henry Yang, Tom Carlson（Sid Richardson Carbon and Energy Company），"Improved Carbon Blacks for Low Hysteresis Applications in Rubber," Paper No. 93 presented at the Fall Meeting of the Rubber Division, ACS, October 16, 2007, Cleveland, Ohio.

11. 高结构度炭黑低填充量

用低填充量的超高结构度炭黑替代传统补强炭黑，可以降低胶料滚动阻力。这种高结构度炭黑（如 Columbia 公司的 CD-2038）有很多链枝状结构，里面的空间多，能够吸附更多的橡胶和油。GEN：R. Swor, "Utilisation of Very High Structure Tread Blacks to Lower the Rolling Resistance of U. S. and European Radial Tires," Tire Technology International, 1994.

12. 纳米炭黑

使用表面粗糙的高活性纳米炭黑替代传统炭黑，可以显著地降低在较宽的应变范围内（60℃时）的滞后（$tan\delta$），因而赋予胎面胶料较低的滚动阻力并且对抗湿滑性损害不大。GEN：A. McNeish, "Nanoblacks for Rolling Resistance," Presented at the Fall 2000 ITEC Meeting, Paper No. 23A; B. Freund, F. Forster, "New Filler Concepts for Tire Treads with Optimized Traction, Abrasion and Rolling Resistance," Presented at ACS Rubber Division Meeting, Spring, 1996, Paper No. 4.

13. 炭黑填充量与硫化

降低炭黑填充量可以降低滚动阻力，但可以通过提高硫化体系中促进剂与硫黄的用量来弥补力学性能的损失。GEN：L. Chang, J. Shackleton, "An Overview of Rolling Resistance," Elastomerics, March, 1983, p. 24.

14. 炭黑不均匀分布

有时炭黑在不同基体弹性体相中的不均匀分布会导致较低的滚动阻力。

据报道，在 BR 与卤化丁基胶共混时，将卤化丁基胶稍迟后加入，可以人为控制炭黑在不同胶料中的不均匀分布，这样可以得到低的滚动阻力和好的耐磨性。这种不均匀分布技术用在 NR 和 1, 2 结构的 BR 共混胶中也可产生同样的效果。这种炭黑的不均匀分布还可以通过高穆尼黏度和不稳定交联的 SBR 来实现。GEN：L. Chang, J. Shackleton, "An Overview of Rolling Resistance," Elastomerics, March, 1983, p. 23.

15. 炭黑的化学改进剂

在炭黑填充的胶料中，使用炭黑-橡胶偶联剂（或叫化学改进剂），可以提

RT：2001 年由 Hanser 出版社出版的 John S. Dick 编写的著作：Rubber Technology, Compounding and Testing for Performance；GEN：来自各种期刊或会议的一般参考文献；RP：来自本书顾问-编审委员会成员的建议。

升胶料的回弹性和模量，同时还可以降低磨耗损失。它也能提高抗湿滑性和改善滚动阻力。在过去，人们使用的偶联剂有 N-(2-甲基-2-硝基丙基)-4-硝基苯胺、N-4-二亚硝基-N-甲基苯胺、p-亚硝基二苯胺和 p-亚硝基-N-N-二甲基苯胺。现在人们不再使用这些亚硝基化合物，因为它们能释放出一种亚硝胺的致癌物。人们开始尝试不同的偶联剂，例如，最新研究的 p-氨基苯磺酰叠氮（或叫胺类-BSA）可以改善胶料的回弹性、模量，提高耐磨性以及改善抗湿滑性和滚动阻力。GEN：L. Gonzalez, A. Rodriguez, J. deBenito, A. Marcos, "A New Carbon Black-Rubber Coupling Agent to Improve Wet Grip and Rolling Resistance of Tires," Rubber Chemistry and Technology, May-June, 1996 (69)：266.

最近有报道，利用三巯基丙酸和乙烯二胺酰胺这两种化学"联结剂"，可以降低炭黑填充胶料的滞后损耗，进而降低滚动阻力。GEN：James Burrington (Lubrizol Corp.), "Carbon Black Coupler Technology for Low Hysteresis Tire," Paper No. 108 presented at the Fall Meeting of the Rubber Division, ACS, October 11, 2011, Cleveland, OH.

采用表面特殊处理的炭黑与链中官能化的 SSBR 一起使用，可以有效降低胶料的滞后损耗，进而降低滚动阻力。GEN：J. Douglas, S. Crossley, J. Hallett, J. Curtis, D. Hardy, T. Cross, N. Steinhauser, A. Lucassen, H. Kloppenburg (Lanxess and Columbian Chemicals), "The Use of a Surface-Modified Carbon Black with an In-Chain Functionalized Solution SSBR as an Alternative to Higher Cost Green Tire Technology," Paper No. 38 presented at the Fall Meeting of the Rubber Division, ACS, October 11, 2011, Cleveland, OH.

16. 有机硅烷和炭黑

有机硅烷偶联剂与炭黑并用，可以改善胶料的滚动阻力。GEN：R. Swor, "Utilisation of Very High Structure Tread Blacks to Lower the Rolling Resistance of U. S. and European Radial Tires," Tire Technology International, 1994.

17. 基本配合法

"基本配合法"可以降低胎面滚动阻力并且维持较好的耐磨性，这种基本配合法是高比表面积炭黑的最佳填充量原理的应用。首先，高比表面积炭黑的最佳填充量要低于低比表面积炭黑的最佳填充量；其次，滞后的变化与填充量的平方呈比例，而与比表面积呈线性关系。所以，高比表面积与低填充量可以使胶料的滚动阻力下降，并且改善耐磨性。RT：第 12 章，Compounding with Carbon Black and Oil, S. Laube, S. Monthey, M-J. Wang, p. 316.

18. 白炭黑填充量

据报道，在胎面胶中，用 Si69 改性的白炭黑替代超耐磨炭黑，可以显著

RT：2001 年由 Hanser 出版社出版的 John S. Dick 编写的著作：Rubber Technology, Compounding and Testing for Performance；GEN：来自各种期刊或会议的一般参考文献；RP：来自本书顾问-编审委员会成员的建议。

地降低滚动阻力，而制动性并没有多少损失。DPG 作为次磺酰胺类硫化的助促进剂，也可在降低滚动阻力上有贡献。

有专利报道，在 SBR/BR 并用的乘用车胎面胶料中，用硅烷偶联剂和沉淀法白炭黑替代炭黑，可以显著地降低滚动阻力，而且抗湿滑性没有什么损失。

白炭黑用量一定，提高硅烷偶联剂用量，可以在混炼过程中发生有效硅烷化反应，增强填料与聚合物之间的作用，而降低填料-填料之间的作用（吸收能力），进而降低滞后损失，降低滚动阻力。

化学改性 SBR 与白炭黑并用，可以有效地平衡滚动阻力与抗湿滑性。NS-116® 填充白炭黑，就能达到这样的效果。RT：第13章，Precipitated Silica and Non-black Fillers, W. Waddell, L. Evans, p. 340-342；GEN：W. Waddell, L. Evans, "Use of Nonblack Fillers in Tire Compounds," Rubber Chemistry and Technology, July-August, 1996 (69): 377；A. McNeish, "Nanoblacks for Rolling Resistance," Presented at the Fall 2000 ITEC Meeting, Paper No. 23A；GEN：F. Suzuki, "Rubbers for Low Rolling Resistance," Tire Technology International, 1997, p. 87.

19. 白炭黑/硅烷偶联剂

采用高分散白炭黑，可以降低滚动阻力。GEN：S. Daudey, L. Guy (Rhodia), "High Performance Silica Reinforced Elastomers from Standard Technology to Advanced Solutions," Paper No. 37 presented at the Fall Meeting of the Rubber Division, ACS, October 11, 2011, Cleveland, OH.

在白炭黑填充胶料中，考虑使用朗盛化学的 "Nanoprene" BM750H-VP-RW——种聚丁二烯与丙烯酸酯的共聚物助剂，可以有效降低滞后，进而降低滚动阻力。GEN：C. Flanigan Study of Silica, Carbon Black and Novel Fillers in Tread Compounds," Paper No. 34 presented at the Fall Meeting of the Rubber Division, ACS, October 11, 2011, Cleveland, OH. 在经硅烷偶联剂 Si-69 处理的白炭黑填充天然胶胶料中，考虑使用 Struktol 公司生产的锌皂 ZB47，可以有效降低疲劳温升，同时降低滚动阻力。GEN：Kwang-Jea Kim, John Vanderkooi (Struktol), "Effects of Zinc Soaps on TESPT and TESPD-Silica Mixtures in Natural Rubber Compounds," Paper No. 70 presented at the Fall Meeting of the Rubber Division, ACS, October 8, 2002, Pittsburgh, PA.

采用湿处理的白炭黑与硅烷偶联剂作用，可以显著降低胶料的生热和滚动阻力。GEN：Kwang-Jea Kim, John VanderKooi (Struktol), "Moisture Level Effects on Hydrolysis Reaction in TESPD/Silica/CB/S-SBR Compounds," Paper No. 57 presented at the Fall Meeting of the Rubber Division, ACS, October 5,

RT：2001 年由 Hanser 出版社出版的 John S. Dick 编写的著作：Rubber Technology, Compounding and Testing for Performance；GEN：来自各种期刊或会议的一般参考文献；RP：来自本书顾问-编审委员会成员的建议。

2004，Columbus，OH.

采用一种新型偶联剂 AEO-MPES（德固赛 VP-Si-63）替代 TESPT（Si-69），可以降低白炭黑填充胶料的 13% 的滞后损耗，因此能够降低滚动阻力。GEN：O. Klockmann, A. Blume, A. Hasse, "Fuel Efficient Silica Tread Compounds with a New Mercaptosilane: A Practical Way to Improve Its Processing," Paper No. 87 presented at the Fall Meeting of the Rubber Division, ACS, October 16, 2007, Cleveland, OH.

20. 氢氧化铝

研究发现，在胎面胶料中，用氢氧化铝替代一部分补强炭黑，可以改善滚动阻力和抗湿滑性，而耐磨性仅稍微下降。GEN：H. Mouri, K. Akutagawa, "Improved Tire Wet Traction Through the Use of Mineral Filler," Rubber Chemistry and Technology, November-December, 1999（72）：960.

21. 海泡石填料

海泡石是从西班牙引进的一种由硅酸镁组成的矿物填料，在胎面胶料中，可以替代 30% 的炭黑，用以降低胶料成本。有研究发现，海泡石还能改善胶料的湿滑抓着性；如果和硅烷偶联剂一起使用，还可以降低滚动阻力。GEN：L. Hernandez, L. Rueda, C. Anton, "Magnesium Silicate Filler in Rubber Tread Compounds," Rubber Chemistry and Technology, September-October, 1987（60）：606.

22. 纳米填料

考虑在实验室中采用碳纳米管（CNT）、有机改性片层硅酸盐（OC）、高比表面积石墨烯（G）或者化学还原氧化石墨烯（CRGO），都可以降低滚动阻力。GEN：M. Mauro, G. Guerra（Politecnicodi Milano, Department of Chemistry, and Pireli Tyre Study），"Nano and Nanostructured Fillers and Their Synergistic Behavior in Rubber Composites Such as Tires," Paper No. 35 presented at the Fall Meeting of the Rubber Division, ACS, October 11, 2011, Cleveland, OH.

23. 增强树脂

用增强树脂补强的胶料形成硬的"胎面内层"胶料。增强酚醛树脂要和亚甲基给体六次甲基四胺（HMT）或者六甲氧基三聚氰胺（HMMM）一起使用，因为这两种组分在胶料硫化时能够就地发生反应，因而大大提高胶料的硬度。RT：第 18 章，Tackifying, Curing, and Reinforcing Resins, B. Stuck, p. 440.

24. 加工油

从 2010 年起，欧洲已经禁止使用芳烃油，芳烃油填充的 SBR 橡胶也被禁

RT：2001 年由 Hanser 出版社出版的 John S. Dick 编写的著作：Rubber Technology, Compounding and Testing for Performance；GEN：来自各种期刊或会议的一般参考文献；RP：来自本书顾问-编审委员会成员的建议。

止使用。新型环境友好型替代油（如 MES）填充的 SBR 母胶具有较低的玻璃化转变温度，因此，会降低胶料的滞后损耗，进而降低滚动阻力。GEN：Rudiger Engehausen（Bayer AG），"Overview of New Developments in BR and SBR and Their Influence on Tire-Related Properties," Paper No. 37 presented at the Spring Meeting of the Rubber Division, ACS, April 29, 2002, Savannah, GA.

25. 轮胎设计

子午线轮胎比斜交胎具有更低的滚动阻力，这是因为子午线胎体更灵活、更有弹性。子午线胎体层间应变不大，能量耗散低，因此滚动阻力低。

降低胎面层的厚度，也可以降低滚动阻力。GEN：W. Hess, W. Klamp, "The Effects of Carbon Black and Other Compounding Variables on the Tire Rolling Resistance and Traction," Rubber Chemistry and Technology, May-June, 1983 (56)：390.

26. 轮胎载重、充气压力、汽车速度

轮胎载重下降、轮胎充气压力增大以及汽车速度下降，轮胎滚动阻力都会减小。GEN：W. Hess, W. Klamp, "The Effects of Carbon Black and Other Compounding Variables on the Tire Rolling Resistance and Traction," Rubber Chemistry and Technology, May-June, 1983 (56)：390.

27. 轮胎运行温度

轮胎在运行中的温度对滚动阻力有一定的影响。温度高时滚动阻力往往低。GEN：L. Chang, J. Shackleton, "An Overview of Rolling Resistance," Elastomerics, March, 1983, p. 18.

RT：2001 年由 Hanser 出版社出版的 John S. Dick 编写的著作：Rubber Technology, Compounding and Testing for Performance；GEN：来自各种期刊或会议的一般参考文献；RP：来自本书顾问-编审委员会成员的建议。

附 录
硫化体系

简介

橡胶工业中有上百种不同硫化体系，用来硫化各种弹性体或者是它们的共混物。本附录中，将硫化体系作为开发一种新配方的起点来加以讨论。当然，为了改善或者满足目标性能的要求，可对这些硫化体系进行"微调"。以下讨论的硫化体系中，大部分是含有氧化锌和硬脂酸的，不过有时没有提到它们。氧化锌在卤化弹性体中，是用作硫化剂的。

1. 通用橡胶硫化体系

通用橡胶或其共混物胶料所使用的硫化体系往往选用次磺酰胺类促进剂。硫化体系的选择通常遵循以下几个硫化特性的要求：

1）焦烧安全期。

2）硫化速率指数。

3）活性（促进剂用量对模量的提升）。

GEN：Compounders Pocket Book，Monsanto，1981，p. 83.

焦烧安全期主要由硫化体系中的主促进剂来决定。迄今为止，对于通用橡胶胶料来说，次磺酰胺类促进剂是最常用的主促进剂，因为它们能使胶料具有最安全的焦烧期；其次是噻唑类促进剂（如 MBT 或者 MBTS），它们能使通用橡胶胶料具有中等安全的焦烧期；而秋兰姆类、二硫代氨基甲酸盐类、过氧化物以及胍类促进剂会使通用橡胶胶料极易焦烧。GEN：R. No. Datta，Rubber Curing System，RAPRA Technology，Ltd.，Report 144，2001，p. 6.

对于最常用的主促进剂（次磺酰胺类）来说，焦烧安全期会因为选用胺基次磺酰胺作为助促进剂而得以延长，但如果主促进剂选用胺基次磺酰胺，焦烧安全期就短。因此，对于通用橡胶胶料来说，其焦烧期的长短主要取决于选用什么样的次磺酰胺类促进剂。几种次磺酰胺类促进剂的焦烧安全期排序如下：

RT：2001 年由 Hanser 出版社出版的 John S. Dick 编写的著作：Rubber Technology，Compounding and Testing for Performance；GEN：来自各种期刊或会议的一般参考文献；RP：来自本书顾问-编审委员会成员的建议。

CBS（焦烧期最短）< TBBS < MBS < DCBS（焦烧期最长）

硫化速率的快慢也取决于主促进剂的选择，如下：

种类	硫化速率	缩写
醛胺类	慢	
胍类	中等	DPG, DOTG
噻唑类	半快	MBT, MBTS
次磺酰胺类	快-延迟作用	CBS, TBBS, MBS, DCBS
次磺酰亚胺类	快-延迟作用	TBSI
二硫代磷酸盐类	快	ZBPD
秋兰姆类	很快	TMTD, TMTM, TETD, TBZTD
二硫代氨基甲酸盐类	很快	ZnDMC, ZnDBC

前面已经提到，因为次磺酰胺类促进剂的焦烧安全期长，因此通用橡胶胶料主要选用此类促进剂作为主促进剂，但是具体某种促进剂对硫化速率的影响是不同的，以下排序列出了几种次磺酰胺类促进剂对硫化速率的影响：

DCBS（硫化速率慢）< MBS < CBS < TBBS（硫化速率快）

对于次磺酰胺类硫化体系来说，要想提高硫化速度，可以加入助促进剂，如秋兰姆类、二硫代氨基甲酸盐类以及胍类促进剂等，但有时会缩短焦烧期。为了减少这种负面影响，可以选择合适的助促进剂与主促进剂合理搭配。使硫化速率与焦烧期合理折中的另一个方法就是在主促进剂和助促进剂的基础上再加入 CTP 预硫化抑制剂。RT：第 15 章，Sulfur Cure Systems，B. H. To，p. 383，387.

硫化胶模量取决硫化胶料的最终交联密度，这一力学性能可以通过调整硫黄用量、促进剂用量或者同时改变两者用量来加以改变。增加硫黄或促进剂用量，可以提高胶料交联密度和模量。当然这种调整也会改变硫化速率和焦烧安全期。GEN：Compounders Pocket Book，Monsanto，1981，p. 88.

硫黄与促进剂的比例能够决定交联网络中的硫键类型。硫黄与促进剂用量比例高，交联网络中多硫键占优势，能够赋予胶料较好的曲挠疲劳性能，但耐老化性和永久变形性较差（这被称为传统硫化体系）。反过来，如果硫黄与促进剂用量比例低（甚至无硫黄，而是选用像 TMTD 或者 DTDM 等硫给体），交联网络中单硫键或双硫键占优势，而只有少量多硫键，这时，胶料的耐老化性变好，而曲挠疲劳性变差，这被称为有效硫化体系（简写为 EV）。RT：第 15 章，Sulfur Cure Systems，B. H. To，p. 387.

1）天然胶硫化体系如下（质量份）：

RT：2001 年由 Hanser 出版社出版的 John S. Dick 编写的著作：Rubber Technology，Compounding and Testing for Performance；GEN：来自各种期刊或会议的一般参考文献；RP：来自本书顾问-编审委员会成员的建议。

传统硫化体系 CV		有效硫化体系 EV（1）	
硫黄	2.5	硫黄	0.5
次磺酰胺促进剂	0.6	次磺酰胺促进剂	5.0
半有效硫化体系 SEV（1）		有效硫化体系 EV（2）	
硫黄	1.5	次磺酰胺促进剂	1.0
次磺酰胺促进剂	1.5	DTDM	1.0
		TMTD	1.0
半有效硫化体系 SEV（2）			
硫黄	1.5		
次磺酰胺促进剂	0.5		
DTDM	0.6		

2）SBR 胶料硫化体系如下（质量份）：

传统硫化体系 CV		半有效硫化体系 SEV	
硫黄	2.0	硫黄	1.0
次磺酰胺促进剂	1.0	次磺酰胺促进剂	3.0
有效硫化体系 EV			
次磺酰胺促进剂	1.0		
DTDM	2.0		
TMTD	0.4		

2. EPDM 硫化体系

以下是 EPDM 胶料常用的一些硫化体系。每一种硫化体系都有其各自的优缺点。RT：第 16 章，Cures for Specialty Elastomers，p. 395.

1）硫化体系 1：成本低。

优点：成本低；缺点：容易喷霜。

成分	质量份
硫黄	1.5
TMTD	1.5
MBT	0.5

2）硫化体系 2：3 个 8。

优点：硫化速度快，优良的物理性能，很少或者无喷霜；缺点：成本较高，容易焦烧。

成分	质量份
硫黄	2.0
MBT	1.5

RT：2001 年由 Hanser 出版社出版的 John S. Dick 编写的著作：Rubber Technology，Compounding and Testing for Performance；GEN：来自各种期刊或会议的一般参考文献；RP：来自本书顾问-编审委员会成员的建议。

（续）

成分	质量份
TeDEC	0.8
DPTT	0.8
TMTD	0.8

3）硫化体系 3：低永久变形。

优点：耐热老化性好，压缩永久变形低；缺点：成本高，容易喷霜。

成分	质量份
硫黄	0.5
ZBDC	3.0
ZMDC	3.0
DTDM	2.0
TMTD	3.0

4）硫化体系 4：通用型。

优点：通用并且很少喷霜；缺点：成本偏高。

成分	质量份
硫黄	2.0
MBTS	1.5
ZBDC	2.5
TMTD	0.8

5）硫化体系 5：2121 体系。

优点：通过 DOE 实验设计，获得耐热老化性能、压缩永久变形以及各种物理性能的较佳折中平衡；缺点：成本太高。

成分	质量份
ZBPD	2.0
TMTD	1.0
TBBS	2.0
硫黄	1.0

3. NBR 硫化体系

NBR 胶往往被用在耐油性要求较高的场合下。其硫化体系与通用橡胶的硫化体系相类似，只是有时为了提高硫黄的分散性，将硫黄用碳酸镁进行处理来替代普通硫黄。通常硫化体系中含有 1.5 份（质量份）处理过的硫黄，并用不同促进剂来获得不同硫化速率和硫化程度，详细如下：

1）秋兰姆类硫化体系（质量份）：

　　碳酸镁包覆处理的硫黄　　　　1.5

　　TMTM　　　　　　　　　　0.4

RT：2001 年由 Hanser 出版社出版的 John S. Dick 编写的著作：Rubber Technology, Compounding and Testing for Performance；GEN：来自各种期刊或会议的一般参考文献；RP：来自本书顾问-编审委员会成员的建议。

2）噻唑类硫化体系（质量份）：

碳酸镁包覆处理的硫黄	1.5
MBTS	1.5

3）次磺酰胺类硫化体系（质量份）：

碳酸镁包覆处理的硫黄	1.5
TBBS	1.2
TMTD	0.1

通过选用更多的硫给体促进剂（如 TMTD 或者 DTDM）来部分或者全部替代硫黄，可以改善 NBR 胶料的耐老化性和压缩永久变形性，详见以下几组硫化体系：

4）低硫黄硫化体系（质量份）

碳酸镁包覆处理的硫黄	0.3
TBBS	1.0
TMTD	1.0

5）无硫黄硫化体系（1）（质量份）：

TBBS	1.0
TMTD	1.0
DTDM	1.0

6）无硫黄高硬度硫化体系（质量份）：

TBBS	3.0
TMTD	3.0
DTDM	1.0

7）无硫黄硫化体系（2）（质量份）：

TBBS	2.0
TMTD	2.0
DTDM	2.0

对于低硫或者是无硫硫化体系来说，焦烧期和模量的控制如下（质量份）：

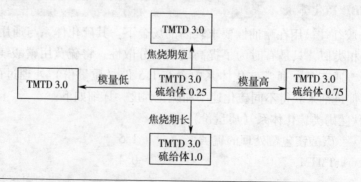

RT：2001 年由 Hanser 出版社出版的 John S. Dick 编写的著作：Rubber Technology，Compounding and Testing for Performance；GEN：来自各种期刊或会议的一般参考文献；RP：来自本书顾问-编审委员会成员的建议。

另外，用硫给体或 TBBS 来替代 TMTD，可以延长 NBR 胶料的加工安全期，也可调整硫化程度，如下（质量份）：

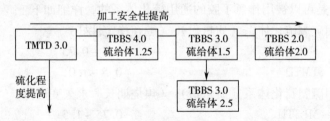

RT：第 16 章，Cures for Specialty Elastomers，B. H. To，p. 397；GEN：R. N. Datta，"Rubber Curing System,"RAPRA，Report 144，p. 19.

4. CR 硫化体系

对于氯丁胶来说，其硫化体系中通常含有 5 份（质量份）氧化锌和 4 份（质量份）氧化镁，在这里，氧化锌是用作一种硫化剂而不是活化剂，而氧化镁是用来控制焦烧期的，这里用到的氧化镁的比表面积更高。GEN：R. Murray, D. Thompson, The Neoprene, E. I. DuPont de Nemours, Wilmington, DE, 1963, p. 21.

对硫醇改性的 W 型氯丁胶，通常会选用亚乙基硫脲（ETU）作为促进剂，但近 20 年来，ETU 被禁止使用，因为其含有致癌物，对人体有潜在危害。因此出现了替代 ETU 的新硫化体系，详细如下：

传统硫脲硫化体系（质量份）：

ETU	0.5

秋兰姆/胍硫化体系（质量份）：（焦烧期长）

TMTM	1.0
DOTG	1.0
硫黄	0.5

对称二苯硫脲（A-1）硫化体系（质量份）：（压缩永久变形小）

A-1	0.7

预硫化抑制剂 CTP 可以用在非 ETU 硫化体系中，前提是能够接受胶料在压缩永久变形和模量上的损失。

A-1 和 CTP 硫化体系（质量份）：（提高焦烧安全期）

A-1	0.7
CTP	0.2

A-1 和 ZBPD 硫化体系（质量份）：（提高硫化速度，焦烧期缩短）

A-1	0.7
ZBPD	0.5

RT：2001 年由 Hanser 出版社出版的 John S. Dick 编写的著作：Rubber Technology, Compounding and Testing for Performance；GEN：来自各种期刊或会议的一般参考文献；RP：来自本书顾问-编审委员会成员的建议。

1）炭黑填充 CR 胶料的通用硫脲硫化体系。

虽然亚乙基硫脲会带来一些危害人身健康的问题，但只要采取适当的安全措施，还是可以被用作氯丁胶的通用硫化体系的，详细如下：

① 通用硫脲硫化体系（质量份）：（贮存稳定性好）

ETU	0.5～0.75
TMTD	0.5～1.0

② 通用硫脲硫化体系（质量份）：（焦烧期长，永久变形低）

ME3TU	0.75～1.5
环氧树脂	1.0

GEN：Technical Information，DuPont Dow Elastomers，Rev. 2，January，2002，p. 3.

2）炭黑填充 CR 胶料的特种硫脲硫化体系。

① 特种硫脲硫化体系（质量份）：（耐热性好）

ETU	0.5～1.0

② 特种硫脲硫化体系（质量份）：（适用于高温硫化或低温硫化）

ETU	2.0
Vanax® PML	1.0

3）炭黑填充 CR 胶料的通用非硫脲硫化体系。

① 通用非硫脲硫化体系（质量份）：（各种性能较好的折中之一）

HMT	0.75～1.0
TMTD	1.0～1.5
PEG	0～2.0

② 通用非硫脲硫化体系（质量份）：（各种性能较好的折中之二）

HMT	0.75～1.0
TETD	0.75～1.0
DOTG	0.5～1.0

③ 通用非硫脲硫化体系（质量份）：（一般用在 CR/SBR 共混物中）

DOTG	1.5
TMTM	1.0
硫黄	0.25～0.30

④ 通用非硫脲硫化体系（质量份）：（很好的加工安全性，物理性能较好）

Vanax® PML	0.75～1.5
氧化钙	4～8

⑤ 通用非硫脲硫化体系（质量份）：（ETU 很好的替代品）

CPA	0.75～2.0

RT：2001 年由 Hanser 出版社出版的 John S. Dick 编写的著作：Rubber Technology, Compounding and Testing for Performance；GEN：来自各种期刊或会议的一般参考文献；RP：来自本书顾问-编审委员会成员的建议。

⑥ 通用非硫脲硫化体系（质量份）：（能延长焦烧期，但硫化胶性能易受金属氧化物和混炼工艺影响）

CRV   0.75~2.0

4）炭黑填充 CR 胶料的特种非硫脲硫化体系。

① 特种非硫脲硫化体系（质量份）：（很好的加工安全性）

DOTG   0.5~1.0

TMTM   0.5~1.0

硫黄   1.0~1.5

② 特种非硫脲硫化体系（质量份）：（焦烧期比用 ETU 要更长）

m-PBM（HVA-2）   1.0

MBTS   0.5~1.0

硫黄   0.25

③ 特种非硫脲硫化体系（质量份）：（焦烧期长）

m-PBM（HVA-2）   1.0

TMTM   0.5~1.0

硫黄   0.25

RT：第 16 章，Cures for Specialty Elastomers，B. H. To，p. 406.

5. CIIR 硫化体系

氯化丁基胶有很多种不同的硫化体系。在氯化丁基胶硫化体系中，氧化锌的作用是硫化剂。通常 3~5 份（质量份）的氧化锌就能硫化好氯化丁基胶，5 份（质量份）以上的氧化锌对硫化速率和硫化程度没有多大的帮助，但对耐热性有一定的作用。

氯化丁基胶硫化过程中发生的化学反应不同于通用橡胶的硫化过程，一些酸性助剂会加速硫化，而碱性助剂会阻碍硫化。例如，氯化丁基胶的氧化锌硫化体系中，其硫化速率和焦烧期会受硬脂酸锌的影响，硬脂酸锌含量高，硫化速率就高，但焦烧安全期变短。其他酸性组分（如木松香、松香脂等）有相同作用。另一方面，氧化镁会降低硫化速率。

秋兰姆类硫化体系通常也会用来硫化氯化丁基胶。据报道，TMTD 可以和不饱和碳发生反应而生成碳-硫交联网络。选用 MBTS 或者氧化镁可以极大地改善氯化丁基胶料的焦烧安全期和物理性能。通常情况下，氯化丁基胶中使用的氧化镁的比表面积要比氯丁胶中使用的低。过多的氧化镁会使胶料模量降低，永久变形增大，曲挠性能变差，但会使氯化丁基胶料的耐热性变好。另外，有时 MBT 会替代 MBTS，只是 MBT 的焦烧期要比 MBTS 的短。

基于 ZnDEC 和 ZnDMC 的二硫代氨基甲酸盐类硫化体系，也会用来硫化氯化丁基胶，这种硫化体系的优点是，胶料的压缩永久变形小，但焦烧期

RT：2001 年由 Hanser 出版社出版的 John S. Dick 编写的著作：Rubber Technology，Compounding and Testing for Performance；GEN：来自各种期刊或会议的一般参考文献；RP：来自本书顾问-编审委员会成员的建议。

较短。

烷基酚二硫化物硫化体系一般用来提高氯化丁基胶和其他通用胶之间的粘合性能，如常用在 CIIR/NR 共混物中。

以下列出了氯化丁基胶料常用的一些硫化体系：

1）氧化锌硫化体系：

氧化锌硫化（质量份）：（较好的耐热性能，硫化胶模量低，硫化速率慢）

ZnO	5.0

2）秋兰姆硫化体系：

秋兰姆/噻唑硫化体系（质量份）：（耐热性能与撕裂性能较好，通用型）

ZnO	5.0
MgO	0.5
TMTD	1.0
MBTS	2.0

秋兰姆/噻唑硫化体系（质量份）：（仅限于白炭黑填充胶料，有较好的耐蒸汽性）

ZnO	5.0
MgO	2.0
TMTD	1.0
MBTS	1.0

3）烷基酚二硫化物硫化体系：

烷基酚二硫化物硫化体系（质量份）：（仅限于与 NR 等通用胶共混物胶料，提高粘合性能）

ZnO	5.0
MgO	0.25
Vultac 5（烷基酚二硫化物，荷兰 ARKEMA 公司产品）	1.0
MBTS	0.75

4）硫黄-胍硫化体系：

硫黄-胍硫化体系（质量份）：（仅用于 NR，用于提高粘合性能）

ZnO	5.0
DOTG	1.5
S	2.0

5）树脂硫化体系：

酚醛树脂硫化体系（质量份）：（较好的耐热和耐臭氧性能）

ZnO	5.0

RT：2001 年由 Hanser 出版社出版的 John S. Dick 编写的著作：Rubber Technology, Compounding and Testing for Performance；GEN：来自各种期刊或会议的一般参考文献；RP：来自本书顾问-编审委员会成员的建议。

SP 1055	4.0
MBTS	2.0

　　GEN：Chlorobutyl Rubber Compounding Application，Exxon Chemical，1976，p. 18.

6. IIR 硫化体系

　　丁基胶与其他通用胶（如 NR 或 SBR）相比，主链的不饱和程度低。因此，丁基胶硫化体系中硫黄用量较低，而含有更多的活性促进剂如秋兰姆类等，可以使胶料的硫化速度和物理性能达到较好的平衡。通常情况下，秋兰姆类和噻唑类促进剂能赋予胶料较好的耐热性和较低的永久变形。由于秋兰姆类促进剂能产生对人体有害的亚硝胺，因此近些年来，人们开发了一些新的硫化体系以避免使用秋兰姆类促进剂，其中树脂类硫化体系可以赋予丁基硫化胶料极好的耐热性。

　　以下是丁基胶的一些常用硫化体系：

1）秋兰姆硫化体系：

传统秋兰姆硫化体系（质量份）：

TMTD	1.0
MBT	0.5
硫黄	2.0

半有效秋兰姆硫化体系（质量份）：

TMTD	1.0
硫黄	0.5
DTDM	1.2
TBBS	0.5

2）非秋兰姆硫化体系：

ZBPD/TBBS/S 硫化体系（质量份）：（与半有效硫化体系性能相近）

硫黄	1.25
MBT	1.0
ZBPD	1.25
TBBS	1.25

ZBPD/TBBS/S 硫化体系（质量份）：（高模量）

硫黄	2.0
MBT	1.0
ZBPD	1.25
TBBS	1.25

ZBPD/TBBS/S 硫化体系（质量份）：（硫化时间短）

RT：2001 年由 Hanser 出版社出版的 John S. Dick 编写的著作：Rubber Technology，Compounding and Testing for Performance；GEN：来自各种期刊或会议的一般参考文献；RP：来自本书顾问-编审委员会成员的建议。

硫黄	1.0
ZBPD	5.0
TBBS	1.0

3）酚醛树脂硫化体系：

树脂硫化（质量份）：（焦烧安全期短，但硫化速度快）

酚醛树脂	12
$SnCl_2$	2

树脂硫化（质量份）：（焦烧安全期尚可，但硫化速度变慢）

酚醛树脂	12
氯化聚合物	5

RT：第 16 章，Cures for Specialty Elastomers，B. H. To，p. 402-410；GEN；R. Babbit，The Vanderbilt Rubber handbook，Vanderbilt Co.，1978.

RT：2001 年由 Hanser 出版社出版的 John S. Dick 编写的著作：Rubber Technology，Compounding and Testing for Performance；GEN：来自各种期刊或会议的一般参考文献；RP：来自本书顾问-编审委员会成员的建议。

编审委员会成员简介

L. Roger Dailey

Roger Dailey 在橡胶配合领域工作了 25 年，最早从工厂化学开始做起，在远离了化学反应釜之后，做了几年的高级开发化学家，之后成为一家合资公司的技术带头人。他负责解决全球轮胎及非轮胎橡胶制品的技术问题，从金属仪器到简单的橡胶垫片以及复杂的工程制品。Roger 接受过胶带产品的六西格玛管理理论的培训，在美国 Akron 大学讲授过橡胶课程，并且在多处作过有关橡胶配合的学术报告。

Roger Dailey 最近成为了 Goodyear 公司新产品开发团队带头人，并且作为加工过程优化专家参与公司的新服务团队。Roger Dailey 在其工作生涯中完成了多项专利，他在享受世界各地的工作旅行的同时说，他最享受的事情就是看着女儿一天天长大。

Email 地址：roger_ dailey@ goodyear. com

R. J. Del Vecchio

Del Vecchio 在橡胶工业界做了很多年，先后在 Goodrich、United Technologies、Lord 和 Barry Controls 等公司工作过，最后在 20 世纪 90 年代末，他找到一个全职咨询服务的工作。他的大部分工作都是基于他在橡胶工程应用以及各种橡胶配合与加工方面的长期经验。另外，他还使用并指导了统计方法在橡胶工业中的应用。

他在美国化学学会橡胶分会的技术会议上发表了很多学术文章，被国内外读者引用。另外，他还参与了多本著作的编写工作，主要是关于橡胶测试和橡胶混炼等一些橡胶基础技术。他的咨询工作主要是关于橡胶模塑制品的，包括材料的开发与加工过程的优化，同时也提供一些统计分析、测试方法开发、断裂分析、TQM 培训等。

他编写了关于橡胶与塑料的实用书籍《实验设计》，由 SPE 赞助，Hanser 出版社于 1997 年出版。2001 年 10 月，他又出版了《橡胶技术初级者指南》。2003 年 3 月，他为美国化学学会橡胶分会编辑出版了《橡胶技术基础》。

Email：techconsultserv@ juno. com

Ronald W. Fuest

Ronald Fuest 在美国新泽西州罗格斯大学获得物理有机化学博士学位。他在橡胶工业的不同岗位工作了 40 多年，拥有 10 项发明专利，发表了许多学术论文。

Ronald 在高性能聚氨酯制品方面做出了巨大贡献，开发了浇注型聚氨酯，帮助世界各地的用户将氨基甲酸酯预聚物加工成模塑制件。那段时间，

RT：2001 年由 Hanser 出版社出版的 John S. Dick 编写的著作：Rubber Technology, Compounding and Testing for Performance；GEN：来自各种期刊或会议的一般参考文献；RP：来自本书顾问-编审委员会成员的建议。

Adiprene 和 Vibrathane 两个品牌的产品销售额增加了 10 多倍。

Ronald 将高弹性 MDI 预聚物引入了滑板和旱冰鞋市场，这是氨基甲酸酯预聚物两个最大方面的应用。

Ronald 还将机械工程引入技术服务培训内容来帮助聚氨酯用户制造性价比合理的高性能聚氨酯弹性体制品。Ronald 被认为是世界聚氨酯领域的一流专家。

Email：ron@ fuest. net

James R. Halladay

James Halladay 于 1976 年在美国肯塔基大学获得物理学学士学位并加入到莱克星敦市的帕卡密封件公司。1981 年，James 作为一名材料与加工工程师加入到劳德公司。目前，他是一名高级主管工程师，主要负责动态条件下应用的弹性体配方。他的工作主要包括在减振方面应用的通用橡胶和硅橡胶胶料的配合与加工。他作为第一作者或参与者发表了多篇学术论文并拥有 6 项美国发明专利。

Email：james_ halladay@ lord. com

Frederick Ignatz- Hoover 博士

Ignatz- Hoover 博士在美国阿克隆大学高分子科学专业获得博士学位，他的导师是 Quirk 教授，他的博士论文是关于聚合物阴离子聚合的。Ignatz- Hoover 博士于 1986 年进入孟山都公司开始了他的橡胶化学的职业生涯。之后，他加入到产品部，与 Aubert Corany 一起工作，主要负责促进剂和抗降解剂的研究以及炭黑分散等问题。他最近又在分子建模、将半经验定量机械技术应用在聚合物化学和硫化化学等方面开始了研究。研究分子建模让他了解了锌介入促进的硫黄硫化机理和在抗降解化学中的自由基反应。

通过他在孟山都和现在的 Flexsys 公司的工作，Ignatz- Hoover 博士已经成为美国化学学会橡胶分会的一名固定的学术贡献者，他发表了不少的学术论文，并且还讲授一些教育课程。他还是《橡胶化学与技术》杂志的编辑。他是弗罗理达大学杂环化合物中心顾问委员会成员，还是俄亥俄州立大学先进聚合物复合材料中心顾问委员会成员，也是阿克隆大学化学系的工业界顾问委员会成员。

Email：ignatz-hoover@ flexsys. com

Mark A. Lawrence

Mark A. Lawrene 是美国 Occidental 化学公司子公司 INDSPEC 化学公司的橡胶与树脂部技术总监。1984 年，他在美国宾夕法尼亚州立大学化学工程专业获得学士学位。之后，他先后在 Uniroyal/Goodrich 和 Bridgestone/Firestone 轮胎公司的橡胶配合与加工职位上工作过。1996 年他进入 INDSPEC 化学公司工作后，开发了钢丝帘线以及帘布与橡胶黏合的增黏树脂。

Email：mark_ lawrence@ oxy. com

RT：2001 年由 Hanser 出版社出版的 John S. Dick 编写的著作：Rubber Technology, Compounding and Testing for Performance；GEN：来自各种期刊或会议的一般参考文献；RP：来自本书顾问-编审委员会成员的建议。

John M. Long

工作经历：

1965—1994 年：B. F. Goodrich/Uniroyal Goodrich 公司：

　　1965—1966 年：材料开发。

　　1966—1969 年：先进轮胎开发。

　　1969—1972 年：PA 轮胎分公司工厂服务化学家。

　　1972—1974 年：乘用车轮胎配方开发。

1975—1978 年：国际技术支持（巴西）。

1978—1981 年：子午线轮胎 HD 和 LT 配方开发。

1981—1985 年：轮胎材料与结构开发。

1985—1991 年：子午线乘用车轮胎胶料开发/实验室与系统信息。

1991—1994 年：国际技术支持（韩国，菲律宾，印度尼西亚和印度）。

1994 年至今：DSM 共聚物公司：

　　1994—2000 年：高级开发技术人员。

　　2000 年至今：技术服务经理。

参与的学术组织：

1985—1986 年：Akron 橡胶部主席。

1966 年至今：美国化学学会。

　　1998 年至今：橡胶分会顾问。

　　1998—2003 年：分会活动委员会。

　　1998—2004 年：大分子秘书处秘书长。

　　1995 年：橡胶分会主席。

　　1996 年：橡胶分会前主席。

1996 年至今：世界橡胶会议美国代表团委员会。

1998 年至今：非学历聚合物教育咨询委员会。

　　1981 年至今：ASTM；D-11 橡胶，D-24 炭黑；F-9 轮胎。

获得认可：

美国科学名人录。

美国中西部名人录。

美国名人录。

成功人士。

Email：john. long@ dsm. com

Oscar Noel

30 多年来，Oscar Noel 一直从事玻璃纤维增强树脂、PVC、热塑性塑料和热塑性弹性体以及橡胶等方面的研发工作。他目前是科罗拉多州的 Luzenac

RT：2001 年由 Hanser 出版社出版的 John S. Dick 编写的著作：Rubber Technology, Compounding and Testing for Performance；GEN：来自各种期刊或会议的一般参考文献；RP：来自本书顾问-编审委员会成员的建议。

America 公司的高级技术经理，主要负责把滑石粉用在各种塑料、热塑性弹性体和各种橡胶制品的开发。Noel 先生是美国化学学会橡胶分会和南方橡胶部会员。他已在橡胶分会的教育课程中就滑石粉在橡胶中的应用进行了多次讲座，也在各地的橡胶会议中做过多次学术讲座。他已发表多篇学术论文，拥有 1 项发明专利。他在科罗拉多大学化学工程专业获得硕士学位，他的硕士论文课题得到 NFS 奖学金和 Goodyear 公司研究奖学金的支持。

Email：Oscar. noel@ america. luzenac. com

Leonard Outzs

Leonard Outzs 在美国普度大学化学专业获得学士学位，39 年来一直从事橡胶方面的工作，其中 7 年从事轮胎胶料配方的研究，18 年担任胶管与胶带研究经理，15 年从事杜邦公司和陶氏化学弹性体的技术支持。是 NORG、ARG、SRG、ACS 橡胶分会、ACS 和 ASTM 等机构的会员。

Leonard Outzs 已婚，有两个孩子，3 个孙子和孙女。

兴趣与爱好：高尔夫球，木工，陪孙子孙女玩。

Email：Leonard. l. outzs@ dupont- dow. com

Thomas Powell

教育背景：

1973 年，阿克隆大学化学系获得学士学位。

1991 年，阿克隆大学聚合物科学系获得硕士学位。

　　硕士论文：无定形白炭黑氧化补强聚丙烯的动态力学性能研究。

工作经历：

1973—1989 年：B. F. Goodrich/Uniroyal Goodrich 公司，最后的职位是轮胎科学家。之前还从事过原材料分析、轮胎生产和子午线乘用车轮胎和 HD 子午线卡车胎等新型轮胎的开发。

1989 年至今：Degussa 公司，市场技术经理，主要负责颜料级炭黑与白炭黑在油墨中的应用市场以及无压印刷和粘合市场，也从事过轮胎等橡胶工业中的炭黑、白炭黑以及硅烷偶联剂等的应用，还从事过炭黑和白炭黑在塑料中的应用。

学术组织：

ASTM D24 炭黑部分，秘书。

塑料工程师协会会员。

ISO TC45/SC3/WG3，炭黑部分，成员。

Email：thomas. powel@ degussa. com

Charles P. Rader

Charles P. Rader 是从美国俄亥俄州阿克隆市先进弹性体公司（AES）退

RT：2001 年由 Hanser 出版社出版的 John S. Dick 编写的著作：Rubber Technology, Compounding and Testing for Performance；GEN：来自各种期刊或会议的一般参考文献；RP：来自本书顾问-编审委员会成员的建议。

休的市场技术服务主管。Rader 博士拥有配合工程师和化学家的背景，在 AES
和孟山都的市场与管理岗位上工作了 40 年。他在美国田纳西大学化学专业获
得了学士、硕士和博士学位。他已发表了 200 多篇论文，在物理化学、有机
化学、食品技术、橡胶技术和热塑性弹性体等方面拥有多项专利。他曾经是
美国化学学会橡胶分会主席，在过去的 27 年中，他一直是《橡胶化学与技
术》杂志的副主编。

Email：Charles_rader@ msn. com

Ronald J. Schaefer

Ronald J. Schaefer 是美国俄亥俄州 Medina 市动态橡胶技术公司的创始人
和总裁，主要从事动态条件下应用胶料的开发与测试，在橡胶工业界有 30 多
年的工作经验。他曾在 Zeon 化学工作过，主要负责减振和阻尼胶料的开发。
在这之前，他还在 B. F. Goodrich 公司的轮胎和化学部工作过。

Ronald 已在动态性能、减振和阻尼、汽车发动机支架以及轮胎性能等方
面发表了多篇学术论文，拥有多项专利。他是 ACS、SAE、Akron NEO 以及底
特律橡胶学会等组织成员。他从西利伯蒂大学化学专业获得学士学位，之后
在阿克隆大学聚合物科学专业获得研究生毕业证书。

Email：rschaeferdrt@ msn. com

Kelvin K. Shen 博士

Kelvin K. Shen 博士是 Luzenac/Borax 公司的阻燃领域的技术经理。他在
马萨诸塞大学阿姆赫斯特分校有机化学专业获得博士学位，他的论文工作是
在 Brookhaven 国家实验室进行的有关有机-金属化学和 X 射线结晶学方面的研
究。他曾是 Yale 和 Caltech 的研究人员，在 1972 年进入 Borax 工作以前曾在加
州大学洛杉矶分校授课。自 1979 年以后，他一直从事阻燃方面的研究和市场
工作，在 2003 年进入 Luzenac/Borax 公司工作之前，他曾担任过 Borax 公司的
技术经理。

Email：shen@ borax. com

John G. Sommer

John Sommer 拥有聚合物化学硕士学位，是俄亥俄州的注册专业工程师，
在 GenCorp 公司工作了多年后自己创立 Elastech 公司。他发表了 50 多篇学术
论文，拥有 16 项美国专利，其中一项已转化为一个新公司的技术基础，其他
商业化专利主要应用在航空和涂料方面。他已在各大学、技术学会、弹性体
生产商和制品企业等单位讲学 200 多场次，讲座内容主要涉及模塑成型、橡
胶配合、测试、物理性能和设计等。

他被阿克隆大学任命为聚合物工程副教授，在大学讲授模具设计课程。
他还被威斯康辛大学授予客座教授，在那里教授了 10 年多的成型加工课程以

RT：2001 年由 Hanser 出版社出版的 John S. Dick 编写的著作：Rubber Technology, Compounding and Testing for Performance；GEN：来自各种期刊或会议的一般参考文献；RP：来自本书顾问-编审委员会成员的建议。

及其他课程。他还获得过戴顿大学的工程杰出奖。由于在橡胶技术领域的杰出贡献，他被美国化学学会橡胶分会授予 Marvin Mooney 奖。2003 年，他出版了一本 472 页的书籍——《弹性体成型技术》。

James F. Stevenson

James F. Stevenson 在橡胶与塑料加工领域有 35 年的经验。在阿克隆的 GenCorp（之前为通用轮胎）公司工作的 19 年里，Stevenson 一直担任技术和管理职位，最后担任橡胶挤出实验室主任。在 Honeywell 国际公司工作的 7 年时间里，他作为研究人员主要研究了航空领域中应用的先进聚合物材料、金属粉末和陶瓷材料。

1966 年，Stevenson 在新成立的公司 Trexel 里担任研发经理，开始了微孔发泡材料注射加工研究。在他加入 GenCorp 公司之前，他还在康奈尔大学化学工程系担任副教授，是该大学注射成型项目的创始人之一，对聚合物流体进行了大量的研究。

从 1991 年开始，Stevenson 和他的同事们已经为 1000 多名听众做了 20 多场次的"橡胶挤出技术"报告。他写了一本书中的"橡胶塑料以及复合材料的挤出"章节，还于 1996 年编辑出版了一本书，名字为《聚合物加工创新方法：模塑成型》。他发表了聚合物加工方面的论文 60 多篇，拥有发明专利 12 项。Stevenson 在伦斯勒理工学院化学工程专业获得学士学位，在威斯康辛大学获得硕士和博士学位，他的毕业论文是关于聚合物的拉伸流动的。

他对橡胶挤出的研究包括挤出机的操作、口型设计、喂料与卸料操作、装备仪器以及加工过程的控制等。他装配过生产乙烯垫圈的 2in 挤出机和生产工业橡胶制品的 3.5in 挤出机，也装配过挤出轮胎胶料的双热喂料和三冷喂料的销钉机筒挤出机。他还研究了生产弧形防水衬条的定向流体技术以及快速更换机头技术。他涉及的其他研究方向还有加工模拟、注射成型、传递模塑和模压成型、反应动力学建模以及流动性能的测试等。

Email：stevenson@ honeywell. com

Byron To

教育背景：1966 年，从马里兰大学化学工程专业获得学士学位。

目前职位：Flexsys 美国公司的市场技术服务经理。

研究内容：通过改性胶料提高产量；胶料组分的迁移与分散对性能的影响。

工作经历：在孟山都工作 29 年，从工厂的加工工程师干起。还负责次磺酰胺类促进剂 TBBS 的生产开发。

1974 年，被公司作为技术服务专家派往新加坡开展东南亚地区的橡胶工业工作，也是公司在亚太区的技术服务先驱。

RT：2001 年由 Hanser 出版社出版的 John S. Dick 编写的著作：Rubber Technology, Compounding and Testing for Performance；GEN：来自各种期刊或会议的一般参考文献；RP：来自本书顾问-编审委员会成员的建议。

在亚洲服务了 5 年后，Byron 于 1979 年回到了美国，在孟山都公司橡胶化学部位于俄亥俄州阿克隆市的技术中心继续技术服务工作，一直到 1995 年，成立新公司 Flexsys，负责亚太区和南美区的技术服务工作。在 Flexsys 公司，他在全球事业部担任市场技术服务经理。

Email：byron. h. to@ flexsys. com

Walter H. Waddell 博士

Waddell 博士目前是 ExxonMobil 化学公司丁基胶部的产品支持经理。他还曾在卡内基梅隆大学任化学副教授，曾在 Goodyear 公司做部门经理，在 PPG 公司做过高级科学家。他在伊利诺斯大学化学专业获得学士学位，在休斯敦大学化学专业获得博士学位。他曾在哥伦比亚大学做副研究员。Waddell 博士曾获得多项国家级奖励，如国家健康学会会员奖、美国化学学会的 Sparks-Thomas 奖、杰出合作发明奖、美国化学学会 Melvin Mooney 杰出技术奖等。他拥有 20 项发明专利，发表了 120 多篇文章，在各种学术会议上做了 75 场报告。

Email：walter. h. waddell@ exxonmobil. com

Meng-Jiao Wang 博士

Meng-Jiao Wang 毕业于中国山东大学，在法国上阿尔萨斯大学物理化学专业获得博士学位。他是中国北京橡胶设计研究院的高级工程师，美国阿克隆大学高分子科学系和德国橡胶研究院的客座科学家。从 1989 年到 1993 年，他在德国 Degussa 公司填料与橡胶部从事研发与技术服务。1993 年，他进入美国 Cabot 公司事业与技术中心作为一名科学研究人员工作。他已在多种国际期刊上发表了 120 多篇有关橡胶的学术论文，合作出版了 7 部著作，其中包括《炭黑，科学与技术》一书，他拥有或合作拥有 27 项有关橡胶填料技术的发明专利。

Email：meng-jiao_ wang@ cabot-corp. com

RT：2001 年由 Hanser 出版社出版的 John S. Dick 编写的著作：Rubber Technology, Compounding and Testing for Performance；GEN：来自各种期刊或会议的一般参考文献；RP：来自本书顾问-编审委员会成员的建议。

图书在版编目（CIP）数据

提高橡胶胶料性能实用方案 1800 例/（美）约翰·S. 迪克（John S. Dick）编著；史新妍译. —北京：机械工业出版社，2021.9
（国际制造业先进技术译丛）
书名原文：How to Improve Rubber Compounds：1800 Experimental Ideas for Problem Solving
ISBN 978- 7- 111- 69125- 9

Ⅰ. ①提… Ⅱ. ①约… ②史… Ⅲ. ①橡胶制品 - 性能 - 研究
Ⅳ. ①TQ336

中国版本图书馆 CIP 数据核字（2021）第 184677 号

机械工业出版社（北京市百万庄大街 22 号　邮政编码 100037）
策划编辑：孔　劲　责任编辑：孔　劲　王春雨
责任校对：孙莉萍　封面设计：鞠　杨
责任印制：邰　敏
三河市国英印务有限公司印刷
2022 年 1 月第 1 版第 1 次印刷
169mm×239mm·19.25 印张·350 千字
0001—2000 册
标准书号：ISBN 978- 7- 111- 69125- 9
定价：129.00 元

电话服务　　　　　　　网络服务
客服电话：010-88361066　机 工 官 网：www. cmpbook. com
　　　　　010-88379833　机 工 官 博：weibo. com/cmp1952
　　　　　010-68326294　金 书 网：www. golden- book. com
封底无防伪标均为盗版　机工教育服务网：www. cmpedu. com